中 国 植 物 园

Botanical Gardens of China

第二十四期
No. 24

中国植物学会植物园分会编辑委员会　编

Edited by Chinese Association of Botanical Gardens

中国林业出版社
㊙CF㊙PH㊙ China Forestry Publishing House

图书在版编目（CIP）数据

中国植物园. 第二十四期 / 中国植物学会植物园分会编辑委员会编.
—北京：中国林业出版社，2021.9
ISBN 978-7-5219-1351-4

Ⅰ.①中…　Ⅱ.①中…　Ⅲ.①植物园-中国-文集　Ⅳ.①Q94-339

中国版本图书馆 CIP 数据核字（2021）第 181963 号

策划编辑　盛春玲
责任编辑　袁　理　盛春玲
出版发行　中国林业出版社（100009　北京西城区德内大街刘海胡同 7 号）
电　话　（010）83143567
印　刷　河北京平诚乾印刷有限公司
版　次　2021 年 10 月第 1 版
印　次　2021 年 10 月第 1 次印刷
开　本　787mm×1092mm　1/16
印　张　15
字　数　328 千字

定　价　80.00 元

目　录

CONTENTS

CONTENTS

如何设计和实施自然教育师资培训课程
——以第二届自然教育种子教师培训班为例

How to Design and Implement a Training Program for Nature Education Practitioners
——Some Experience from the 2nd Nature Education Seed Teachers Training Program

明冠华[1]* 李艳慧[1] 刘鹏进[1]

(1. 北京教学植物园,北京,100061)

MING Guan-hua[1]* LI Yan-hui[1] LIU Peng-jin[1]

(1. *Beijing Educational Botanical Garden*, *Beijing*, 100061)

摘要:面对自然教育优质培训项目稀缺的现状,北京教学植物园尝试设计并实施了"自然教育种子教师培训班"项目,该培训采取"以学习者为中心、以实践为导向、以多元化为特色"的设计理念,开展了 13 个学习模块的活动,评优率达到 94.29%,取得了较好的活动效果。

关键词:自然教育,师资培训,课程设计,工作机制

Abstract: Based on the situation of lacking excellent nature education training programs, Beijing Educational Botanical garden has implemented a new training program, Nature Education Seed Teachers Training Program. 13 educational activities were carried out, guided by 3 concepts which included "design for learners, practice oriented, multiple view". At 94.29% of the excellent rate, the program has made a good result.

Keywords: Nature education, Training program for the teachers, Curriculum designing, Working mechanism

1 活动背景

1.1 自然教育蓬勃发展

自然教育是重新连接人与自然的教育活动,通过自然教育活动不仅可以促进个人的身心健康,更有利于全社会形成顺应自然、尊重自然、保护自然的崇高风尚,是生态文明建设的重要内容(马雨晶等,2019)。

近十年来,自然教育在我国呈现快速发展的蓬勃态势,自然教育机构成立数量自 2010 年起逐年上升,2015 年更是实现 106%的增长幅度(全国自然教育网络,2019)。自然教育因其"亲自然、重体验、助成长"的特点,也已经成为众多营地教育、研学旅行项目的重要内容。特别是一、二线发达地区的城市公众,对自然教育活动的认知度和参与意愿已经达到了相当高的水平。在行业发展层面,全国自然教育大会连续举办了 6 届,从民间自发组织的小规模交流,一路成长为引领未来发展的行业盛事,其成长轨迹也是自然教育逐渐走进公众视线、获得公众认可的生动写照。

1.2　专业人才发展遇瓶颈

自然教育行业繁荣发展的同时,风险与挑战也一并存在,特别是专业人才的紧缺,始终限制着行业的发展(全国自然教育网络,2019)。

其原因主要有以下几个方面,一是教育行业本身的特殊性,教师面对的工作对象不是一成不变的机器,而是活生生的人,教师对学习者情绪的感知、不断变化情境的把握、教学素材的灵活调整,都直接关系着学习成果的达成。正如杰克·斯诺曼和里克·麦考恩(2016)所说,教学作为一艺术,涉及信念、情绪、价值观和灵活性,而这些特征即使能教、也很难被教会,需要教师在自身找到这些素质。自然教育行业40%的从业者都只有1~3年工作经验,显然很难在短时间内达到上述要求。

第二,自然教育尚未列入国家课程体系,没有统一的课程标准,并且由于其地方性特色,也很难用整齐划一的课程标准指导,所以教师只能依据自身力量进行本土课程的开发,这对他们的课程开发能力提出了很高的要求,即使是从国外移植课程,也需要经过重新的检验、修正、变通和改造,生搬硬套和囫囵吞枣都是行不通的,自然教育的教师在课程方面面临的创新难度超过很多校内教师。

第三,目前我国高等教育体系缺乏对自然教育人才的培育机制,自然教育人才的专业发展目前主要靠自身的发展。一方面大学的学科设置本来就慢于社会发展,另一方面自然教育跨学科的特质也为人才培养增加了难度,需要有多重背景的专业机构引领其发展。

1.3　北京教学植物园的探索

基于人才短缺问题,很多机构和组织都开始尝试开展交流和培训活动,比如全国自然教育大会每年都邀请国内外的自然教育专家通过大会报告、开设工作坊等方式进行线上和线下培训。生态环境部宣教中心也借助"自然学校"项目的申报评比,为各基地提供了丰富的学习机会。各地方部门和基地之间也开展了多种多样的实践探索,取得了良好的效果。

北京教学植物园作为全国唯一一所面向中小学生开展教育教学活动的专类植物园,隶属于北京市教委,建园超过60年,在自然教育、环境教育等领域积累了多年的活动设计和实施经验。教师团队组成稳定,高级教师占比超过50%。特别是业务领域具备教育+自然的双重属性,更显示出独特的优势。自2018年起,在阿里巴巴公益基金会的资助下,北京教学植物园开始尝试启动自然教育的教师培训项目,其中"自然教育种子教师培训班"项目设计精细、学员评价较高,因此笔者将该项目的设计理念、设计内容、工作机制等进行了一一梳理,旨在总结经验,分享成果,为相关从业人员提供一些有益的参考和借鉴。

2　设计理念

2.1　以学习者为中心

第一届自然教育种子教师培训班受大班模式限制,在教学形式上发挥空间有限,所以第二届培训班采取了小班教学的策略,更有利于"以学习者为中心"理念的落实。

培训班设计者以建构主义学说为出发点,设计的核心从"关注怎么教"转变为"促进怎么学",从"以教师为中心"转变为"以学生为中心",从单纯的单向知识传授转变为多通道的交互式学习。努力创设多种多样的学习方式和丰富变化的活动场域,帮助学生自己构建知识结构,打造"顺应大脑"的学习环境(见表1)。

表 1 两届自然教育种子教师培训班情况对比

培训要素	第一届培训班	第二届培训班
参与人数	100 人	35 人
小组人数	10 人	5~6 人
学习模式	被动学习	主动学习
学习计划	教师直接确定	经过调研、收集兴趣后确定
学习场域	同一个教室	植物园、森林公园、救护中心、户外安全教育基地和不同教室
学习方式	以听讲为主	阅读、提问、座谈、研讨、辩论、领学(给别人讲)、游戏、制作、观摩、观察、设计项目

2.2 以实践为导向

与青少年相比,成人的学习活动有其特殊的规律和特点。马尔科姆·S·诺尔斯认为"成人的学习计划与其社会角色任务密切相关","成人的学习目的逐渐从为将来工作准备知识转变为为直接应用知识而学"等特点(李亮和祝青江,2016)。所以基于成人的"问题解决"和"实践应用"的学习倾向,培训班在活动内容的选择上,重点关注解决教师在实际教学中经常遇到的问题,如欠缺植物识别、动物救护等专业知识,比如需要训练一些能"带回家就用"技能——团队动力促进技术、户外安全保障技术、PBL 课程设计方法等。

2.3 以多元化为特色

因为自然教育本身极大的包容性,所以从业者的背景也较为多元,考虑到这种实际情况,以及培训班所处的发展阶段,设计者最终决定在内容的选择、任务的设计、话题的讨论上都强调综合性、开放性和包容性。同时在学员编组上,有意识地将不同教育背景、不同的工作内容、不同性别的学员进行差异化分组,并给予高要求的小学学习任务,让不同背景的学员都能在"学习共同体"中发挥自己的长处,真正提高合作学习的质量。

3 活动过程

3.1 课程设计

第二届自然教育种子教师培训班的活动时间安排在 2019 年 7 月 30 日至 8 月 3 日,时长为 5 天,学习模块共计 13 个,安排紧凑、内容丰富,各模块对应学习目标和设计意图详见表 2。

表 2 第二届自然教育种子教师培训班活动内容及设计意图

活动时间	学习模块	设计意图
第 1 日下午	开班仪式	明确学习目标、形成学习共同体
第 1 日下午	体验式学习:团队动力学在活动中的应用	了解团队动力学在团队活动中的价值,同时完成活动破冰,在小组内建立伙伴关系
第 1 日晚上	文献阅读:团队动力学	通过自主阅读、小组讨论、代表领学方式进行自主学习和合作学习
第 2 日上午	体验式学习:森林教育活动体验——北京乡土植物识别	通过体验森林教育活动和乡土植物识别活动,感受自然教育的核心——自然和人连接的意义
第 2 日下午	座谈交流:森林教育活动的设计	通过交流了解自然教育重要的组成部分——自然体验活动设计特点和实施方式
第 3 日上午	实地参观:如何进行野生动物救护	知道野生动物救护的基本流程和关键要领,补充自然教育工作者在该方面知识的不足
第 3 日下午	Workshop:PBL项目式学习课程设计	学习 PBL 课程基本设计思路,初步完成小组选题。为设计深度自然教育活动赋能
第 3 日晚上	文献阅读:项目式学习	通过自主阅读、小组讨论、代表领学等方式加深理解
第 4 日上午	技能训练:户外安全教育之心肺复苏	学会心肺复苏基本操作,完成考核,增强自然教育户外安全实践能力
第 4 日下午	技能训练:野外救援实务操作	了解骨折、骨伤、求救的正确处置方法,完成练习任务。增强自然教育户外安全实践能力

（续）

活动时间	学习模块	设计意图
第5日上午	公开课观摩：北京教学植物园自然教育活动	以第三方观察员身份，观摩自然教育活动的开展，探讨教学设计和实施
第5日下午	成果汇报	各小组展示设计的教学方案，互相交流学习
第5日下午	结业仪式	颁发学习证书，总结学习成果

3.2　工作机制

科学合理的方案设计还需要精准有效的工作机制来落实，自培训班项目立项后，主办方第一时间成立专项组，全程负责所有业务工作，具体工作及注意事项见表3。

表3　第二届自然教育种子教师培训班工作内容和注意事项

阶段	工作内容	注意事项
准备阶段	成立工作组：设计方案、内部分工、踩点考察、资源单位联络、授课教师确认　财物管理：资金申请、物资采购、车辆租赁、保险购买　宣传工作：物料准备、通知发放、学员确定	因课程设计多样，活动场域丰富，与合作单位进行有效沟通非常重要，项目组通过现场调研、电话会议等多种形式同合作方进行细致入微的沟通，保障活动顺利开展。
活动阶段	课程运作：合作方沟通、师资联系、场地协调、教具准备和分发、主持人串场　学员管理：学员分组、激励、考核、问卷调查　生活服务：餐饮住宿监督、摄影服务、车辆接送等	学员考评采取"多元评价"模式，既包含学员的出勤率、活动专注度、参与度进行过程性评价，也包含最终成果展示部分的结果性评价。
汇总阶段	财务报账、资料整理及归档、反思和总结	工作组及时进行复盘，总结经验、反思不足

4　活动评价

本次培训通过"问卷星"邀请学员进行

综合评价，本次培训共有35名学员全部参与了调查，且数据完整。

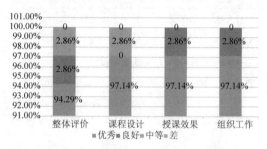

图1　学员对培训的整体评价

如图1所示，学员对活动的评价较高，整体评价方面，评价"优秀"占94.29%；"良好"和"中等"各占2.86%。在课程设计（课程知识结构、课程内容、上课形式、课程效果）方面，"优秀"占97.14%，"中等"占2.86%。授课效果（授课老师的知识能力、教学态度、教学方法和教学效果）方面，"优秀"占97.14%，"良好"占2.86%。对组织工作（团队工作能力、工作态度、工作方法和工作效果）的评价，"优秀"占97.14%，"良好"占2.86%。

在"培训的各个核心模块，哪部分内容对您价值较高、帮助较大"的多项选择题中，所有模块的选择率均高于50%。这组数据表明，本次活动学习内容的价值得到学员认可，通过培训，自身水平得到一定的提高，达到了培训的目的（见表4）。

表4　学员勾选的价值较大的活动项目

选项	选择人数	比例
团队动力学	27	77.14%
团队动力学（文献阅读）	18	51.43%
森林教育活动体验	18	51.43%
野生动物救护中心参观学	28	80%
PBL课程设计	32	91.43%
PBL（文献阅读）	23	65.71%
PBL（作业及展示）	22	62.86%
户外安全教育	27	77.14%
公开课观摩	29	82.86%

备注：有效填写人数为35人。

针对"完成本次培训后，是否会将学到的技能应用于未来的工作中"的调查中，选择"一定会的"为 31 人，占比为 88.57%；选择"可能会的"为 4 人，占比为 11.43%。说明本次培训效果明显，且针对性强，学员主观上愿意尝试运用本次学到的知识和技能应用于自己的工作。

5　分析与讨论

自然教育行业的健康发展离不开系统化、专业化的人才培养机制，其中优质培训项目的开发是必不可少的环节。通过两届自然教育种子教师培训班的实践，笔者积累了一些发现和思考，主要有以下几点。

第一，相对于"大而广"的培训方式，"小而精"的培训方式似乎更受青睐，更能满足相关从业者的需求，且易获得更高的评价。在"小而精"的培训班里，一方面可以充分落实"以学生为中心"的理念，采取灵活多样的学习模式，提升学习效率。同时也可以实现理论和实践深度结合，为学员提供更充足的实操机会，顺应成人培训"以实践导向"的特征。

第二，就目前自然教育从业人员多样化的组成现状和发展水平看，课程内容范围不宜限定的过于狭窄，适当放宽内容范围、设计多样化的课程内容，可以满足更多人的学习需求，从整体层面提升学习者水平。其中，新的教学方法介绍、教学公开课观摩交流、优质资源基地参访、安全保障实操等内容都是深受学习者欢迎的项目，培训设计者可以重点考虑。

第三，健全顺畅的工作机制是培训活动顺利进行的有力保障。培训活动前的顶层设计、各项准备工作的有序进行，培训过程中的服务保障、对学员的精准管理和认真考核，培训后的及时总结和反思，都对提升培训质量起到重要的作用。

总体来说，"自然教育种子教师"培训项目取得了一些成果，还具有很大的提升空间，目前尚未形成一套系统的理论知识和行之有效的方法论，还需要在未来寻找更强有力的理论指导，进行更丰富的实践验证。

参考文献

杰克·斯诺曼，里克·麦考恩，2016. 教学中的心理学[M]. 上海：华东师范大学出版社.

李亮，祝青江，2016. 基于成人学习特点的成人教育培训策略研究[J]. 高教学刊(13)：263－264.

马雨晶，等，2019. 自然教育大会在武汉召开[N]. 中国绿色时报(1).

全国自然教育网络，2019. 2018 自然教育行业调查报告[EB/OL]. (2019-03-07) [2021-08-01]. https://www.sohu.com/a/300315813_256054.

"互联网+"背景下,探索线上线下相结合的研究性学习活动模式

——以 2020 年青少年高校科学营植物专题营为例

Under the Background of "Internet +", the Mode of Research Learning Activities Combining Online and Offline is Explored

——Take the 2020 Plant Special Camp as an Example

曹承娥[1]

(1. 中国科学院武汉植物园,武汉, 430074)

CAO Cheng-e[1]

(1. *Wuhan Botanical Garden*, *Chinese Academy of Sciences*, *Wuhan*, 430074)

摘要: 研究性学习是我国普通高级中学开展综合实践课程的核心。"互联网+"背景下,将网络信息技术与教育融合,打破空间限制,探索线上线下相结合的研究性学习活动,能激发学生学习热情和动力,提升学生综合实践能力。2020 年受疫情影响,青少年高校科学营植物专题营利用虚拟大学城网络平台、线上推送学习资料、线下寄送课题资源包、线上视频学习、线下研究性课题实践、制作课题成果答辩报告、直播点评,构建线上线下相结合的研究性学习活动模式,有效培养学生创新思维、实践能力和科学精神。

关键词: 互联网+,研究性学习,植物专题营

Abstract: Research-based Learning is the core of the comprehensive practical curriculum developed by ordinary Senior Middle Schools in our country. Under the background of "Internet +", it is going to integrate network information technology with education, break space constraints, explore online and offline research-based learning activities, stimulate students' enthusiasm and motivation for learning, and enhance students' comprehensive practical ability. Affected by the pandemic in 2020, the youth university science camp plant topic camp usedthe virtual university city network platform to learn with online videos, practice with offline research projects, and constructe a research-based learning activity model that combines online and offline activities, which effectively cultivated students' innovative thinking, practical ability.

Keywords: Internet +, Research-based learning, Plant thematic camp

1 引言

20 世纪 90 年代以来,世界各国掀起了教育改革的浪潮,研究性学习作为一种改变学生学习方式的新形式被各国教育学者重视。我国于 1999 年,首次正式提出"研究性学习"的概念,2020 年教育部颁发了《全日制普通高级中学课程计划(试验修订稿)》,新设了以研究性学习为核心的综合实践活动课程,作为高中生必修课程(孟娜,2020)。自此研究性学习在全国各地的普通高中进行试点并逐步全面普及。研究性学习是学生在学习生活和社会生活中发现问题,并在教师的指导下采用科学研究的方式进行自主探究和学习,最终获得知

识和技能、经验和体验,形成积极的态度,建立正确的价值观的活动。

研究性学习既是一种教学方式又是一种学习方式;既关注学生的自主性,又重视教师的教学方法(龙慧灵等,2020)。基于研究性学习的复杂性,我国现行开展研究性学习的方式方法多种多样,但就形式而言,多集中在线下开展实践活动。随着信息技术革新发展,单一形式已越来越不能满足研究性学习教与学的需求。而依托网络平台,利用信息通信技术,打破空间限制,以线上线下并驾齐驱的形式开展研究性学习,是"互联网+"背景下,传统教育行业与信息技术的深度融合,能有效激发学生学习热情,提升学生学习的主观能动性(江娟娟等,2020;汪颖达,2021)。

2 植物专题营研究性学习模式的建构

青少年高校科学营是由中国科学技术协会和教育部共同主办,有关高校、中央企业、科研机构承办,开展分营专题营夏令营活动。自2012年至今,以线下形式已成功举办9届,是每年万余名优秀高中生参加的、全国范围内最高层次的科技夏令营,其中中国科学院武汉植物园(以下简称武汉植物园)是唯一的植物专题营承办单位。

2020年,由于新冠疫情影响,青少年高校科学营活动面临巨大挑战,主办方创新转型,探索线上线下融合发展模式。利用互联网技术,建立虚拟大学城平台开展"云上科学营"活动。武汉植物园针对参加夏令营的高中生分布在全国各地的现状,依托虚拟大学城网络平台,设计研究性学习课题,构建线上线下相结合的学习模式。

2.1 线上平台推送学习资料

参加2020年"云上科学营"活动的300名营员和30名带队老师来自30个省市自治区,集中在5天的时间内完成(同时线上还有其它课程需学习)。根据这一现状,武汉植物园课题研发团队的老师们,从植物着手,精心设计了"探秘城市空间绿化,共建绿色生态中国"的研究性学习课题。基于研究性课题的一般科学研究步骤,视频按照先备知识储备,引导课题研究问题提出、课题实验设计、课题实验操作、数据分析、得出结论、成果报告答辩制作等内容进行拍摄和录制。依托虚拟大学城网络平台,进行课题视频的推送,营员们登录平台即可观看。

2.2 线下同步寄送课题资源包

结合线上课题视频内容,线下同步寄送了100份课题资源包,供营员及时开展课题研究学习。"探秘城市空间绿化,共建绿色生态中国"主题课题包括三个系列课题:课题一《探究不同道路树木现状与绿视率的关系》;课题二《探究绿化覆盖率与绿视率的关系》;拓展课题《下垫面人体舒适度测定》。根据三个系列课题的课程需求,每个资源包中配备了一套完整的实验工具:学生手册、铁铲、棉线手套、长卷尺、地钉、彩旗、计算器、透明格纸、围尺、风速仪、温湿度计、雪弗板等。

2.3 营员线上视频学习

营员登录虚拟大学城平台,通过线上视频课程学习,了解课题的学习任务,深入思考课题所需探究的问题和内容。并就课题中存在的疑惑,以查阅文献和书籍的方式,初步找寻答案。同时在观看课程视频的过程中,可利用线上平台的互动区,就课题提出问题,营员内部进行讨论。营员们通过线上自主学习,激发自身的课题探究欲望,为线下课题研究做好充分准备。

2.4 营员线下课题研究

课题设计宗旨是从日常生活环境出发,让营员们通过了解道路绿化指标及城市绿化空间的意义,探究植物科学与人居环境的关系,用科学的思维和科学的方法解密城市绿地规划,从而深度理解植物的基础研究如何助力绿色中国建设。营员在学习视频课程后,以学生手册内容为指导,分组开展线下课题实践探究。根据研究背景、提出科学问题、设计调查方案、实地调查、数据分析与处理、调查结果解读、得出结论、提出新的科学问题等完整的科学研究流程来开展课题探究，从而在课题研究实操中了解植物与人类的关系，科学研究的意义所在。

2.5　营员线下成果制作

营员分组完成课题实践探究后，需进行成果答辩报告制作。营员们在学习课题成果报告答辩制作方法后，利用办公软件（PowerPoint 和 Excel）结合课题线下实验操作的结果，从实验步骤着手，分析数据、提炼结论、总结实验中存在的问题、提出新的科学问题，有章可循地组内分工完成研究性学习的科学课题成果制作。

3　植物主题营研究性教学方式的实施

武汉植物园自承办植物专题营以来，一直秉承研究性学习理念，以课题探究的形式开展实践活动，注重培养学生的科学思维和科学探究能力。为了让营员们在"云上科学营"体验研学性学习的课题探究实践，在专题营课程设计时，探索线上线下相结合的课题模式。从植物科学研究成果、高中生整体认知水平和生态绿色宏观政策出发，以课程视频录制和课程资源包为载体，研发设计了适合在全国不同地区开展的"探秘城市空间绿化，共建绿色生态中国"课题。

3.1　基于平台，合理设计课题，提前录制视频

武汉植物园课题研发团队以"探秘城市空间绿化，共建绿色生态中国"为主题，设置了三个系列课题，营员们必须完成课题一和课题二，选择性完成拓展课题。虚拟大学城平台囊括了高校、中央企业、科研机构等 68 家单位的线上活动。平台不仅可以上传课题视频，还可以进行互动讨论。基于平台功能、网络流畅度及学习便利性，课题研发老师以录播的形式，提前将课题

相关内容录制成视频，上传至平台。营员们在开营后，在营期内根据日程安排，灵活掌控时间进行课题内容学习，并根据所思所想在互动讨论区就课题内容开展讨论。

3.2　基于实践，有效分组探究，线上线下指导

300 名营员和 30 名带队老师，来自 30 个省（自治区、直辖市），每个地方 10 名营员和 1 名带队老师。为确保夏令营顺利开展，一方面以虚拟大学城平台为依托，另一方面建立带队老师微信群和营员微信群，便于带队老师、全体营员及专题营举办方之间进行信息有效沟通与交流。

线上课题视频内容学习完成后，带队老师根据营员分布及疫情防控情况，在确保安全的前提下，进行分组开展实践探究。3~4 名营员共用一份课题资源包，在带队老师的带领下，以小组分工的形式，从提出问题、设计实验、实验操作、分析数据到得出结论，集中开展课题实践研究学习。带队老师在线下进行现场指导，专题营的课题研发老师在微信群中开展线上解答。现场实践研究过程中，营员们进行小组讨论，分工协作，对小组中存在分歧和疑惑的问题均可以图片或小视频的形式发至微信群，专门配置的课程研发老师在线上进行答疑解惑，确保课题实践研究顺利开展。

3.3　基于成果，分析答辩报告，直播现场点评

课题成果是课题研究的重要检验形式，制作课题成果答辩报告是科学研究闭环中不可或缺的一部分。基于成果，为有效助力营员们掌握制作方法，梳理课题内容，高效制作课题成果，专题营课题老师录制了课题成果制作指导视频。营员们完成课题实践研究后，在虚拟大学城平台通过学习课程视频，了解科学课题答辩的科学流程和成果制作的方法，并利用办公软件（PowerPoint 和 EXCEL）制作课题成果答辩报告。线上学习方法，结合线下实操结果，在营员们制作课题成果答辩报告过程中，有助于其进一步梳理实验流程、总结实验

结果、反思探究过程、掌握科学研究方法。课题成果答辩报告制作完成后,营员们通过邮箱提交至课题研发老师。老师通过分析总结成果报告中存在的问题,就共性问题和个性问题分门别类整理后,为直播点评做好充分准备。

由于虚拟大学城平台直播功能有待完善,课题研究成果答辩报告采用腾讯视频会议进行现场直播点评。本次课题共收到62份研究成果报告,考虑报告数量太多,直播点评采取不答辩只点评的方式。课题老师以优秀范例和欠缺范例进行对比点评,让营员们相互学习,进行有针对性地修改和完善,掌握科学研究课题成果制作方法、体会科学研究的科学与严谨。

4　植物专题营课题总结与反思

本次植物专题营探索的"互联网+"背景下,线上线下相结合的研究性学习活动模式,一方面以科学性和趣味性相结合的研究课题为基础,提升营员学习的积极性和主动性;另一方面课题老师通过营员们在线上反应的问题,有效掌握营员们对于课题研究的困惑所在,直播点评时有针对性地引导营员进行成果报告修改。在本次夏令营活动期间,笔者深刻体会到,要确保线上线下相结合的研究性学习活动的实施效果,对线上平台、课题研发、课程老师授课能力的要求都非常高。

4.1　交互性线上平台是基础

本次虚拟大学城平台虽设置了互动区,营员们在学习课程视频时进行文字互动讨论,但各分营专题营却没有互动权限。

课程老师只能在互动区接收营员们互动文字,但无法在讨论区与营员们进行实时讨论,从而导致营员们在平台上提出的问题,无法与课程老师进行交流互动。线上平台流畅的交互性,能有效提升营员们学习的效率。

4.2　研究性学习课题是核心

本次植物专题营的研究性学习课题,是课程研发团队根据高中二年级学生的认知水平设计的。同一主题的课题,在全国各地落地实践不受地域限制,实验结果的数据各具当地特色。课题兼具科学性、趣味性和研究性,是本次研究性学习活动的核心,也是激发营员学习的热情和动力。

4.3　高水准课程老师是关键

课程内容视频录制和现场直播授课的老师,逻辑清晰、有序引导、启发性思考与应用是课题实施效果的关键。逻辑清晰的讲解,能让营员迅速了解课题所需解决的问题;有序引导能让营员深入思考,找到解决问题的思路与方法;启发性提问与应用能让营员思考课题研究的价值与意义,激发营员进一步学习的内驱力。

5　结语

信息技术飞速发展时代,学科间相互交叉渗透程度越来越高,传统单一的灌输式教学模式已不能完全适应教与学的需求与发展,创新更有效的教与学模式必将成为趋势。利用网络信息技术,将互联网与教育相结合,尝试线上线下并驾齐驱的研究性学习活动模式,将是植物园举办科普教育活动的新方向。

参考文献

江娟娟,诸志龙,娄柯,等,2020.线上线下案例式教学在本科生创新能力培养中的应用实践——以"单片机原理及应用"课程为例[J].科技视界,329(35):58-62.

龙慧灵,熊黎,龙海明,2010.论研究性教学与研究性学习[J].社会科学家,(8):119-122.
孟娜,2020.研究性学习实践方式的现状与对策[D].济南:山东师范大学.
汪颖达,2021."互联网+"组织行为学体验式教学研究[J].现代商贸工业(3):141-142.

立地条件对铁坚油杉苗木质量的影响
Effects of Site Conditions on the Quality of *Keteleeria davidiana* Seedlings

向光锋[1]　颜立红[1*]　蒋利媛[1]　田晓明[1]　李高飞[1]

（1. 湖南省植物园, 长沙, 410116）

XIANG Guang-feng[1]　YAN Li-hong[1]　JIANG Li-yuan[1]

TIAN Xiao-ming[1]　LI Gao-fei[1]

摘要：为了探索铁坚油杉芽苗移栽地栽苗最佳立地条件, 在不积水、短期积水、积水+遮阴三种不同立地条件下, 对芽苗移栽 4 年的铁坚油杉的株高、地径以及苗木质量分级等情况进行研究。结果表明：不同立地条件下对 4 年生铁坚油杉株高、地径生长和质量分级有显著影响。结论：4 年生铁坚油杉在不积水的环境条件下, 苗木株高、地径生长最佳, 特级苗、Ⅰ 级、Ⅱ 级苗最多；在积水+遮阴的环境条件, 苗木株高、地径生长最差, 无特级苗、Ⅰ 级、Ⅱ 级苗。不同立地条件对 4 年生铁坚油杉苗木质量分级有显著影响。建议林农培育铁坚油杉进行芽苗移栽, 一定要选择向阳、不积水的地方。

关键词：铁坚油杉, 生长量, 苗木质量, 苗木分级

Abstract：In order to explore the optimal site conditions of *Keteleeria davidiana* bud transplanting site, the plant height, ground diameter and seedling quality grading of *Keteleeria davidiana* bud transplanting site for 4 years were studied under three different site conditions (no ponding, short-term ponding and ponding&shading). The results showed：different site conditions had significant effects on plant height, ground diameter and quality grading of 4-year-old seedlings. Conclusion：the plant height and ground diameter of the seedlings on no ponding condition are the best, and the number of super-grade seedlings, Ⅰ -grade-seedlings and Ⅱ -grade seedlings were the most. The plant height and ground diameter of seedlings on ponding & shade were the worst, and there were no super-seedlings, Ⅰ -grade-seedlings and Ⅱ -grade seedlings. Different site conditions had significant effects on the quality grading of 4-year-old *Keteleeria davidiana* seedlings. It was suggested that the forest famers should plant the *Keteleeria davidiana* seedlings on the sunny and no ponding conditions.

Keywords：*Keteleeria davidiana*, Growth, Seedling quality, Seedling classification

铁坚油杉（*Keteleeria davidiana*）为松科（Pinaceae）油杉属（*Keteleeria*）常绿乔木, 我国特有种, 是一种古老的孑遗植物（中国科学院中国植物志编辑委员会, 1978）。常散生于海拔 600~1500m 地带, 宜生于砂岩、页岩或石灰岩山地, 适应性较强, 能在瘠薄的土壤中生长发育, 是培育中、大径材的理想树种之一。因木材优质、树形优美, 已成为我国重要的用材树种和多功能城市森林树种；2020 年铁坚油杉被列为湖南省主要栽培珍贵树种参考名录（2020 年版）。

目前对铁坚油杉的研究主要集中在群

落结构特征研究(张敏等,2018;龙佳锋,2018;潘婷等,2017)、扦插繁殖(吴际友等,2007)、天然林生长规律(韦秋思等,2014)、生物量及碳储量研究(李加博,2017)等方面,但在铁坚油杉苗木繁育、栽培方面未见相关研究报道,作者通过在不同立地条件培育铁坚油杉芽苗移栽苗,研究铁坚油杉4年生苗木株高、地径、苗木分级等生长情况,为林农培育铁坚油杉优质种苗以及为木材战略储备培育大径材等提供理论依据。

1　试验地概况

试验地位于湖南省森林植物园宁乡东湖塘基地。东湖塘基地位于东经112°32′17.93″、北纬28°04′19.79″,属于亚热带季风性湿润气候,年平均气温16.8℃,1月平均4.5℃,7月平均28.9℃,年平均无霜期274d,年平均日照1737.6h,年均降水量1358.3mm,年平均相对湿度81%,海拔78.7m。土壤为水稻土,土壤中N、P、K含量分别为5.4mg/L、26.2mg/L、33mg/L,pH值5.5。

2　材料与方法

2.1　试验材料

种子来源于湖南江华,苗木来源于湖南省森林植物园东湖塘基地播种培育的芽苗。

2.2　种子培育方法

苗床准备,先清理掉田间杂草,用机械深翻30cm,将农田整成高30cm、宽120cm的苗床,再将每块土耙平整细。播种前7~10 d,用甲基托布津50%可湿性粉剂800倍液喷雾对土壤消毒。

2017年1月15日,采用密集播种法。将种子密集均匀撒播于播种床上,然后覆一层细土,厚度约1cm,再用甲基托布津50%可湿性粉剂800倍液将覆盖的细土喷雾1次,然后盖上稻草,并用绳索将稻草固定。

2.3　芽苗移栽苗培育方法

2017年5月初,当苗木长出第一片初生叶后进行芽苗移栽,移栽至已整理好的苗床上,按照12cm(株距)×14cm(行距)株行距移栽至同一块大田不同的地段,施肥、管理方式一致。

2.4　数据调查与分析方法

2020年10月对芽苗移栽4年的铁坚油杉,选取在湖南乃至南方地区苗木生产中具有典型代表意义的不积水、短期积水、积水+遮阴3种不同立地条件,对其株高、地径进行生长量测定和苗木分级,在3种不同的立地条件地段,随机选取40株,各3个重复,测量4年生苗株高、地径,并对苗木质量进行分级。

利用SPSS19.0软件进行方差分析和多重比较,运用Excel 2007软件进行图表处理。

3　结果与分析

3.1　不同立地条件对铁坚油杉生长量的影响

2020年10月10日,在不积水、短期积水、积水+遮阴3种不同的立地条件下,随机选取铁坚油杉40株,各3个重复,测量4年生铁坚油杉的株高、地径。单因素方差分析结果表明(见表2),经过4年的培育管理,在不同的立地条件下,铁坚油杉株高、地径生长量有极显著差异;4年生铁坚油杉的株高,立地条件1最高,是立地条件3的2.49倍,立地条件2的1.1倍,株高从大到小依次为立地条件1>立地条件2>立地条件3;4年生铁坚油杉的地径,立地条件1最大,是立地条件3的1.4倍,立地条件2的1.08倍,地径从高到低依次为立地条件1>立地条件2>立地条件3;表1多重比较结果表明:芽苗移栽4年生铁坚油杉株高,立地条件1与立地条件2、立地条件3有显著差异;芽苗移栽4年生铁坚油杉地径,立地条件1与立地条件3有显著差异,与立地条件2差异不显著。

表1　不同立地条件4年生铁坚油杉生长量

立地条件	株高(m)	地径(cm)
不积水(立地条件1)	1.07±0.37a	8.22±3.27a
短期积水(立地条件2)	0.97±0.34b	7.63±3.21a
积水+遮阴(立地条件3)	0.43±0.15c	5.86±1.71b

注:同列中不同小写字母表示差异显著($p<0.05$)。

表2　不同立地条件4年生铁坚油杉生长量方差分析

变异来源	平方和	df	均方	F	显著性
株高	29.643	2	14.821	163.657	0.000**
地径	372.976	2	186.488	23.219	0.000**

注:*表示在0.05水平显著差异,**表示在0.01水平极显著差异,下同。

3.2　不同立地条件对铁坚油杉苗木分级的影响

根据3种不同立地条件测定的平均株高、地径进行苗木分级,确定特级苗、Ⅰ级、Ⅱ级、Ⅲ级苗、Ⅳ级苗、Ⅴ级苗;特级苗:株高≥1.6m,地径≥12.5cm;Ⅰ级苗:1.25m≤株高<1.6m,9.0cm≤地径<1.25m;Ⅱ苗:1.0m≤株高<1.25m,8.0cm≤地径<9.0cm;Ⅲ级苗:0.8m≤株高<1.0m,6.1cm≤地径<8.0cm;Ⅳ级苗:0.5m≤株高<0.8m,4.5cm≤地径<6.1cm;Ⅴ级苗:株高<0.5m,地径<4.5cm。不同立地条件,苗木质量分级见图1、图2、图3。从图中可见,立地条件1特级苗最多,是立地条件2的2倍,是立地条件3的12倍,特级苗从多到少,依次为立地条件1>立地条件2>立地条件3;Ⅰ级苗立地条件1最多,是立地条件2的1.1倍,立地条件3的22倍,Ⅰ级苗从多到少,依次为立地条件1>立地条件2>立地条件3;Ⅱ级苗立地条件1最多,是立地条件2的1.4倍,立地条件3的28倍,Ⅱ级苗从多到少,依次为立地条件1>立地条件2>

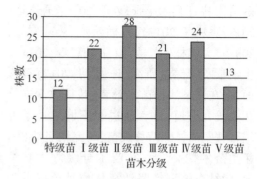

图1　不积水立地条件下的苗木分级

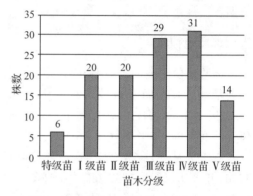

图2　短期积水立地条件下的苗木分级

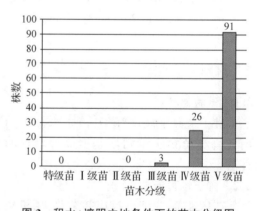

图3　积水+遮阴立地条件下的苗木分级图

立地条件3;Ⅲ级苗立地条件2最多,是立地条件1的1.38倍,立地条件3的9.67倍,Ⅲ级苗从多到少,依次为立地条件2>立地条件1>立地条件3;Ⅳ级苗立地条件2最多,是立地条件3的1.19倍,立地条件1的1.29倍,Ⅳ级苗从多到少,依次为立地条件2>立地条件3>立地条件1;Ⅴ级苗立地条件 3 最多,是立地条件 2 的 6.5 倍,立地条件 1 的 7 倍,V 级苗从多到少,依次为立地条件 3>立地条件 2>立地条件 1。可见,经过 4 年培育,在不同移栽立地环境条件下,铁坚油杉苗木质量分级有显著影响。

4　结论

(1)不同立地条件对芽苗移栽 4 年生铁坚油杉苗木株高、地径生长有显著影响。积水+遮阴(立地条件 3)苗木株高、地径最小,这主要是由于受阳光、水分生长条件的影响,木本植物性喜光,喜土层深厚、疏松、透气排水良好的立地条件,植物的根系是获取营养和水分的重要器官,因为积水导致土壤板结、根系退化;立地条件 3 周边栽植很多常绿乔木,光照强度和光质均会影响植物根系生长和叶片进行光合作用,苗木移栽初期第一年需要荫纱遮阳,但长期遮阴导致植株不能进行正常的光合作用,这些因素导致立地条件 3 铁坚油杉植株矮小,生长不良。

(2)不同立地条件对铁坚油杉 4 年生苗木质量分级有显著的影响。从苗木质量分级可见,4 年生苗立地条件 1、立地条件 2 苗木质量分级较为合理,立地条件 1 单位面积合格苗产出率最高,立地条件 3 苗木质量分级,单位面积合格苗产出率太低。

(3)在芽苗移栽初期需要进行适当遮阴,第二年后一定要保证光照充足,建议林农对铁坚油杉进行芽苗移栽时,一定要选择光照强、土层深厚、疏松、透气排水良好的立地条件,提高单位面积优质苗产出率。

参考文献

李加博,韦秋思,吴庆标,等,2017. 南亚热带中山区铁坚油杉生物量及碳储量研究[J]. 湖北林业科技,46(1):14-19.

龙佳锋,2018. 南盘山流域铁坚油杉天然次生林群落结构特征研究[D]. 南宁:广西大学.

潘婷,喻素芳,姚贤宇,等,2017. 南盘江流域铁坚油杉种群空间结构特征分析[J]. 西北植物学报,37(7):1414-1421.

韦秋思,吴敏,黄毅翠,等,2014. 铁坚油杉天然林生长规律的研究[J]. 西北林学院学报,30(5):140-146.

吴际友,程勇,王旭军,等,2007. 铁坚油杉无性系嫩枝扦插繁殖效应[J]. 中国农学通报,23(12):133-135.

张敏,张孝林,汪洋,等,2018. 漳河源铁坚油杉群落物种多度分布模型[J]. 湖北农业科学,57(18):80—83.

中国科学院中国植物志编辑委员会,1978. 中国植物志:第 7 卷[M]. 北京:科学出版社.

湖南省植物园"省市共建、免费开放"的实践与思考

Practice and Thinking of Provincial and Municipal Co-construction Free Opening in Hunan Botanical Garden

谢科[1] 吕浩[1]*

（1. 湖南省植物园，长沙，410116）

XIE Ke[1] LÜ Hao[1]

（1. *Hunan Botanical Garden，Changsha*，410116）

摘要：植物园是植物多样性保护、科学研究、资源利用及环境教育的重要场所。在新形势下，如何改善植物园的管理运营模式，丰富植物园主体功能，处理好保护与展示的关系，充分发挥其社会效益是植物园发展的核心问题。本文以湖南省人民政府和长沙市人民政府共建湖南省植物园为例，研究分析湖南省植物园"省市共建、免费开放"管理机制及运营模式，为新形势下植物园管理运营提供有益借鉴。

关键词：湖南省植物园，省市共建，免费开放，管理运营

Abstract：Botanical garden is an important place for plant diversity protection，scientific research，resource utilization and environmental education. Under the new situation，how to improve the management and operation mode，enrich the main function，handle the relationship between protection and display，and give full play to its social benefits are the core issues of the development of the botanical garden. Taking Hunan Botanical Garden jointly constructed by Hunan Provincial People's government and Changsha Municipal People's government as an example，this paper researched and analyzed on the *Provincial and municipal Co-construction，free opening* management and operation mode of Hunan Botanical Garden. It provides a useful reference for the management and operation of botanical garden under the new situation.

Keywords：Hunan Botanical Garden，Provincial and municipal Co-construction，Free opening，Management and operation mode

湖南省植物园（原名为湖南省森林植物园，2021年4月正式更名为湖南省植物园）成立于1985年，为差额拨款公益二类科研事业单位，隶属于湖南省林业局，是集科学研究、物种保存、科普教育、生态旅游、开发利用五大功能于一体的综合性植物园。2020年1月1日，在湖南省人民政府的高位推动下，长沙市人民政府、湖南省林业局双方签署共建协议，湖南省植物园正式实行"省市共建、免费开放"，开启了新的管理运营模式。本文对湖南省植物园管理运营现状进行评述，并提出了植物园"省市共建、免费开放"需要关注的重点问题。

1 "省市共建、免费开放"的背景

1.1 践行习近平生态文明思想的现实要求

党的十九大提出，要提供更多优质生态产品以满足人民日益增长的生态环境需

要。根据湖南省委省政府加强和改进城市规划建设管理的要求,要充分发挥城市园林绿化对改善城市人居环境的积极作用。湖南省植物园"省市共建、免费开放"是生态惠民、生态利民、生态为民的具体实践。

1.2　城市发展建设需要

随着长株潭一体化和省会长沙城市扩容提质步伐的不断加快,南城片区缺少一个免费开放的综合型绿地场所。湖南省植物园服务城市和市民的作用日益凸显。共建和免费开放植物园,将彻底释放植物园周边活力,提速片区建设,壮大关联产业,放大发展格局,推动"长株潭"融城发展。有利于提升长沙城市品位,树立良好政府形象。

1.3　长沙市民的热切期待

湖南省植物园是长沙市民观赏植物、踏青放松的好去处,免费开放在很大程度方便了市民入园(刘军和贺晔,2009)。2013年,中南林业科技大学森林旅游研究中心对湖南省植物园交通状况、园林游赏、门票价格等10项指标进行问卷调查,结果显示,免费开放植物园已成为市民的最大诉求(曾喜喜,2015)。

1.4　新时代植物园建设发展的基本要求

根据《中国植物保护战略(2010—2020)》(国家林业局,2008)、《中国植物园标准体系》(黄宏文等,2019),要求植物园回归"迁地保育、科研科普、生态休闲"主业,加大收集珍稀濒危植物力度。通过省市合作共建,有利于植物园回归主业,优化功能定位,进一步突出物种迁地保育、科学研究、科普教育的功能,提升园区品质、服务质量和管理水平。

1.5　国内有成功案例

通过调研了解,共建共享植物园在国内已有很多成功案例,这些成功案例为省市共建湖南省植物园提供了参考(见表1)。

表1　共建植物园案例

共建单位	共建植物园
中国科学院、广东省、广州市	华南植物园
武汉市、中科院	武汉植物园
上海市、中国科学院、国家林业和草原局、中国林业科学研究院	上海辰山植物园
江西省、中国科学院	庐山植物园
河北省、石家庄市	石家庄植物园

2　工作机制和具体举措

2.1　工作保障机制

2019年12月11日,湖南省人民政府组织召开专题会议研究湖南省植物园免费开放相关事宜,确定由湖南省林业局与长沙市人民政府签订省市共建协议,明确"省市共建、免费开放"的责任分工、保障措施等。成立由省、市、区多个单位和部门组成的联席会议小组,制定联席会议制度,定期召开联席会议,建立健全常态化沟通协调机制,研究解决共建运行过程中存在的问题和困难。

2.2　省管市补

根据湖南省人民政府专题会议精神,在实施省市共建之后,湖南省植物园现有的管理体制、单位属性和基本保障不变,继续由省林业局管理,保持公益二类科研事业单位性质;原有的工作经费、运行经费、建设经费等基本经费保障渠道不变,长沙市政府每年为植物园提供稳定的运行经费补助,列入市政府一般性财政预算,并对拨付的资金使用情况进行监管和绩效评估。园内研学教育、花卉产业、文创产品、科技咨询服务、停车等内容为植物园自身创收渠道。合作共建长期有效。

2.3　入园管理模式

采用"免费不免票"的方式,实行网上预约入园。游客在网上预约后凭刷身份证或手机二维码直接入园。通过掌握入园游客信息,提升管理水平和服务质量,向游客提供更周到、更细致、更精准的旅游服务。科学有效控制入园游客数量和活动范围,设立并严格区分植物保育科研区和植物展示区,设立隔离设施和标识标牌,对园内珍稀濒危植物进行重点保护,处理好"保护"与"展示"的关系。

2.4　双方合作共建举措

省政府指导支持湖南省植物园高起点建设发展,按照建设国家一流植物园的标准和要求,指导修订《湖南省植物园总体规划(2021—2035)》。进一步强化植物园植物迁地保育主业,加大对科研科普平台、万种园建设、生态旅游等方面的支持力度,省财政每年向植物园增拨一定的经费补助。长沙市为植物园营造良好的外部发展环境,编制植物园周边片区规划,督促指导对植物园周边环境进行整治,进行有关配套服务设施建设。

3　取得的成效

自 2020 年 1 月 1 日实行"省市共建、免费开放"以来,省市合作不断深化,多方受益,共建效应日益凸显,生态惠民落到实处,实现了资源共享、优势互补。

3.1　向市民提供了更好的生态产品

作为国家 4A 级旅游景区,湖南省植物园是人民群众踏青赏花、运动休闲和享受自然的优选之地。免费开放植物园,最直接最现实受益的是长沙市民。吸引了更多人走进植物园,享受优质公共服务,广大群众对生态文明建设成果有了更直观的体验。根据入园游客统计,2020 年,即便受新冠肺炎疫情影响,较去年同期入园游客增长超 30%。

3.2　明确了植物园顶层设计,促进了自身发展

自省市共建以来,湖南省植物园按照建设国内一流、湖南特色植物园的目标,编制了《湖南省植物园总体规划(2021—2035)》。优化了功能定位,回归"迁地保育、科研科普、生态休闲"主业,确定了植物园科研主攻方向,调整了植物园园区资源配置,优化布局。实行省市共建,植物园日常运行经费得到基本保障,基本解决了植物园的后顾之忧,充实了科研力量,进一步释放科技创新活力。通过共建整合各方力量,大力开展环境整治,完善基础设施,提质生态品质,提升了园区建设水平、管理水平、服务质量。

3.3　带动城市发展,优化了片区资源配置

从表面上看,免费开放植物园,放弃了一定的门票收入,增加了一定的财政负担,但从经济学的角度来分析,免费开放使客流量大幅增加,促进园内经营项目、周边房地产、酒店、餐饮、房屋租赁等行业的繁荣,对周边经济形成拉动效应,带动片区开发建设(曾喜喜,2015;胡磊,2009)。同时,进一步改善了城市人居环境,提升城市建设品位,有力带动经济社会发展。

省市共建植物园,既避免了省级与省会城市重复设置植物园,又能体现省市共建植物园的双重功能。共建以来,与长沙市、雨花区共同主办了文化节、消费节、旅游季等启动仪式,联合举办森林交响乐音乐会、歌舞剧表演等活动,与周边小学合作共建劳动教育基地,合作开展研学实践教育,实现了资源共享和优势互补,优化了生态资源、经济资源、文化资源配置。

4　存在的困难和风险

4.1　在需求上有偏差

长沙市与湖南省林业局以生态惠民而开展合作,长沙市侧重于片区更新和城市发展,更多地考虑植物园对周边片区发展的拉动效应。湖南省林业局则考虑植物园自身的发展,特别是植物园主业的发展。双方需要在兼顾彼此上找到平衡点,在规划协同上着力。

4.2　有后劲不足的风险

省市共建,行政隶属关系、经费保障等长期不变,没有增长机制。随着时间的推移,可能造成植物园的服务功能不能同比增长,发展后劲不足。

4.3　有违约的风险

省林业局和长沙市人民政府是协议的主体,湖南省植物园属于省林业局的二级事业单位,随着事业单位改革深入,湖南省植物园的行政隶属关系、体制机制可能会发生改变,湖南省植物园与长沙市人民政府在法律上不对等,有可能会出现违约或履约不全面的风险。

5　研究讨论

根据未来发展趋势,按照省市共建的目标要求,植物园要在进一步改善管理运营模式,丰富主体功能,处理好保护与展示的关系,充分发挥社会效益等问题上进行深入研究探讨。建议应继续完善和升级共建机制,全面提升省市合作共建层次和水平,促进植物园事业的发展。

5.1　统筹规划

处理好植物园建设和城市发展的关系,进一步明确双方契合点,注重顶层设计,统一规划布局,做好内外协同和产业对接。

5.2　统筹联动

建立完善省、市、区三级联动协同机制,落实好联席会议制度,扩大共建规模,建立更深层次的创新合作机制和利益共享机制,实现资源统筹互补。

5.3　完善经费保障长效机制

省市共建共享植物园,持续且充足的经费是基本保障。要研究和完善经费保障的增长机制,确保植物园品质不降、功能不减。省级财政要充分发挥杠杆撬动作用,确保长沙市稳定的、充足的、及时的经费保障。

5.4　完善绩效监管机制

加强资金管理,提高资金使用效益。实施全过程绩效动态监管,制定资金绩效考核指标体系,委托第三方中介机构进行跟踪评估和事后绩效评价。

5.5　培育新的经济增长点

必须调整思路,培育新的经济增长点,在科技创新、文旅产品开发、研学实践上发力。

6　结论

在新的时代背景下,省市共建是湖南省植物园创新管理机制及运营模式的有益尝试。将有助于植物园发挥自身优势,统筹协调园区资源,理顺内外功能定位,进一步回归主业,为建设理念先进、功能全面、主业突出、目标明确的综合性植物园提供保障。

参考文献

国家林业局,2008. 中国植物保护战略[M]. 广州:广东科技出版社.

黄宏文,廖景平,张征,2019. 中国植物园标准体系[M]. 北京:科学出版社.

胡磊,2009. 基于公共管理角度的城市片区拆迁研究[D]. 长沙:中南大学.

刘军,贺晔,2009. 长沙市生态园林建设成绩喜人[J]. 林业与生态,9:31.

曾喜喜,2015. 游客对湖南省森林植物园植物景观满意度的测评研究[D]. 长沙:中南林业科技大学.

大百合属植物种质资源圃建设与园林应用
Construction and Application of Germplasm Resources Garden of *Cardiocrinum*

张辉[1]　蒋靖婉[1]　林好[1]　张蕾[1]　董知洋[1]　邓军育[1]　魏钰[1]

(1. 北京植物园,北京市花卉园艺工程技术研究中心,城乡生态环境北京实验室,北京,100093)

ZHANG Hui[1]　JIANG Jing-wan[1]　LIN Hao[1]　ZHANG Lei[1]
DONG Zhi-yang[1]　DENG Jun-yu[1]　WEI Yu[1]

(1. *Beijing Botanical Garden*, *Beijing Floriculture Engineering Technology Research Centre*, *Beijing Laboratory of Urban and Rural Ecological Environment*, *Beijing*, 100093)

摘要:大百合具有较高的观赏和经济价值,但由于原生地陆续遭到人为破坏,野生居群数量日益减少。为保护与应用这一珍贵野生花卉,课题组在北京植物园草花基地建设大百合种质资源圃,引种栽培大百合 350 株、荞麦叶大百合 100 株、云南大百合 50 株,为大百合迁地保护与利用研究奠定基础。在北京植物园宿根园,模拟大百合原产地生境与筛选的 17 种伴生植物混合栽植,为大百合在北方地区引种栽植及园林应用提供基础资料。

关键词:大百合,种质资源圃,园林应用

Abstract: *Cardiocrinum giganteum* is of high ornamental and economic value. However, the number of wild populations is decreasing due to the continuous human destruction of the original land. In order to protect and apply this precious wild flower, our research group introduced 350 *Cardiocrinumgiganteum*, 100 *Cardiocrinum cathayanum*, and 50 *Cardiocrinum giganteum* var. . *yunnanense*and planted them in Beijing Botanical Garden. The construction of germplasm resource nursery of grass and flower base will lay the foundation for the research of protection and utilization of *Cardiocrinumgiganteum*. In the perennial garden of Beijing Botanical Garden, 17 species of associated plants were mixed planted with simulated habitats of *Cardiocrinum giganteum*, which provided basic data for the introduction and planting of *Cardiocrinum giganteum* in northern China and landscape application.

Keywords: *Cardiocrinum giganteum*, Germplasm resources garden, Landscape application

大百合属(*Cardiocrinum*)为多年生鳞茎类草本植物,植株高大,花朵大且优美、芳香,在欧洲被誉为"百合王子"。大百合属本属全球仅有 3 种:大百合(*Cardiocrinum giganteum*)、荞麦叶大百合(*Cardiocrinum cathayanum*)和日本(心叶)大百合(*Cardiocrinum cordatum*),其中前两种为中国原产。长期以来,大百合属植物一直处于野生状态,由于大百合具有较高的观赏、食用、药用价值,造成野生居群人为采挖严重,保护大百合资源迫在眉睫。目前大百合尚未在园林中得到广泛应用,为开发利用这一珍贵野生花卉,丰富城市园林景观,应对其进行引种栽培保护与展示。

北京植物园是国家野生植物保护科普教育基地,位于北京市海淀区西北部香山脚下,北纬 40°0′21″,东经 116°11′38″,沟谷和近山部分小气候条件优越,利于大百合生长。

基金项目:北京市公署管理中心课题(课题编号:zx2019009)。

1 大百合属植物种质资源圃

1.1 大百合属植物种质资源圃选址

随着我国社会经济水平的提高,政府和国家越来越重视资源和环境的保护工作。由于近年大百合野生资源被破坏和过度利用,在北京植物园建立种质资源圃、对大百合资源进行迁地保护,可为在更大范围利用大百合属植物资源提供可靠的栽培基础。

选定植物园花卉基地作为大百合资源圃的所在地。资源圃海拔高度 20~200m,年降水量 400~700mm,平均温度 6~10℃,日照时数多年平均为 2600~2700h,植物生长期 225d 左右,属北温带半湿润大陆性季风气候,土壤为棕土偏碱性。资源圃目前不对游客开放,可避免人为干扰和盗采盗挖。

1.2 大百合属植物种质资源圃引种与栽培

2018 年开始陆续从四川、湖北、湖南、陕西、云南等 5 个种源地引种并栽植三种大百合,其中大百合 350 株、云南大百合 50 株、荞麦叶大百合 100 株,共计约 500 棵种球,播种 3000 余粒种子。这不仅丰富了北京植物园大百合属植物的数量,也使北京植物园成为北方大百合原种迁地保护数量最多的单位。

资源圃的栽植地土壤并不符合大百合种球栽植要求,进行了深翻土地 40~50cm,加入珍珠岩、腐殖土、有机肥等并调节土壤 pH 值至弱酸性。大百合栽植前在百菌清或多菌灵 500 倍稀释液中浸泡 3h,自然环境中透风晾干表面后定植。栽植时开花种球按株行距 100cm×100cm,不开花种球按 40cm×40cm 栽种,鳞茎顶端埋入土表以下 10~15cm,埋土过深影响春季出苗,过浅雨季易发生倒伏,种球种植时须将其扶正,确保芽向上,用土将扶正后的种球固定好,覆土后稍加镇压,使鳞茎与土壤紧密接触。

大百合的生长忌强光直射,需要适度遮阴才能满足大百合植株光合作用制造养分能源需求。通过对大百合原产地生境光照强度及引种地光照强度对比分析,考虑到随着季节的变化光照强度与温度的不同,春秋季使用 45% 遮阴处理,夏季使用 70% 遮阴处理。根据季节变化适度遮阴有利于大百合的生长,改善了大百合的生长环境,降低了环境温度与光照强度,提高了空气相对湿度和 CO_2 浓度,从而带动了大百合的光合机制,提高了大百合的生理活性。连续 3 年栽培,大百合生长状态良好。

经引种观察,大百合野外常生长在阴湿山谷中,对土壤要求不严,喜湿润阴生环境,在干燥空气和直射光照下生长不良,叶片会干枯卷曲。而北京地区春秋冬三季多风且干燥,不适宜大百合生长,需要人工干预进行增加湿度。大百合地上部分喜湿润,但球根忌积水,如果靠增加浇水量增加环境湿度,不能及时排除根系多余水分很容易造成种球鳞茎腐烂,应用微喷进行增加空气湿度,这样不增加大百合根系的水分,是人工养殖大百合最行之有效的增加湿度办法。

1.3 大百合的繁殖

1.3.1 种子繁殖

大百合属植物的种子有薄膜质三角形翅,扁平,胚乳红棕色,肾形或三角形,胚极小。大百合属植物果实在秋季成熟,北京地区约为 11 月上旬果实开裂。种子轻,一个果球中产几百粒种子。大百合植株越高、花序越长、花朵越多,获得果实也越多。

大百合属植物果实 11 月中旬成熟,成熟后散种期长达 1 个月,散种高峰在 11 月下旬至 12 月下旬。种子散布后并不立即发芽,需经过 18 个月的休眠期方能萌发(张金政等,2002)。将种子与干净河沙拌匀,放在阴凉通风环境,并定期补水,17 个月后发芽。

1.3.2 鳞茎繁殖

大百合果实成熟后,从成年母株根部

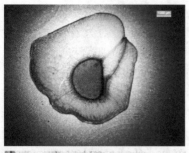

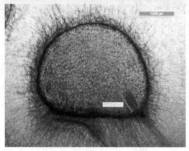

图 1   大百合种子及胚

图 2   大百合播种后春季发芽情况

剥离侧面小鳞茎另行栽植,剥离时要注意不能直接用手掰下小鳞茎,小鳞茎必须带有根系才能不影响其正常生长,并尽量减少伤口,蘸百菌清避免腐烂(万珠珠等,2007)。剥离时视鳞茎的大小选择适应的栽培条件。根据剥离鳞茎的大小栽植时深浅也要所不同,并且要考虑所栽植地冬季极端天气温度,从 1/3 埋入土壤到全埋进土壤均可。

1.3.3　仔球繁殖

大百合每个成熟母球开花后死亡,由新的小鳞茎取代原有空间位置,可以产生 2~8 个仔球,从而完成植株的繁衍和扩展。仔球繁殖植株生长较快,存活率高,但仔球

繁殖模式慢且为密集型,因此仔球繁殖扩展空间有限,野外以居群形式出现成片大百合群体。

2　大百合属植物园林应用

北京植物园宿根花卉园是引种、栽培和展示多年生草本花卉的专类园,位于卧佛寺东南侧,具有较好的小环境条件,适合进行植物的引种和栽培。在调查了野外大百合居群的伴生植物的基础上,选出 17 种(品种)200 株适宜做大百合伴生植物与 50 球大百合栽植在展示区中。

模拟大百合野外居群生长状态,筛选原产地的伴生地被植物。宿根花卉的观赏期主要集中在 5~7 月,与大百合花期正好重合。筛选出适合北京地区生长且表现良好的种(品种),搭配大百合栽种表现出自然的大百合居群景观效果。大百合作为景观的高层植物,搭配中低层的玉簪、蕨类、落新妇等,利用植物划分出空间层次。

为了在有限的展示空间中创造出大百合生境效果,设计过程中充分考虑植被多样性,通过利用构建由乔、灌、地被等综合植被多层次复合植物群落(李雄,2006),使游人可以更真切、近距离地感受大百合的挺拔与美丽,进而可以让游人更好地了解大百合生长环境特点,达到科普效果。

图 3   2019 年大百合展示区实景图

大百合野外居群伴生植物种类繁多,形态各异,对环境的要求大多喜阴湿环境,因此因地制宜,依据其对环境的要求来配

置营造出良好的自然生境景观。自然式设计配置是自然斑状混交，还要考虑到同一季节中彼此的色彩、姿态、体型及数量的调和与对比。设计要巧妙利用色彩来创造空间或景观效果。大百合植株高大且为冷色系，放在花境中后部，在视觉上有加大生境深度增加宽度的效果，在狭小的环境中用冷色调可以从感官上达到扩大空间的效果。大百合野外居群生境让人有安静、亲近自然的感觉，多用冷色系花卉可以达到更好的观赏效果。在郁闭度比较高的环境运用白色等明亮的颜色，可以让人感觉心旷神怡。大百合是空间营造的重要角色，植物与山水路相搭配可以调整空间围合程度，增加空间的层次和场景的深度。植物的不同色彩能让空间的感知产生一定程度的错局，如蓝白色系有收缩后退的感觉，可以让空间显得更大；红黄暖色系有膨胀感，可以使空间有变小的感觉。同样，枝叶细密，冠型整齐的植物有收缩之感，而枝叶粗大，惯性开张的植株则有膨胀感。

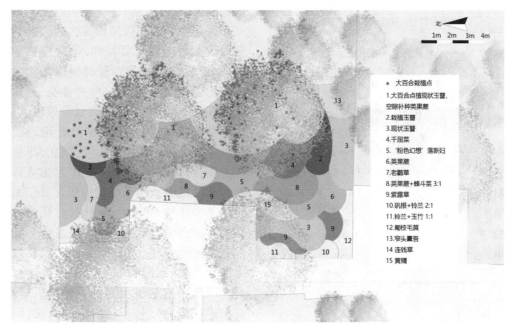

图4　大百合展区设计平面图

大百合伴生地被宿根花卉的体量相对较小，并不适宜作为营造空间的结构性材料，而大百合植株高大挺拔，可以起到景观的骨架作用。生境的前端一般选择植株低矮、匍匐状、枝叶密集的植物，背景多选择高大乔灌木。恰当的植物种植设计能够产生美感，通过合理搭配，让人们在不同季节欣赏到各具特色的生境景观。植物配置高低错落，各种植物开花时间此起彼伏。合理搭配草本木本植物增加生境的层次感。需要注意的是，开花的植物应分散在整个生境中，避免局部花期过于集中，使整个生境看起来不协调。

图5　2021年在百合展示区实景图

表1　大百合宿根园展示区伴生植物

中文名	科名	属名	拉丁名
长柄玉簪	百合科	玉簪属	*Hosta longipes*
'甜心'玉簪	百合科	玉簪属	*Hosta* 'So Sweet'
圆珠玉簪	百合科	玉簪属	*Hosta nakaiana*
波叶玉簪	百合科	玉簪属	*Hosta fluctuans*
千屈菜	千屈菜科	千屈菜属	*Lythrum salicaria*
荚果蕨	球子蕨科	荚果蕨属	*Matteuccia struthiopteris*
紫露草	鸭跖草科	紫露草属	*Tradescantia ohiensis*
'紫色宫殿'矾根	虎耳草科	矾根属	*Heuchera americana* 'Palace Purple Select'
铃兰	百合科	铃兰属	*Convallaria majalis*
玉竹	百合科	黄精属	*Polygonatum odoratum*
窄头橐吾	菊科	橐吾属	*Ligularia stenocephala*
蜂斗菜	菊科	蜂斗菜属	*Petasites japonicus*
连钱草	唇形科	活血丹属	*Glechoma longituba*
匍枝毛茛	毛茛科	毛茛属	*Ranunculus repens*
黄精	百合科	黄精属	*Polygonatum sibiricum*
老鹳草	牻牛儿苗科	老鹳草属	*Geranium wilfordii*
'粉色幻想'落新妇	虎耳草科	落新妇属	*Astilbe chinensis* 'Visions in Pink'

3　小结

3.1　大百合属植物的引种与栽培

通过野外考察、引种物候及环境条件对比分析表明大百合属植物对土壤要求并不严格,排水良好的土壤为宜。由于大百合属植物生长环境的特殊性,引种栽植时需注意温度和湿度控制,根据情况及时对大百合进行遮阴和补水是最直接也是最有效管理措施。夏季降温对大百合生长至关重要,通过遮阴、增加湿度、选择适宜小环境栽植区对大百合合理降温,可以有效提高大百合长势。大百合种球冬季需要防寒,浇足冻水,并覆盖松针等防寒物,保护鳞茎不受冻害。大百合鳞茎容易受到病虫害威胁,栽植前后注意药剂灌根消毒,夏季秋季也需要定期进行防治病害。

3.2　大百合属植物在北京地区园林应用的前景与展望

大百合属植物以植株高大、花大优美、芳香怡人为主要观赏特性,适合栽植于林缘、水边或作为花境背景材料使用。在园林应用中,考虑到大百合叶片油亮且硕大,颜色变化丰富,可以模拟大百合原生生境,以自然群落的形式作为耐阴观花地被植物。考虑到大百合花茎粗壮挺立,花朵繁茂芳香,可以在阴生花园中作为花境背景材料或者点缀竖线条植物应用。由于大百合属于多年生一次性开花植物,开花后母球的营养会消耗殆尽,但其根盘会生出新的仔球继续繁衍生长,但是仔球需要数年才能开花,导致园林应用时不能够连续开花。因此应该尽快找到种子休眠机理,研究出进一步缩短种子休眠期的方法,研究影响种球开花生理因素,开展鳞茎病害病理研究,与企业合作产业化生产大百合、规模化生产种球,做好以上几点才能令其在园林中大面积应用,让更多的人见识其美丽的身姿。

参考文献

李雄,2006. 园林植物景观的空间意向和结构解析研究[D]. 北京:北京林业大学.

万珠珠,龙春林,程治英,等,2007. 重要野生花卉大百合属植物研究进展[J]. 云南农业大学学报,22(1):30-34.

张金政,龙雅宜,孙国峰,2002. 大百合的生物多样性及其引种观察阴[J]. 园艺学报,29(5):462-466.

枸子属植物引种研究初报
Elementary Reporton the Introduction of *Cotoneaster*

董知洋[1]　张蕾[1]　李菁博[1]　池淼[1]　虞雯[1]　许兴[1]　魏钰[1*]

(1. 北京市植物园,北京市花卉园艺工程技术研究中心,城乡生态环境北京实验室,北京,100093)

DONG Zhi-yang[1*]　ZHANG Lei[1]　LI Jing-bo[1]

CHI Miao[1]　YU Wen[1]　XU Xing[1]　WEI Yu[1]

(1. *Beijing Botanical Garden,Beijing Floriculture Engineering Technology Research Centre,*
*Beijing Laboratory of Urban and Rural Ecological Environment,Beijing,*100093)

摘要:以 18 种枸子属植物种子和插穗为引种材料,5 种插穗使用 0.25%吲哚丁酸和全光雾进行扦插试验,15 种种子采用 5℃沙藏和 15~25℃变温培养进行种子萌发。结果表明,5 枸子扦插生根率依次为黄杨叶枸子 100%、耐寒枸子 93.75%、细叶小叶枸子 92.86%、圆叶枸子 88.37%和灰枸子 55.26%;11 种枸子种子萌发率超过 65%,细枝枸子最高达 94%。引种保存枸子属活植物由 5 种增加到 23 种。

关键词:枸子属,引种,种子萌发,扦插繁殖

Abstract:18 species of *Cotoneaster* seeds and cuttings were introduced. 5 species of the cuttings were treated by indolebutyl acid(IBA)in 0.25%,then cutting in the plugsunder the full light spray misty of water. Seed germination of 15 species was carried out by sand storage at 5℃ and variable temperature germinated at 15~25℃. The results showed that the rooting rates of the five cotoneasters were *C. buxifolius*100%, *C. frigidus* 93.75%, *C. microphyllus* var. *thymifolius* 92.86%, *C. rotundifolius* 88.37% and *C. acutifolius* 55.26%. They are 11 species seed germination rate are more than 65%, *C. tenuipes* is the maximum of 94%。The living collection of Cotoneaster has been increased from 5 species to 23 species.

Keywords:*Cotoneaster*,Introduction,Seed germination,Cuttingpropagation

枸子属(*Cotoneaster*)属蔷薇科(Rosaceae)苹果亚科(Maloideae),全世界 90 余种,多落叶、常绿或半常绿灌木,稀小乔木。分布亚洲(除日本)、欧洲及北非温带地区(中国科学院中国植物志编辑委员会,1974)。我国 59 种,其中 37 种为特有种(Lu & Brach,2003),是世界枸子属植物分布中心(胡婵娟,2009)。经对中国数字标本馆(CVH)标本调查发现,我国枸子主要分布川、渝、滇、藏、贵、鄂和甘、陕等地。

枸子属植物花春季,小而密,多呈白、粉或粉红色,秋季果实繁多、挂果期长,大小、颜色和形状各异,观赏价值高;部分种耐荫,对土壤要求不严,酸碱度适应范围较广,病虫害少,耐修剪,养护成本低,适合城市园林应用(姚德生和姚颖,2016)。此外,枸子属部分种可用于中医药和畜牧业,如:小叶枸子(*C. microphyllus*)、散生枸子(*C. divaricatus*)藏边枸子(*C. affinis*)等,有止血、祛风湿功效(邱涛,2020);平枝枸子(*C. horizontalis*)不仅广泛用于园林观赏,其叶羊可食,具一定营养价值(翁吉梅等,2020)。

枸子属植物引种繁殖研究显示:水枸

子(*C. multiflorus*)吲哚丁酸(IBA)、全光雾嫩枝扦插生根率达69%(郭淑兰,2016);柳叶栒子(*C. salicifolius*)等4种ABT1号处理、全光雾插生根率达80%(张珏等,2018)。大果栒子(*C. conspicuus*)等种子经1年低温沙藏,萌发率可达70%~80%(郭润华等,2011);低温沙藏、温水浸泡和浓硫酸酸蚀相结合处理水栒子和灰栒子(*C. acutifolius*)种子,萌发率达72%以上(于浩然等,2017)。

北京市植物园建园之初曾开展栒子属引种驯化,但大部分种类流失,目前仅有平枝栒子、水栒子、毛叶水栒子(*C. submultiflorus*)散生栒子和西北栒子(*C. zabelii*)5种。为更有效保护我国特有植物种质资源、丰富北京市园林植物种类,增添秋季观果物种,提升园林景观,特开展栒子属植物专类引种驯化研究。

1　材料与方法

1.1　试验材料

本研究试验材料如表1所示,其中黄杨叶栒子(*C. buxifolius*)和圆叶栒子(*C. rotundifolius*)同时进行扦插和种子萌发试验。

表1　试验材料

引种编号	材料类别	中文名	学名	引种来源	采集年份	备注
20206002	种子	矮生栒子*	*C. dammeri*	四川省雅安市宝兴县	2007	中国西南野生生物种质资源库
20206003	种子	粉叶栒子*	*C. glaucophyllus*	云南省大理白族自治州鹤庆县	2010	中国西南野生生物种质资源库
20206004	种子	厚叶栒子*	*C. coriaceus*	云南省大理白族自治州云龙县	2008	中国西南野生生物种质资源库
20206005	种子	黄杨叶栒子	*C. buxifolius*	云南省迪庆藏族自治州德钦县	2008	中国西南野生生物种质资源库
20206006	种子	两列栒子	*C. nitidus*	云南省怒江傈僳族自治州贡山县	2014	中国西南野生生物种质资源库
20206007	种子	柳叶栒子*	*C. salicifolius*	云南省大理白族自治州鹤庆县	2010	中国西南野生生物种质资源库
20206008	种子	木帚栒子*	*C. dielsianus*	云南省迪庆藏族自治州香格里拉县	2009	中国西南野生生物种质资源库
20206009	种子	绒毛细叶栒子	*C. polininii*	云南省楚雄彝族自治州楚雄市	2008	中国西南野生生物种质资源库
20206010	种子	陀螺果栒子*	*C. turbinatus*	云南省迪庆藏族自治州香格里拉县	2010	中国西南野生生物种质资源库
20206011	种子	西北栒子*	*C. zabelii*	陕西省安康市平利县	2013	中国西南野生生物种质资源库
20206012	种子	西南栒子	*C. franchetii*	云南省昆明市石林彝族自治县	2007	中国西南野生生物种质资源库
20206013	种子	细枝栒子*	*C. tenuipes*	四川省甘孜藏族自治州得荣县	2011	中国西南野生生物种质资源库
20206014	种子	小叶栒子	*C. microphyllus*	云南省昭通市巧家县	2015	中国西南野生生物种质资源库

(续)

引种编号	材料类别	中文名	学名	引种来源	采集年份	备注
20206015	种子	圆叶枸子	*C. rotundifolius*	云南省保山市腾冲县	2016	中国西南野生生物种质资源库
20206016	种子	毡毛枸子*	*C. pannosus*	云南省大理白族自治州	2008	中国西南野生生物种质资源库
20206017	插穗	黄杨叶枸子	*C. buxifolius*	中科院植物所北京植物园	2020	试验苗圃
20206018	插穗	耐寒枸子	*C. frigidus*	中科院植物所北京植物园	2020	试验苗圃
20206019	插穗	圆叶枸子	*C. rotundifolius*	中科院植物所北京植物园	2020	试验苗圃
20206020	插穗	灰枸子	*C. acutifolius*	中科院植物所北京植物园	2020	试验苗圃
20206021	插穗	细叶小叶枸子	*C. microphyllus var. thymifolius*	中科院植物所北京植物园	2020	试验苗圃

注：* 为我国特有种。

1.2 试验方法

1.2.1 扦插繁殖

采集无病虫害、生长健壮当年生半木质化枝作为插穗。细叶小叶枸子、黄杨叶枸子和圆叶枸子，插穗长5~6cm，留叶5~8片；灰枸子插穗长5~6cm，留叶1片；耐寒枸子插穗长10cm，留叶1片。

扦插基质使用珍珠岩和腐植土按4:1体积比混合，装填至32穴穴盘中，插前浇透水。

插穗基部1/3蘸水后蘸0.25% IBA粉剂。插穗2/3插入基质并灌水。全光雾插床每30min喷水10秒。45d后统计生根率，计算生根率：

生根率=(生根数/扦插数)×100%。

1.2.2 种子繁殖

5℃沙藏层积，每周翻动2次，首粒萌发种子出现时，清水净种，放入培养皿，底部2层滤纸、蒸馏水保湿。15~25℃光照培养箱变温催芽，每日检查种子萌发情况。

当胚根伸出种子萌发孔0.5cm时记为萌发，计算萌发率：

萌发率=(萌发数/总数)×100%。

2 结果与分析

2.1 扦插繁殖结果

45d后5种枸子属植物扦插生根情况见表2。

表2 5种枸子属植物扦插生根率

种名	扦插数（根）	生根数（根）	开始生根天数	生根率（%）
灰枸子	38	21	18	55.26
黄杨叶枸子	20	20	14	100.00
细叶小叶枸子	28	26	15	92.86
耐寒枸子	32	30	17	93.75
圆叶枸子	43	38	17	88.37

表2显示，生根率依次为黄杨叶枸子>耐寒枸子>细叶小叶枸子>圆叶枸子>灰枸子。黄杨叶枸子生根最早14d，生根率达100%；灰枸子生根最晚18d，生根率最低55.26%。

观察扦插苗生长发现，相同条件下，耐寒枸子长势旺，200d株高达1.2m；黄杨叶枸子、细叶小叶枸子和圆叶枸子长势良好，新枝大量萌发，生长迅速；灰枸子扦插苗生长缓慢，新枝新叶少。由此认为，黄杨叶枸子、耐寒枸子、细叶小叶枸子和圆叶枸子适宜采用扦插方法繁殖,可快速获得生长良好植株;灰栒子可扦插繁殖(张玉祥和闫双虎,2013),但生根率较低,根数少和生根质量差导致扦插苗生长状态较差,这可能与种类、插穗发育程度和激素及环境有关,有待进一步研究。

2.2 种子繁殖结果

自中国西南野生生物种质资源库引种的栒子属植物种子采集年份不同,在-20℃种子库中保存3~13年,后经148d低温沙藏西北栒子最先萌发,移至培养箱后,木帚栒子、细枝栒子、小叶栒子先后萌发,矮生栒子萌发最晚。52d后所有种子全部停止萌发,萌发结果如图1。

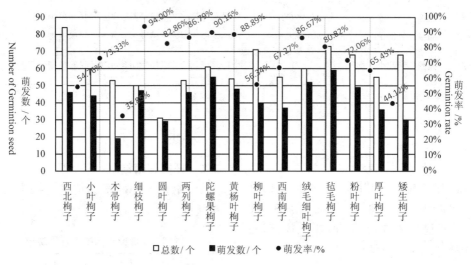

图1 栒子属植物种子萌发结果

15种栒子均有萌发,其中细枝栒子萌发率最高达94.00%,以下依次为陀螺果栒子、黄杨叶栒子、两列栒子、绒毛细叶栒子、圆叶栒子和毡毛栒子,萌发率均达80%以上,说明上述栒子经长期-20℃冷冻贮藏加近5个月低温沙藏,可在15℃~25℃变温培养条件下达到较高萌发率;小叶栒子、粉叶栒子、西南栒子、厚叶栒子、柳叶栒子和西北栒子萌发率50%以上;矮生栒子和木帚栒子萌发率分别为44.12%和35.85%,与中国西南野生生物种质资源库提供的参考萌发率数据对比发现,木帚栒子比参考萌发率低近40%,矮生栒子低近45%。因栒子种子经过不同处理,萌发率差异显著(于浩然等,2017),加之保存时间较长,推测是种子保存方法和打破休眠处理对2种栒子萌发率造成影响,导致种子萌发率低,

具体原因还有待进一步研究。

3 讨论

栒子属植物扦插繁殖可快速获得植株,保持母本优良性状,生长快。在栒子属植物无成熟果实时,扦插繁殖是简便有效的引种繁殖方法,可提供更多材料。杭州6月中旬栒子扦插生根率可达80%(张珏等,2018),北京地区7月初采条,当年生新枝处于半木质化状态,使用生根激素和全光雾插,温度不需干预便可达到较高生根率;经尝试早春和冬季扦插生根率极低,且需要控制温度,投入大。与扦插繁殖相比,播种繁殖通常可获得更丰富的多样性、繁殖系数更高,且实生苗根系发达,生长健壮,适应性更强(杨伟庆等,2018)。

栒子多数种类存在复杂的生理休眠现

象,种子萌发困难,需经1~2年甚至更长时间才能萌发。研究表明激素处理、沙藏和浓 H_2SO_4 处理可提高枸子种子萌发率(于浩然等,2017;史宝胜等,2011),但打破休眠的具体方法存在种间差异,因此打破枸子种子休眠,缩短萌发进程、提高萌发率是未来枸子属植物有性繁殖研究的重点。

供试的15种枸子种子均来自中国西南野生生物种质资源库,大部分种类萌发率较高,除本次试验处理外,还可能与资源库种子处理和储存方法等存在一定关系,具体原因有待使用新鲜种子进行深入探索。

本次共引种9个中国特有种,目前西北枸子、木帚枸子和柳叶枸子的实生苗经初步观察,生长良好;非特有种中小叶枸子、两列枸子的实生苗,以及耐寒枸子、黄杨叶枸子、圆叶枸子、细叶小叶枸子的扦插苗生长表现较好。北京市植物园枸子属植物引种研究的初步结果已从原有的保存5种增加到23种,下一步将建立种质资源圃,在保存特有植物的同时为科学研究提供更多植物材料。

参考文献

郭润华,隋云吉,刘虹,等,2011. 几个新疆忍冬属和枸子属植物的引种驯化[J]. 黑龙江农业科学(03):78-79.

郭淑兰,2016. 两种野生花灌木硬枝扦插繁殖技术研究[J]. 宁夏农林科技,57(04):9-10.

胡婵娟,2009. 几种枸子的引种繁育与园林应用研究[D]. 南京:南京林业大学.

邱涛,2020. 四川藏区药用民族植物学研究[D]:泸州:西南医科大学.

史宝胜,刘冬云,段艳霞,2011. 四种植物生长调节剂对野生水枸子种子发芽的影响[J]. 北方园艺(02):89-91.

翁吉梅,王文彦,陈浩林,等,2020. 贵州高原草甸冬季放牧山羊的主要采食植物种类及营养价值[J]. 贵州农业科学,48(08):68-72.

杨伟庆,聂垚,毛金娣,等,2018. 黄栀子不同繁育方法对生产中的利与弊[J]. 现代园艺(09):186.

姚德生,姚颖,2016. 甘肃枸子属植物资源及园林应用分析[J]. 林业科技通讯(06):53-56.

于浩然,李青丰,贺一鸣,等,2017. 不同处理方法对2种枸子属灌木种子萌发的影响[J]. 草原与草业,29(03):41-46.

张珏,张巧玲,王挺,等,2018. 枸子属植物在杭州地区的引种试验初探[J]. 浙江园林(03):37-39.

张玉祥,闫双虎,2013. 灰枸子播种育苗技术[J]. 青海农林科技(02):67-68.

中国科学院中国植物志编辑委员会,1974. 中国植物志[M]. 北京:科学出版社.

Lu L D,Brach A R,2003. Flora of China:Vol. 9[M]. Beijing:Science Press & St Louis:Missouri Botanical Garden Press.

上海辰山植物园攀树课程设计浅析
Analyzing a Tree Climbing Curriculum Based in Shanghai Chenshan Botanical Garden

王西敏[1*]　王宋燕[1]

(1. 上海辰山植物园,上海,201602)

WANG Xi-min[1*]　WANG Song-yan[1]

(1. *Shanghai Chenshan Botanical Garden,Shanghai*,201602)

摘要:攀树活动往往被视为一项户外体育或者娱乐活动,而非教育活动。上海辰山植物园在设计攀树自然体验活动时,以了解资源、设立目标、明确受众、规划时间、确定流程、准备器材和评估教学等7个环节为基础,形成课程设计的基本范式,使得攀树自然体验成为受欢迎的自然教育活动。

关键词:攀树,课程设计,自然教育

Abstract:Traditionally, tree climbing is always looked as an outdoor adventure or recreational activity other than an educational program. The procedures for developing a tree climbing curriculum included seven sessions, such as knowing sources, targeting goals, clearing audience, planning time, determining process, preparing equipment, and evaluating program. The tree climbing program based on such procedures became a popular activity in Shanghai Chenshan Botanical Garden.

Keywords:Tree climbing,Curriculum developing, Nature education

儿童的攀树经验曾经被视作童年的一部分。但是随着社会城市化的进程,"自然缺失症"现象普遍存在,儿童的自由攀树活动往往被视作危险的行为或被认为对树木有伤害而被家长或者其他成人所阻止(洛夫,2014)。现在有过攀树经历的孩子越来越少,特别是城市中的儿童普遍缺乏攀树的条件和机会。没有攀树体验的童年是遗憾的,但如何让儿童既能够体验攀树的乐趣,又能够尽量避免攀树带来的意外伤害,就需要活动的组织者进行精心的设计。为此,上海辰山植物园对国际上针对儿童的攀树活动情况开展了调研,并从2020年9月开始,面向6~10岁儿童开展了攀树自然体验活动。截止2021年5月,约有200个家庭参与。良好的设计是确保活动成功的保障,现就上海辰山植物园攀树自然体验活动的设计过程进行分析,以期对植物园开展类似的自然教育活动有所裨益。

1　攀树在儿童成长期中的益处和风险

有研究显示,在儿童运动发育的早期就培养他们的空间意识是有帮助的。攀树过程中对各种高度和空间的探索给予儿童自我挑战和控制风险的锻炼机会(Stevens-Smith,2004)。美国的一项针对1123名家长的探讨儿童在没有组织的自由攀树活动

基金项目:上海市绿化与市容管理局辰山专项(项目编号:G212414)。

中的风险和受益的研究表明,94.84%(1065)的家长反馈说孩子在攀树过程中最多只是在膝盖、胳膊等处有皮肤的擦伤,1.16%(13)汇报说发生了骨裂,仅有0.53%(6)的人说发生了致死事件。这说明攀树活动尽管有风险的存在,但却是一项相当安全的活动。受访的家长普遍支持攀树活动,认为攀树给孩子带来很多乐趣,发展了应对不确定因素的能力,提供了挑战困难的机会,让孩子有解决问题和决策的能力。此外,攀树在儿童情感发育上也有很多好处,例如树立了自信心、彼此帮助、感受到自由、学会了分享等(Carla et al.,2017)。

2 上海辰山植物园攀树活动的设计环节

上海辰山植物园在设计和实施攀树自然体验活动的过程中,分别以了解资源、设立目标、明确受众、规划时间、确定流程、准备器材和评估教学等7个环节为基础,完成了全套课程。

2.1 了解资源

植物园是否有能力开展攀树活动?首先我们对园区的树种进行了选择,确定香樟树比较适合攀爬。园区内分布有较多的具有一定生长年限的香樟树,枝繁叶茂。研究显示,樟树的压缩弹性模量、弯曲弹性模量、拉伸弹性模量以及屈服强度值较大,抵抗外力变形的能力较好,不容易发生变形(楼璐,等,2021)。我们用65kg重的成人多次测试,枝条均保持完好,而6~10岁的儿童,体重往往在30kg以下,保证了安全性。并且香樟树作为乡土常见物种,值得向公众介绍和普及。其次,对攀树地点进行选择,最终确定科普楼前的香樟种植区域作为活动场所。主要是考虑该香樟树所处的位置有一定的隐蔽性,可以避免在攀树过程中引来大量游客围观,造成安全

隐患。最后,我们确定了活动的执行机构。经过多方了解,确定了某家体育管理有限公司作为攀树活动的执行方。该公司主要经营高风险性运动项目,在上海有室内攀岩场并管理某高端酒店的户外运动场,具备由体育局颁发的高风险运动项目经营证照,从业教练人员为公司全职员工,所有操作教练皆具备国家职业技术鉴定中心颁发的攀岩指导员证书以及红十字急救证书及能力,配套使用经过国际登联(UIAA)认证或达到欧洲标准(CE)的绳索、安全带、锁扣、确保器等安全装备。

2.2 设立目标

如果仅仅是让孩子来辰山植物园体验攀树,那么这还只是一项户外体育活动,这并不是我们决定开展攀树活动的最终目标。我们希望把自然教育的理念融入到攀树活动中,确保让参与者不仅体验到攀树的乐趣,还能学到知识,了解树木,唤起对自然的热爱。经过考量,我们决定在攀树活动中增加知识、情感和亲子互动的三个目标。

2.2.1 知识层面

攀树体验活动开始之前,辰山植物园的科普工作者会对所攀爬的香樟树进行知识层面的讲解,内容包括植物学特征,如"离基三出脉"的叶片特征观察、树皮的抚摸观察;生态学特征,如香樟树香气的来源和作用、樟青凤蝶对香樟树的取食;文化内容,如江南地区香樟树被称为"女儿树"的来历等。

2.2.2 情感层面

攀树活动的课程设计,不仅希望孩子们只增加一次平时没有的攀树体验,更希望参与者在攀树的过程中,能够产生对自然的联结,从内心喜欢自然。于是我们特别设计"感恩大树"的环节。在攀树过程结束后,引导孩子们牵手围绕大树,在科普工作者的带领下,一起说:"谢谢大樟树带给

我们的乐趣!"并一起鞠躬,用仪式化的方法强化孩子们的感激之情。在给孩子颁发的攀树证书中,摒弃原来的"征服""挑战"等用语,而是强调和香樟树"做朋友"。

2.2.3　亲子互动层面

在攀爬树木的过程中,我们要求孩子的陪同家长起到一定的辅助作用,特别是需要引导孩子如何利用绳索攀爬,并操作安全绳来保护孩子的安全。同时安全绳本身也具有自动安全设计,即使家长偶然操作失误,也并不会影响孩子的安全。

2.3　明确受众

不同的课程需要针对不同的对象来设计,这是保证活动效果的前提。受众的年龄、受教育程度和自然教育开展的地点决定了授课的内容、难易程度、活动方式以及希望通过自然教育所传递的信息。了解受众,能帮助我们在自然教育的设计过程中更加有针对性,也让实际操作的时候更加有信心。我们把受众定位为6～10岁儿童的亲子家庭,一方面把这个活动定位为亲子活动;另一方面,考虑到攀爬绳索需要一定的技巧,年龄太小的孩子无法很好地掌握使用绳索,会造成一定的挫败感。事实证明,这一定位是相当准确的,确保了活动的满意度很高。

2.4　规划时间

由于活动是由不同的环节组成的,因此可以通过控制各个环节所用的时间来把握总体的时间。一般来说,活动需要包括热身游戏、背景介绍、活动分组、开展活动、活动总结,有些会增加活动评估的环节。如果前面的环节所用的时间太长,就要考虑减少后面环节的活动时间,甚至减少活动的环节。考虑到上海辰山植物园离市区较远等因素,我们把活动设计成2个小时的时间。

2.5　确定流程

美国自然教育家约瑟夫·克奈尔结合多年的户外教学经验,提出了的一套学习和自然体验的流程——流水学习法(克奈尔,2013)。"流水学习法"的核心主要分为4个阶段,即唤醒热忱、集中注意力、亲身体验和分享启示,帮助学习者进入一种心流状态,即专注于某种行为,不断产生灵感,同时伴有高度的兴奋和充实感。这样的流程在自然教育活动实施中循序渐进地运用起来,可以帮助活动的参加者由浅入深地体验和感受自然。根据流水学习法,整个攀树环节的流程见表1。

表1　攀树环节流程安排

时间	活动内容
9:20～9:30	集合报到
9:30～9:50	香樟树知识讲解(唤起热忱)
9:50～10:00	攀树前热身运动(唤起热忱)
10:00～10:20	学习使用攀树装备(集中注意力)
10:20～11:20	攀树体验(实际体验)
11:20～11:30	感恩大树、颁发证书(分享启示)

2.6　准备器材

俗话说,"巧妇难为无米之炊"。自然教育活动若能够配置一定的工具,会让课程更加生动,引发参与者的兴趣。攀树活动由于本身就会用到专业的攀树器材,因此对孩子有较大的吸引力。攀树主要使用的器材为爬树绳、爬树腰带、活动锁扣、安全绳、投掷绳和沙袋等,采用手脚推进法攀树(图1)。此外,还通过围在香樟树上的脚踏带(图2)、软梯等,在有防护措施的情况下体验不同的攀登方式。我们还为参与者准备了上海辰山植物园制作的植物明信片、植物种子手帕以及攀树证书等,加强孩子对活动的记忆。

2.7　评估教学

课程完成之后,是否达到了我们预期的目标,这往往需要用评估来衡量。在攀树体验活动中我们主要通过"活动复盘"和"行为观察"对活动进行优化。活动结束之

图1 儿童在使用手脚推进法利用绳索攀树

图2 一名儿童在使用脚踏带攀树

后，辰山植物园科普工作者、科普志愿者和攀树指导教师会对活动总体流程进行回顾，改进做得不好的地方，也及时总结做得好的地方，强化优点也是确保活动成功的重要途径。"行为观察"则主要指观察参与者在活动期间的行为表现。可以发现，绝大多数参与者都非常投入，对攀树活动的满意度很高，并且有些家庭会在之后再次报名参与，有的甚至用绘画表达出对活动的喜爱（图3）。但也有个别孩子，在攀树过程中操作绳索不熟练，或者恐高，表现出负面的情绪。

图3 一名儿童在参与完攀树体验后，用绘画表达了她对活动的喜爱（绘图：梅一宁）

3 攀树活动对植物园开展自然教育活动启示

上海辰山植物园开展的攀树自然体验活动形成了典型的多赢局面——植物园赢得了口碑、合作机构获得了客源、游客丰富了自然体验。这种模式也为我们日后进一步深化自然教育活动提供了思路。

3.1 多方合作丰富植物园自然教育活动的内容

长期以来，中国大多数植物园的科普部门都处于人手不足、经费有限的状态，对开展活动有一定的限制。但是，植物园却拥有开展科普活动的先天优势，就是有一个非常适合开展活动的场域。特别是当前自然教育的兴起，各种自然教育机构纷纷成立，依托植物园开展活动，成为很多机构的首选。植物园应该持有开放的心态，选择合适的合作伙伴，开展对植物园本身活动可以起到补充的内容，特别是植物园工作者专业所限难以开展的活动，除了攀树外，昆虫旅馆、观鸟、夜游等都是当前自然教育界颇受欢迎、而植物园本身自然教育工作者却不太擅长的活动领域,完全可以通过合作的方式达到共赢。

3.2 植物园在合作活动中应该占据主导地位

在科普合作中,植物园和合作机构分工明确,各司其职,但植物园应该在合作中占据主导地位,避免植物园仅仅成为活动场域的提供方。特别是活动的最终目标和课程环节设计,需要符合植物园的自然教育工作理念。以辰山植物园开展的攀树活动为例,攀树的具体指导和设备提供,需要更加专业的合作方来完成。但开展香樟树的认知活动、对大树的感恩环节,以及攀树证书的制作内容,则由辰山植物园来决定,这就避免了攀树活动成为一个简单的户外体育项目,而充分有了植物园自然教育活动的特色——对植物的了解和对自然的尊重。

3.3 重视家长在科普活动中的作用

长期以来,在面向青少年的自然教育活动中,家长的角色往往很尴尬。很多活动中,家长往往只起到护送孩子达到活动场域的作用。在活动的开展过程中,我们经常能够看到的现象是孩子在兴高采烈地开展活动,家长在后面无聊地看着手机,等待着活动结束。家长不参与活动的原因是多方面的,比如课程过于简单,不适合家长参与;家长对孩子的干扰太大,往往替代孩子的实践操作;家长本身对科普活动的兴趣很低等。然而辰山植物园开展的攀树自然体验活动,却较好地避免了以上的不利因素。由于父母需要用绳索保护孩子的安全,所以攀树体验成为亲子互动的良好机会,全程都是家长和孩子的互动,包括家长对孩子的指导、鼓励、建议和孩子对家长表达对活动的满意等等,形成了良好的活动氛围。

自然教育课程设计是当前植物园科普教育从业者面临的一大难题。特别是当前国内的科普教育从业者普遍缺乏具有教育背景的人士加入这一大环境之下,探讨如何设计出更好的自然教育课程更显得有重要意义。在连续几年的面向全国的行业调查显示,课程开发和建立课程体系一直是参与调查的机构所表达的"自然教育机构的首要任务"。虽然并不是所有的教育过程都发生于"课程"之中,然而对于自然教育来说,课程设计是至关重要的一环,值得为此进行更加深入的探讨(Engleson & Yockers,1994)。

参考文献

克奈尔,2013. 与孩子共享自然[M]. 郝冰,译. 北京:中国城市出版社.

楼璐,何云核. 2021. 宁波主要园林树种木材物理力学性质及抗风能力评价[J]. 安徽农业科技,49(12):116-120

洛夫,2014. 林间最后的小孩[M]. 自然之友,王西敏,译. 北京:中国发展出版社.

Carla G, Suzanne G, Tricia R, 2017. Benefits and risks of tree climbing on child development and resiliency[J]. International Journal of Early Childhood Environmental Education, 5(2):10-25.

Engleson D C, Yockers D H, 1994. A guide to curriculum planning in environmental dducation. Madison, Wisconsin:Wisconsin Department of Public Instruction.

Stevens-Smith D, 2004. Teaching spatial awareness to children. The Journal of Physical Education, Recreation and Dance,75(6):52-56.

科普创新与植物园的高质量发展探究

——以中国科学院华南植物园为例

Science Popularization Innovation and High Quality Development of Botanical Gardens

——A Case Study of South China Botanical Garden，CAS

谭如冰[1]　夏汉平[1]

（1. 中国科学院华南植物园,广州,510650）

TAN Ru-bing[1]　XIA Han-ping[1]

（1. *South China Botanical Garden*，*CAS*，*Guangzhou*，510650）

摘要:文章以中国科学院华南植物园 2020 年度的科普工作为例,介绍了特色与亮点,分析了目前存在的问题,探究了解决问题的途径,并总结得出:科普创新是促进植物园高质量发展的有效方法;做大做强科普,不仅成就更好的植物园,也将成就更好的城市。

关键词:科普,创新,植物园,高质量发展

Abstract:This paper takes the science popularization work of South China Botanical Garden，CAS，as an example，analyzes the existing problems，explores the ways to solve the problems，and concludes that science popularization innovation is an effective way to promote the high quality development of botanical garden.

Keywords:Science popularization，Innovation，Botanical garden，Development；

随着城市发展与社会演变,植物园作为城市绿地系统中的重要组成部分,已逐渐成为市民游览、休憩及植物知识普及的重要场所。植物园不同于一般的公园,是因为植物园有着深厚的科学内涵,是从事植物基础生物学研究、植物资源收集与评价、植物资源发掘与利用的综合性研究与保育机构,尤其是以活植物收集栽培与发掘利用为主导的科学研究始终贯穿植物园的发展史,是植物园的灵魂（黄宏文,2018）。

纵观植物园的发展历史,其科普教育工作经历了传统科普、公众理解科学和科学传播三个阶段,在这个过程中,科普内容由向少量人群普及简单植物学知识,转变为科学知识和包含科学思想、科学精神、科学方法在内的科学文化的传播;科普方式也由单向的讲座与参观转变为以注重满足人们对美好精神生活向往的需要,以及与假期相结合的互动型科普活动和科普旅游（蒋厚泉等,2020）。

科普活动和科普旅游都是科学的伴生物和有机延伸,是提升公众科学素养的重要途径。长期以来,世界各国的植物园,在提升园林景观建设的过程中,每年都会主动举行各种类型的科普活动,来凸显植物园的社会知名度和影响力（吴鸿,2013）。中国科学院华南植物园(以下简称"华南植物园")既有深厚的科学研究背景,又有丰富的科学普及实践,对此,本文以华南植物园植物迁地保护及对外开放园区 2020 年度的科普工作为例,探究科普创新与植物

园高质量发展的关系,以期能为我国植物园的科普教育工作及植物园的创新发展提供一定参考。

1 华南植物园科普工作特色

华南植物园是我国历史悠久的植物学研究机构,由著名植物学家陈焕镛院士于1929年创建。全园由植物迁地保护及对外开放园区、科学研究园区和鼎湖山国家级自然保护区暨树木园三个园区组成。

华南植物园迁地保育与开放园区是国家4A级旅游景区,1956年建园,建成了以龙洞琪林为代表的自然园林基本格局,开拓了以凤梨园和兰园为代表的新岭南园林特色,以及以温室群景区为代表的植物现代化栖息地等造园风格。园区内生物景观以植物为构景元素,每种植物由其独特的形态、色彩、特性及芳香等构成了植物美的特质,不同的生长习性构成了不同季节的观赏特质,从而形成了科学内涵深厚、生态环境优美、园林景观极佳的植物园。

华南植物园在长达90多年的建设和发展过程中,涌现出一大批在植物学界默默奉献、成绩斐然的科研工作者和科普工作者,常年开设了系列科普课程、科普活动、科普讲座,形成了崇尚科学、献身科学的人文精神和独特的人文科普旅游资源,先后荣获多个科普教育优秀基地荣誉称号;2018年被中国科学院、科学技术部联合授予"国家科研科普基地"称号,2019年被行业评为年度中国最佳植物园;目前正在积极创建国家植物园。

总体来看,华南植物园的科普工作依据主要特点,大致分为如下六大类型。

1.1 以服务游客需要为宗旨的环境教育解说体系

主要包括不断整理和规范科普讲解词、更新树木铭牌、创建大自然生物昆虫类的解说牌和开展志愿者的系统培训。目前华南植物园正式志愿者共计210人,年度提供志愿服务约8600个小时。

1.2 以展示和推广科研成果为目的的专题科普活动

主要包括各类大型的科普活动,如"中国科学院第十六届公众科学日""第二届粤港澳自然教育讲坛暨2020粤港澳自然教育嘉年华活动"等品牌主题日活动;以及各类专题科普活动,如"檀香——全世界最珍贵的林木""荔枝锁鲜""甘草——健康和美丽的使者"等等,目的在于告诉受众园区近期的科研进展以及科研成果给日常生活带来的改变。

1.3 以丰富植物园的文化内涵举办的各类展览展示

有根据重大节日举行的各类大型主题花展,包括春节的"全面小康,幸福花开"牡丹花展,五一"南粤新贵,湾区之花"朱顶红展,国庆的"兰香大湾区——韶关兰花主题展"等;有根据时令开展的木兰、山茶、禾雀花、杜鹃花等多个小型花展;还有为弘扬植物科学、传播传统文化开展的特色专题展,如"抗疫植物知多少展""人类文明史上的重大疫情与植物展"等。

1.4 以寓教于乐、寓学于游为主题开展的自然教育亲子研学活动

主要包括"博物四季""自然课堂""押花艺术""自然观察""植物科学"等五大主题研学活动,"夏日野趣"夏令营、"自然撒野"国庆营、"自然科学"探索营、"趣攀树"快乐营以及各类观鸟和夜观活动等,全年受众达3000多人次,得到广泛好评。

1.5 以培育和开发自有品牌的科普实践活动

主要包括开设"琪林科学讲坛",先后邀请了数十位科学家为公众解读身边的植物科学及相关科学知识;开展"丹青·草木·求索——植物科学画"作品征集和培训;举行"封怀杯"园艺大赛和"封怀园艺培训"等活动。

1.6 以承担社会责任为己任开展的公益科普活动

主要有"华南植物园堆肥实验研习"公民科学项目、为视觉障碍人群和特殊儿童开展公益活动、为11所中小学教师进行自然导览培训等等。尽管遭受新冠疫性的影响，华南植物园2020年的科普教育工作仍取得了可喜成绩。该园被广东省科学技术协会、广东省科学技术厅评选为"广东省科普教育基地（2020—2024）"，成为"广东省科普教育基地联盟"挂靠单位；被广州市科学技术协会授予"2020年广州市基层科普工作先进集体"和"2020年度广州科普志愿者工作先进集体"。

2 对华南植物园科普传播工作的思考

上述科普课程、活动、展示等不仅说明华南植物园在植物资源、游览观光和人文景观方面有丰富底蕴，也在向公众普及植物学、生态学知识，传播和弘扬科学精神和爱国主义价值观等多方面进行了众多的科普活动和科普实践。但随着公众对旅游与科普需求的多样化和高品位，华南植物园的旅游管理服务设施与服务水平就显得不能完全满足游客的需要，不仅如此，科普受众片面化，科普主题产品缺乏标杆性等问题也较明显。这些都为实现科普教育与旅游事业的平衡发展带来了障碍。具体问题与不足主要体现在以下几方面。

2.1 主题缺乏突出展示和重点布置

园区展示和主题活动较少凸显中国科学院的植物园在植物收集和展示方面的特色，也较少凸显华南植物园与中国科学院其他植物园在科学普及上的差异性。缺乏认知提示，很多游客来过多次也不知道华南植物园隶属于中国科学院。

2.2 缺乏标杆性的科普主题产品及相应设施配套

华南植物园创建了很多课程，也开展了很多实践，但目前尚未形成行业内的标杆产品，课程也不具备唯一性或不可复制性。因场地和人员受限，专业解说人数有限，无大型室内就餐场所，导致目前开展的研学活动人数上限是500人，而植物园科普的日容纳上限可超千人。此外，因文创产品的设计和开发不是植物园的主营业务，且缺乏植物学和艺术美学两者兼修的专业人士，目前的产品以画册、邮折、书籍和环保袋为主，不能借此充分激发人们对于植物的关心和热爱。

2.3 游客中心的功能需要继续拓展

华南植物园只有一个相对大一点的游客服务中心，位于正门的入口处，面积有限且功能不多，主要以售票为主。游客入园后，需要步行数百米才能看到小卖部。而园内小卖部不仅数量少，而且也仅以销售零食、玩具和饮品为主。游客在园内难以获得植物园的地图、展览海报等有效信息；志愿者提供免费服务时也没有一个固定的工作台，仅靠在公众号发布通知和到点人工召唤，随机且低效。

2.4 科普的受众群体不够广泛

参加活动的群体以有孩子的家庭为主体，科普活动也以研学和亲子游为主，并没有覆盖到全年龄层的需求，不带孩子的成年人与夫妻来园子里就是看看风景拍拍照，老年人更是极少获取到有用的健康养生科普信息。

2.5 解说标识系统仍以静态为主

园区大部分的解说牌缺乏个性化设置，以大段的文字为主，很少做到知识性、趣味性和观赏性有机结合，不能通过有效的信息传达给游客并留下深刻印象，且后台数据配套跟不上，大部分二维码扫了也暂不能听到语音导览。

3 促进植物园高质量发展的科普服务创新建议

植物园给植物提供适宜生长的环境，给人类提供休闲放松的绿地，给鸟类提供放声高歌的空间,给动物提供自由驰骋的舞台,是人与自然和谐共处的有机纽带与平台。科普服务应紧紧围绕游客需求,实现科学内涵、艺术外貌、文化底蕴的有机互动,以促进植物园的高质量发展。

3.1　增强科普旅游基础设施的集成化改造,实现科普资源产品的有效供给

科普旅游基础设施的集成化改造更有利于实现科普资源产品的有效供给。加强游客中心的改建,将问讯处、志愿者服务站、花卉文创产品展销及休息区等功能叠加,让游客入园如家,享受娱乐与学习、休闲与购物的一站式服务;增强温室群景区周边的休憩功能,可将大草坪闲置建筑改造成书吧、茶室或咖啡厅,突出造景观景功能,明确商品主题与植物、动物、自然生态的关系;定期举办自然沙龙,提升科学品味和文化内涵;建立遮风避雨的室内就餐场所;与专业研学团队开展合作,共享科普导师,提升市场运营和课程销售,承接大规模研学活动。植物景观在按传统的植物分类专类园设置的基础上,可考虑按游览人群打造展示形式多样的主题园区:例如以儿童娱乐为主的乐园风光区,以成人崇尚自然为主的野趣休闲区,以老人注重康养为主的保健养生区,按需分类提供互动产品,实现有效科普。

3.2　创新科普活动方式,凸显科学传播,提升科学生产力

以华南植物园深厚的科研底蕴为坚实后盾,建立科研科普化基地,把科研成果生动有趣地介绍给社会大众,让每一个物种都成为鲜活的生命,让科学传播成为物种开发利用的助力,从而提升科学生产力:

(1)开发实验科学特色课。对照中、小学生命科学课标,建设相应的活植物实习园地,实现科学资源向旅游资源的必要转变;(2)开展科普进校园活动。充分搭建科学与公众的桥梁,用科学院的实力帮助提升中小学学生的植物学科学素养,让孩子们有机会从小接触到科学家,埋下科技创新驱动社会发展的种子。(3)开发科研基地的深度科普。将华南植物园各研究组老师的科研基地拓展成科研科普基地,让参与者有机会去延伸思考和实地体验。如选择石斛课程,不仅可以在园区内观石斛、听讲解、做实验,还可以去基地体验种植、品尝美味,实现植物园特色和基地旅游的共同发展。

3.3　完善应急科普组织体系,提升配套文创产品的设计

完善应急科普组织体系,特别是在疫情期间,以直播或录播的形式开展线上的植物科普导赏,利用新媒体和传统媒体充分推广。注重配套文创产品的推广和销售,设计符合现代审美且实用价值高的植物园周边产品,同步配套消费类小食,更有利于促进品牌的推广。例如,华南植物园有38个专类园区,这样可考虑设计38款不同专类园主题的雪糕或饮品售卖。

4　结语

科普创新是促进植物园高质量发展的有效方法。以科学精神为重点,以公众需求为导向,以技术手段为依托,做强做大科普,做有特色的科普,不仅成就更好的植物园,成就更好的市民,也将成就更好的城市。

参考文献

黄宏文,2018."艺术的外貌、科学的内涵、使命的担当"——植物园500年来的科研与社会功能变迁(二):科学的内涵[J].生物多样性,26(3):304-314.

景佳,韦强,马曙,等,2011.科普活动的策划与组织实施[M].武汉:华中科技大学出版社.

蒋厚泉,2020.科普活动品牌案例实战[M].广州:广东旅游出版社.

吴鸿,2013.主题活动与植物园可持续发展[J].现代园林,10(8):6-11.

不同芍药品种的耐盐生理特性研究
Study on Physiological Characteristics of Salt Tolerance of Different Peony Varieties

蒋昌华[1,2†]　毕玉科[1,2†]　高燕[1,2]　张如瑶[1]　宋垚[1,2]　莫健彬[1,2]　赵广琦[1,2]　奉树成[1,2*]

（1. 上海植物园，上海，200231；2. 上海城市植物资源开发应用工程技术研究中心，上海，200231）

JIANG Chang-hua[1,2†]　BI Yu-ke[1,2†]　GAO Yan[1,2]　ZHANG Ru-yao[1]　SONG Yao[1,2]
MO Jian-bin[1,2]　ZHAO Guang-qi[1,2]　FENG Shu-cheng[1,2*]

（1. *Shanghai Botanical Garden*, *Shanghai*, 200231；2. *Shanghai Engineering Research Center of Sustainable Plant Innovation*, *Shanghai*, 200231）

摘要：本研究进行了正常条件和盐胁迫条件下 13 个芍药品种部分耐盐生理指标的变化趋势研究，阐明了耐盐品种在盐胁迫条件下叶片相对电导率、丙二醛（MDA）上升值明显小于不耐热品种，而叶片相对含水量、叶片可溶性蛋白含量、叶片游离脯氨酸含量上升值均比不耐热品种高，这些生理指标的变化与芍药品种的耐盐性有明显的相关性。上述生理指标均可作为芍药品种耐盐筛选指标体系，并从 13 个品种中筛选到 4 个耐热芍药品种，它们分别为：'粉玉奴实生苗 3''奇花露霜''银边红阁''红盘彩球'。本研究结果也为其他园林植物的耐盐筛选提供理论指导。

关键词：芍药，盐胁迫，生理指标

Abstract：The research on the change trend of the physiological indexes in 13 varieties of herbaceous peony on the normal and salt stress condition has indicated the relative electrolyte leakage and the content of malondialdehyde（MDA）in high salt-resistance varieties increased evidently less than salt-sensitive varieties, but the content of relative water, soluble proteins and free proline in the former increased evidently higher than the later. All of those physiological indexes had been indicated to have a distinct correlation with the ability of high salt tolerance for varieties of *Herbaceous peony* by correlation analysis. Those research results would be included in the system of the resistance selection by salt stress for *Herbaceous peony* and had selected four salt-resistance Varieties from 13 Varieties of Herbaceous peony by this system of the resistance selection. That be considered as a theory reference for the salt stress selection of the other ornamental plants.

Keywords：Herbaceous peony, Salt stress, Physiological indexes

芍药（*Paeonia lactiflora* Pall. ）为芍药科（Paeoniaceae）芍药属（*Paeonia*）的多年生宿根草本花卉，被誉为"花中之相"，与牡丹尊称"花中二绝"，素有"绰约之花"的美名，象征着繁荣富强和美满幸福，多年来一直作为我国的传统名花被广为栽培。中国

项目资助：上海市绿化和市容管理局 2014 年科学技术项目（G140305）。

†　蒋昌华，毕玉科为并列第一作者。

是世界芍药野生种的原产中心和分布中心,也是世界芍药园艺品种的栽培中心[1]。以北京林业大学等为代表的一些高校及其他科研院所也曾经或正在围绕芍药引种、新品种选育等方面开展了研究。上海地区自然环境特殊,存在地下水位高、土壤含盐量高、高温高湿的特点。尽管芍药的适应性较强,在上海的园林绿化中也有应用,但品种较少,尤其在崇明、金山等沿海区县几乎没有应用。因此,筛选耐盐芍药品种并在上海地区加以应用的研究就显得尤为重要。目前,芍药的耐盐相关方面研究尚未见报道。因此,耐盐芍药品种在上海具有很大的开发应用潜力。

1　实验材料与方法

1.1　实验材料及培养

实验材料取自上海植物园,从田间适应性较强的2年生芍药品种中选取13个耐盐性能差异较大的品种,使用直径30cm、高25cm的透水塑料盆,盆土配比为:蛭石:黑土:珍珠岩体积比为9:3:1,加入等体积的园土,混匀。上盆浇透水置于露天阳台(室外气温25℃)恢复10d后用于后续实验。

1.2　盐胁迫处理

将上盆恢复10d后的盆苗以芍药品种能耐受的极端盐浓度800mM NaCl溶液倒灌至盆土完全湿透,高盐胁迫处理24h后剪取其成熟度相当的叶片用作后续实验。盐胁迫处理10d后观察其形态表现。

1.3　生理指标测定

1.3.1　叶片相对电导率测定

将叶片均匀剪碎(不取中脉),称取0.2g碎叶片置于有盖子的试管中,加入10ml去离子水,虚掩盖子,真空机抽气15min,室温下静置30min(期间轻摇一次)后用DDS-11A型电导率仪测得电导值。沸水中水浴10min,取出后于冷水中水浴冷却至室温,轻摇后测得绝对电导值,并计算相对电导率,以每克鲜重占有的相对电导率表示电导值(单位:%/g FW)(上海市植物生理学会,1999)。

1.3.2　叶片相对含水量测定

称取0.2g碎叶片置于小型称量瓶中,于干燥烘箱中杀青30min(105℃),然后调至80℃烘至恒重,取出后在干燥器中冷却至室温,称其干重,计算相对含水量,以每克鲜重占有的相对含水量表示(上海市植物生理学会,1999)。

1.3.3　叶片可溶性蛋白含量测定

称取0.2g碎叶片,加入1ml蒸溜水,少许石英砂,冰浴中充分研磨后再加1ml蒸溜水洗涤。4℃,27000×g离心20min,吸取上清液,备用。考马斯亮兰染色法测定蛋白含量,对照Bradford法制定的蛋白质标准曲线确定样品浓度(上海市植物生理学会,1999)。

1.3.4　叶片游离脯氨酸含量测定

参照张殿忠等(1990)方法。取称样品0.5g,用5ml 3%(w/v)磺基水杨酸溶液充分碾磨提取,沸水中水浴10min,3000rpm离心10min,吸取2ml上清液与2.5%酸性茚三酮共煮沸60min,冷却后用甲苯萃取红色物质,于520nm波长下比色,根据标准曲线计算脯氨酸含量[4]。

1.3.5　叶片丙二醛含量测定

参照Hendry等(1993)的方法提取和测定MDA的含量。0.5ml提取液,3ml 0.5%硫代巴比妥酸,煮沸15min,迅速冷却,1800×g离心10min后,测定534nm和600nm的光密度值。用标准MDA溶液作工作曲线,计算样品中的MDA含量。蛋白质含量的测定按Bradford(1976)方法,以牛血清白蛋白为标准[5]。

上述生理指标测定均重复3次。

1.3.6 形态表现打分标准

表 1 芍药形态表现打分标准

分值	打分标准
0 分	叶片完全萎蔫且干枯
1 分	叶片萎蔫严重但尚未干枯
2 分	叶片萎蔫较严重但尚有部分未失绿
3 分	叶片有一定程度萎蔫但尚未失绿
4 分	叶片有轻度失水失绿现象
5 分	叶片未出现失水失绿现象

2 结果与分析

2.1 芍药品种耐盐形态表现

表 2 芍药品种盐胁迫后形态表现

编号	品种	产地	形态表现得分
1	细叶芍药 *P. tenuifolia*	荷兰	1
2	'粉玉奴'实生苗 1 *P. 'Fen Yu Nu'*	上海植物园	0
3	'粉玉奴'实生苗 2 *P. 'Fen Yu Nu'*	上海植物园	0
4	'粉玉奴'实生苗 3 *P. 'Fen Yu Nu'*	上海植物园	5
5	'铁杆紫' *P. 'Tiegan zi'*	山东	1
6	'奇花露霜' *P. 'Qihua loushuang'*	山东	5
7	'银边红阁' *P. 'Yinbian hongge'*	山东	5
8	'东方金' *P. 'Oriental Gold'*	日本	0
9	'红盘彩球' *P. 'Hongpan caiqiu'*	山东	4
10	'红富士' *P. 'Hong fushi'*	山东	1
11	'奇丽' *P. 'Qi li'*	山东	0
12	'春晓' *P. 'Chun xiao'*	山东	0
13	'芙蓉金花' *P. 'Furong jinhua'*	山东	1

13 个芍药品种经 800mM NaCl 溶液胁迫处理 10d 后,品种间的形态表现存在明显差异,其中品种 4、6、7、9 仍然表现良好,而其他品种有较严重萎蔫甚至死亡(表2)。表明品种 4、6、7、9 强耐盐,品种 1、5、10、13 有一定的耐盐性,而品种 2、3、8、11、12 耐盐性差。

2.2 叶片相对含水量测定

叶片相对含水量与芍药品种的耐盐性直接相关,耐盐性强的品种叶片保水能力强,在高盐处理后,其叶片相对含水量略有上升,而耐盐性差的品种,其叶片的相对含水量下降明显。表 3 数据表明,品种 4、6、7、9 号耐盐性明显高于其他品种。

表 3 相对含水量的变化

品种编号	品种名称	正常	盐处理	变化幅度
1	细叶芍药	81.22±3.21	80.85±5.26	-0.37
2	'粉玉奴'实生苗 1	77.89±3.22	75.57±2.16	-2.32
3	'粉玉奴'实生苗 2	99.73±2.35	97.38±2.12	-2.35
4	'粉玉奴'实生苗 3	122.94±4.45	123.27±2.24	0.33
5	'铁杆紫'	95.87±3.34	93.36±3.13	-2.51
6	'奇花露霜'	131.55±2.21	132.57±3.4	1.02
7	'银边红阁'	110.43±2.51	112.84±3.26	2.41
8	'东方金'	79.32±3.23	76.53±1.16	-2.79
9	'红盘彩球'	115.04±2.11	117.38±3.12	2.34
10	'红富士'	86.12±1.33	83.27±4.24	-2.85
11	'奇丽'	97.43±4.33	93.36±5.13	-4.07
12	'春晓'	88.74±4.12	82.57±2.4	-6.17
13	'芙蓉金花'	103.43±1.81	98.35±3.81	-5.08

1.2.2 叶片相对电导率

叶片相对电导率测定结果见表4。

表 4 相对电导率的变化

品种编号	品种名称	正常	盐处理	变化幅度
1	细叶芍药	151.22±3.61	191.85±5.21	40.63
2	'粉玉奴'实生苗 1	147.89±3.12	189.57±2.12	41.68

（续）

品种编号	品种名称	正常	盐处理	变化幅度
3	'粉玉奴'实生苗2	146.73±2.15	197.38±2.11	50.65
4	'粉玉奴'实生苗3	95.94±4.15	99.27±2.24	3.33
5	'铁杆紫'	151.87±3.33	193.36±3.13	41.49
6	'奇花露霜'	94.55±2.41	98.57±3.4	4.02
7	'银边红阁'	99.43±2.5	102.84±3.26	3.41
8	'东方金'	122±3.53	176.53±1.16	54.53
9	'红盘彩球'	97.04±2.11	101.38±3.12	4.34
10	'红富士'	123±1.34	183.27±4.24	60.27
11	'奇丽'	136±4.32	193.36±5.13	57.36
12	'春晓'	102.11±4.11	182.57±2.4	80.46
13	'芙蓉金花'	158.12±1.82	198.35±3.81	40.23

2.3 叶片相对电导率测定

高盐胁迫引起细胞膜损伤,质膜透性增大,细胞内原生质外渗,导致电导率上升(Hendry,et al.,1993),电导率与芍药品种耐盐性呈负相关。表4数据显示,不耐盐品种经高盐胁迫后其电导率上升值明显高于4个耐盐品种,电导率可以用于说明芍药品种的耐盐性。

2.4 叶片可溶性蛋白含量测定.

高盐胁迫下植物可溶性蛋白含量与植物的耐盐性相关,强耐盐品种可溶性蛋白含量略有增加,不耐盐品种可溶性蛋白含量有所下降(Hendry,et al.,1993),可溶性蛋白含量与芍药品种耐盐性一致,可作为芍药耐盐性鉴定指标之一。表5数据显示,品种4、6、7、9号叶片可溶性蛋白含量明显高于其他不耐盐品种。

表5 可溶性蛋白含量的变化

品种编号	品种名称	正常	盐处理	变化幅度
1	细叶芍药	15.97±0.02	13.85±5.23	-2.12

（续）

品种编号	品种名称	正常	盐处理	变化幅度
2	'粉玉奴'实生苗1	15.39±0.03	13.57±2.14	-1.82
3	'粉玉奴'实生苗2	17.00±0.12	15.38±2.11	-1.62
4	'粉玉奴'实生苗3	24.97±0.04	26.27±2.22	1.3
5	'铁杆紫'	15.90±0.41	13.36±3.12	-2.54
6	'奇花露霜'	24.48±0.03	28.57±3.41	4.09
7	'银边红阁'	26.64±0.12	28.84±3.23	2.2
8	'东方金'	15.97±0.07	14.53±1.15	-1.44
9	'红盘彩球'	25.39±0.08	27.38±3.13	1.99
10	'红富士'	17.21±0.15	13.27±4.24	-3.9
11	'奇丽'	14.92±0.17	13.36±5.11	-1.56
12	'春晓'	19.21±0.43	12.57±2.42	-6.64
13	'芙蓉金花'	14.58±0.22	12.35±3.82	-2.23

2.5 叶片游离脯氨酸含量测定

表6中数据显示,耐盐品种(品种4、6、7、9)脯氨酸含量增幅明显大于不耐盐品种。有研究指出,游离脯氨酸是细胞内主要起渗透调节作用的物质之一,正常情况下,植物体内的脯氨酸含量很低,但当其处于逆境时其含量可急剧增加。在高温胁迫下,脯氨酸含量迅速增加,增强了细胞的抗脱水力,胁迫下脯氨酸增加是个极灵敏的指标(Hendry,et al.,1993)。因此,脯氨酸含量变化可以作为芍药品种耐盐性测定的理想指标之一。

表6 游离脯氨酸含量的变化

品种编号	品种名称	正常	盐处理	变化幅度
1	细叶芍药	59.32±0.62	54.41±0.73	-4.91
2	'粉玉奴'实生苗1	48.52±1.15	44.22±0.60	-4.3
3	'粉玉奴'实生苗2	58.28±0.65	57.15±0.12	-1.13

（续）

品种编号	品种名称	正常	盐处理	变化幅度
4	'粉玉奴'实生苗3	89.52±0.62	97.24±0.24	7.72
5	'铁杆紫'	41.69±0.63	38.80±0.32	-2.89
6	'奇花露霜'	98.91±0.44	103.48±0.43	4.57
7	'银边红阁'	55.35±0.36	58.56±0.33	3.21
8	'东方金'	50.28±0.32	45.84±0.13	-4.44
9	'红盘彩球'	89.32±0.63	98.31±0.24	8.99
10	'红富士'	58.52±1.04	54.41±0.63	-4.11
11	'奇丽'	48.28±0.64	44.22±0.30	-4.06
12	'春晓'	79.52±0.66	77.15±0.14	-2.37
13	'芙蓉金花'	51.69±0.62	50.24±0.34	-1.45

2.6 叶片丙二醛（MDA）含量测定

表7数据显示,在高盐胁迫条件下,耐盐芍药品种MDA含量明显比不耐盐品种低,甚至略有下降,而不耐盐品种的MDA含量上升较为明显。MDA是脂质过氧化的主要产物之一,其含量表示脂质过氧化的程度,也就是反映了细胞膜受损程度,其增加量与品种耐逆性呈负相关（蒋昌华等,2008）。所以,本研究认为MDA含量可以作为芍药耐盐生理指标之一。

表7　丙二醛（MDA）含量的变化

品种编号	品种名称	正常	盐处理	变化幅度
1	细叶芍药	39.42±0.73	44.41±0.33	4.99
2	'粉玉奴'实生苗1	43.23±0.60	54.22±0.40	10.99
3	'粉玉奴'实生苗2	48.14±0.12	57.15±0.22	9.01
4	'粉玉奴'实生苗3	31.22±0.24	30.24±0.34	-0.98
5	'铁杆紫'	45.81±0.32	56.80±0.52	10.99
6	'奇花露霜'	32.45±0.43	33.48±0.23	1.03
7	'银边红阁'	37.51±0.33	38.56±0.13	1.05
8	'东方金'	37.81±0.13	55.84±0.33	18.03
9	'红盘彩球'	39.31±0.24	38.31±0.34	-1

（续）

品种编号	品种名称	正常	盐处理	变化幅度
10	'红富士'	50.42±0.63	54.41±0.23	3.99
11	'奇丽'	56.24±0.30	64.22±0.40	7.98
12	'春晓'	44.25±0.14	47.15±0.24	2.9
13	'芙蓉金花'	49.27±0.34	60.24±0.51	10.97

上述储多生理指标均与芍药品种耐盐性直接相关,根据上述生理指标的变化幅度判断,13种芍药品种中,有4、6、7、9号四个品种耐盐性能佳。

3　讨论

植物在高盐胁迫条件下,叶片持水能力下降,水份流失。耐盐性强的品种,其叶片保水能力较强,表现在叶片的含水量略有上升,而耐盐性差的品种叶片失水更为严重,叶片含水量下降（Hendry, et al., 1993）。在该实验种,品种7含水量上升最大,在形态上也表现出强的耐盐性。品种1、5、10、13叶片相对含水量略有下降,形态上表现出萎蔫较严重,而品种2、3、8、11、12均不耐盐,含水量下降,形态上表现为叶片严重萎蔫甚至死亡。由于本实验盐胁迫浓度高,随着胁迫时间的延长,芍药品种叶片失水非常严重,致使不耐盐品种严重萎蔫甚至整株死亡,这也表明叶片相对含水量的变化与芍药品种的耐盐性相关。

高盐胁迫后,细胞膜受损,其选择性半透膜功能部分丧失,细胞内电解质外渗,引起电导率上升。细胞电解质渗透率（相对电导率）直接反映细胞受盐害程度及细胞膜的稳定性,叶片电导率变化可以作为判断植物耐盐性高低的一种手段（Hendry, et al., 1993;陈爱昌等,2021）。在本实验中,通过该指标测定得出耐盐性强的品种为实生苗3（品种编号4）、'奇花露霜'（品种编号6）、'银边红阁'（品种编号7）、'红盘彩球'(品种编号 9),与它们在盐胁迫 10d 后的形态表现基本吻合。

可溶性蛋白是植物细胞内重要的渗透调节物质,对细胞膜的结构与功能具有保护和稳定的作用(刘志洋等,2016;陈爱昌等,2021)。盐胁迫条件下正常蛋白合成受阻,蛋白的加剧分解是造成膜完整性破坏导致电解质渗漏及植物盐伤害的原因之一(汤章城,1986)。耐盐品种可溶性蛋白含量在盐胁迫后略有增加,不耐热品种则表现为下降。可见,可溶性蛋白含量的变化与芍药品种耐盐性能有直接的相关性。

游离脯氨酸是细胞内主要起渗透调节作用的物质之一,正常情况下,植物体内的脯氨酸含量很低,但当其处于逆境时其含量可急剧增加。在高盐胁迫下,耐盐品种的脯氨酸含量迅速增加,增强了细胞的抗脱水力,盐胁迫下游离脯氨酸含量增加是个极灵敏的指标(蒋昌华等,2008;徐琼等,2010)。

丙二醛(MDA)是脂质过氧化的主要产物之一,其含量可反映脂质过氧化的程度,细胞膜脂过氧化越严重其过氧化产物丙二醛(MDA)含量就越高,而且 MDA 本身对植物细胞具有明显的毒害作用((蒋昌华等,2008;徐琼等,2010;陈爱昌等,2021)。耐盐性强的芍药品种 MDA 含量低,耐盐性弱的品种膜脂过氧化作用强,MDA 含量则高。MDA 含量与芍药品种耐盐性强弱呈负相关。

已有研究发现,植物的茎叶部对盐胁迫的敏感性较强,因此叶片的生长状况可作为判断植物受盐碱胁迫程度的指标(王琪等,2013)。

上述生理指标在正常与盐胁迫过程中的变化趋势与芍药品种耐盐性相一致,也与芍药品种经盐胁迫后的形态表现基本吻合,可作为芍药品种耐盐性筛选指标,本研究结果也可作为其他园林植物耐盐筛选指标,为园林植物耐盐筛选生理指标体系的建立奠定了基础。

参考文献

陈爱昌,杨宁,柳健,等,2021. 低温贮藏对 3 种切花芍药观赏品质和生理指标的影响[J]. 山东林业科技,254(3):30-33.

蒋昌华,胡永红,秦俊,,2008. 高温胁迫对月季品种部分生理指标的影响研究[J]. 种子,27(6):31-34.

刘志洋,刘岩,张晓明,等,2016. 盐胁迫对万寿菊脯氨酸、丙二醛含量影响的研究[J]. 吉林农业:上半月,19(10):83-85.

上海市植物生理学会. 1999. 现代植物生理学实验指导指南[M]. 北京:科学出版社.

汤章城,1986. 不同抗旱品种高温苗中脯氨酸积累的差异[J]. 植物生理学报,12(2):154~162.

徐琼,师桂英,贺新红,等,2010. 低温处理对观赏百合种球碳水化合物及蛋白质代谢的影响[J]. 甘肃农业大学学报,45(3):74-80.

Hendry G A F, Thorpe P C., Merzlyak M N, 1993. Stress indica 2 tors: lipid peroxidation [M]. Hendry G A F, Grime J P. Methods in Comparative Plant Ecology, London: Chapman &Hall.

深圳市仙湖植物园
国家蕨类种质资源库规划建设

Planning and Construction of the National Fern Germplasm Resources Bank in Shenzhen Fairy Lake Botanical Garden

金红[1]　卞雯[1]　赵国华[1]　陈真传[1]　王晖[1,2]*

(1. 深圳市仙湖植物园,深圳,518004;2. 西藏自治区林芝市察隅县农业农村局,察隅县,860600)

JIN Hong[1]　BIAN Wen[1]　ZHAO Guo-hua[1]　CHEN Zhen-chuan[1]　WANG Hui[1,2]*

(1. *Fairy Lake Botanical Garden*, *Shenzhen*, 518004;

2. *Agriculture and Rural Affairs Bureau of Chayu County*, *Chayu*, 860600)

摘要:本文以深圳市仙湖植物园国家蕨类种质资源库中以植物资源保育为主的温室和以植物展示为主的蕨类植物专类园规划建设这两个核心内容为例,对国家蕨类种质资源库的建设历程、设计原则、规划布局、景观线设置等进行全面总结,以期对我国蕨类植物保育及蕨类植物专类园建设提供经验。

关键词:蕨类植物,种质资源库,规划建设

Abstract:Based on the two core aspects of the greenhouse and the national fern germplasm species garden planning and construction in the national fern germplasm resource bank of Shenzhen Fairy Lake Botanical Garden, this paper summarizes the construction process, designing principle, planning layout, landscape line setting of the national ferns germplasm resource bank, providing valuable experiences in ferns conservation and ferns germplasm garden construction in China.

Keywords:Fern, Germplasm resources bank, Planning and construction

蕨类植物资源是国家生物基础性战略资源,是植物多样性保护及可持续利用研究的重要材料。建设蕨类种质资源库,有助于蕨类种质资源保存体系的健全和发展,对拯救濒危野生物种、保存脆弱生境物种、开展蕨类植物多样性研究及蕨类植物产业化应用都具有重要意义。

深圳市仙湖植物园(以下简称仙湖植物园)始建于1983年,1988年正式对外开放,占地面积约550hm²,位于深圳最高峰梧桐山(海拔944m)西北山麓,地处东经114°10′、北纬22°34′,海拔26~605m,属于南亚热带海洋性气候,年平均气温为22℃,冬无严寒,雨量充沛,自然气候条件适宜蕨类植物生长。

仙湖植物园是集物种保育、科学研究、科普教育、旅游休闲为一体,兼具风景优美和科学内涵的植物园,也是中国最重要的热带亚热带植物资源保育基地之一。2020年10月10日,仙湖植物园被评为国家蕨类种质资源库。本文主要对资源库中以植物收集保育为主的温室和以植物展示为主的蕨类中心规划建设进行总结,以期对我国专类植物收集保育、展示及资源库建设提供经验。

1 蕨类种质资源库建设历程

仙湖植物园对蕨类植物的收集始于建

园初期,以收集保育深圳及全球同纬度地区蕨类植物为目标,力争建成具国际视野、国内领先的集物种保育、科研交流和科普教育为一体的高水平蕨类种质资源库。资源库的建设历经以下三个阶段:

第一阶段:原始积累期(1988—2015年),以广泛收集深圳及全球同纬度地区蕨类植物为目标,兼顾开展科学研究及对外学术交流。

第二阶段:快速发展期(2016—2017年),以第十九届国际植物学大会筹备为契机,成立了仙湖植物园保种中心,由保种中心根据蕨类植物地理及生境分布多样性特点,规划建设蕨类植物专类园,蕨类植物收集初具规模。

第三阶段:建设成熟期(2018—2020年),通过完善基础设施,提升内部硬件,优化蕨类专类园景观环境,申报国家蕨类种质资源库并获批。

2　蕨类植物简介

蕨类植物是原始维管植物,早在4亿年前的古生代早泥盆世,便有蕨类植物的存在,是地球上古代和现代植物界中的一个重要组成部分(高焕晔,2004)。经过漫长的进化与适应,目前全世界蕨类植物有12000种,我国约有2600多种,约占世界总数的20%,是世界上蕨类植物资源最丰富的地区之一(江秀娟和邓常清,2011)。

近年来,由于植被破坏、环境污染,许多珍稀濒危的蕨类植物面临灭绝的风险,亟待加强保护(严岳鸿,2011)。截止2020年,仙湖植物园国家蕨类种质资源库,从1988年开始收集全球热带及亚热带蕨类植物资源,目前已收集保育了来自我国西南、华南,东南亚、南亚及东非的蕨类植物43科1000余种,占全世界蕨类植物种数的10%,是我国大陆地区蕨类植物保存种类最多的机构,保育规模和整体实力处于全

国领先地位。资源库收集的蕨类植物涵盖了水生、土生、附生等所有蕨类植物的生活类型。其中国家一级保护野生植物(第一批)3种,包括中华水韭(*Isoetes sinensis*)、东方水韭(*Isoetes orientalis*)和荷叶铁线蕨(*Adiantum nelumboides*);国家二级保护野生植物(第一批)25种,包括苏铁蕨(*Brainea insignis*)、笔筒树(*Sphaeropteris lepifera*)、中华桫椤(*Alsophila costularis*)、桫椤(*Alsophila spinulosa*)、黑桫椤(*Alsophila podophylla*)、白桫椤(*Sphaeropteris brunoniana*)等;中国特有蕨类植物95种,包括中华水韭、东方水韭、低头贯众(*Cyrtomium nephrolepioides*)、厚叶贯众(*Cyrtomium pachyphyllum*)、抱石莲(*Lemmaphyllum drymoglossoides*)、基羽鞭叶耳蕨(*Polystichum basipinnatum*)、矩圆线蕨(*Leptochilus henryi*)、槭叶石韦(*Pyrrosia polydactylos*)等。仙湖植物园的蕨类植物收集保育对蕨类植物多样性保护、拯救生态脆弱地区物种、科学研究及应用开发具有重要意义。

3　保育温室规划建设

保育温室以收集保育蕨类植物为主要功能,为扩大蕨类植物保育的种类和范围,结合环保实用和低成本管理,规划并建设了水帘负压温室和冷凉温室。其中水帘负压温室占地2700㎡,钢结构骨架,外部采用PEP利得膜覆盖保持温室整体气密性,并在温室上方和内部棚顶下安装外遮阳和可开合的内遮阳;东侧纵墙设置高1.5m的水帘,西侧则为直径1.5m的负压风机;南北两面山墙基部1m的覆膜可收起;温室内部安有多个循环风机。当夏季气温较高时,内外遮阳均打开,并利用风机产生负压促使外部空气通过水帘进入温室内,起到降温和加湿的效果,内循环风机加速温室内空气流通,从而营造出湿润、荫蔽和凉爽的环境;冬季气温较低时,水帘风机停止运行

并打开内遮阳,利用阳光和 PEP 膜提高室温;春秋两季外部气温适宜时则打开两侧山墙的覆膜通风。如此,可为大部分热带和亚热带蕨类植物提供良好的生长条件。冷凉温室为达到制冷与节能效果,规划建设参考冷藏库,采用全封闭保温加人工光源的规划模式,面积 450 ㎡,墙面及天花板均采用聚氨酯保温板保温;制冷系统为 3 台制冷空调,其中两台运转,一台作为备用,使得室温常年保持在 20℃以下;植物生长光源为全光谱 LED 植物生长灯,能达到蕨类植物生长所需的光照强度。冷凉温室主要用于保育亚热带亚高山蕨类植物。

4　蕨类中心规划建设

蕨类中心是面向公众开放的种质资源库多功能综合区,是集蕨类植物特色类群和景观展示、园艺示范、科学研究与科普教育为一体的蕨类植物专类园。

4.1　规划背景及选址

蕨类中心位于梧桐山西北坡,占地面积 20000 ㎡,由植物园原引种区改造而来。原地势高差变化丰富,沟谷区雨季溪水常流,温、湿度适宜,为蕨类植物营造了天然的栖息地。大部分区域内已种植有植物园多年陆续引种栽培的蕨类植物,已初步呈现沟谷雨林景观。

4.2　规划理念

蕨类中心整体规划设计上秉持生态适应性原则,突出以蕨类植物展示为核心造景设计理念,以最少的人为干预最大限度呈现蕨类植物丰富景观,形成满足多种功能诉求的理想场所。

4.2.1　体现"天人合一"景观效果

在尊重自然规律和合理利用现代技术的基础上,实现"自然力"与"人为力"的和谐统一。中心在构造上充分尊重现有自然环境,利用天然沟谷引入水系,依托原有山形、植被,搭配少量必不可少的功能性建筑、木栈道及园林小品等,营造热带雨林生境,重现侏罗纪时期的蕨类景观效果。

4.2.2　体现科学内涵及文化底蕴

按蕨类植物不同生境需求合理配置植物,形成多样景观效果。构建形式多样的科普解说系统,传递蕨类植物科学文化知识及其自身蕴含的生活实用功能,寓教于游,丰富游园体验。开发满足科普教育活动的场所空间,"知蕨馆"的设立创新科普新形式,如手工拓印、以图寻植等,增强公众的参与性与互动性,提高儿童及青少年的动手实践及探索发现能力,提升公众的环保意识和科学文化素养。

4.2.3　植物资源的可持续发展

植物资源是人类赖以生存和发展的基础,不仅是我国战略储备的重要组成部分,更是生物多样性保护和可持续利用的源头资源(焦阳等,2019)。专类园是植物资源迁地保育的重要一环,蕨类中心通过营造多种生境,为不同生境蕨类植物合理规划种植位点,满足不同蕨类植物的生长需求,为蕨类植物的资源保护和可持续利用提供保障。

4.3　规划布局

蕨类中心整体布局以观光木栈道为引导(约 1000m),以蕨类植物作为景观展示主体,以自然法则为指导,搭配园路、山石、溪流、小品,设置特色蕨类景观线、蕨类园艺示范线、科普导览线等三条游览功能线,另外合理规划道路交通设计和园内节点设计,方便园区管理和游人参观。

4.3.1　特色蕨类景观线

以土生、附生、石生、水生等不同生境的特色蕨类植物作为主体进行景观营造,通过孤植、丛植和片植展示各类型生境蕨类形态的多样性。

4.3.1.1　大型树蕨景观

本区域主要采用群植的配植方式,尽展大型蕨类植物群落之美(图 1),如桫椤

(*Alsophila spinulosa*)、金毛狗蕨(*Cibotium barometz*)等大型树状蕨类植物是古代蕨类植物的典型代表。杪椤树形优美,树冠犹如巨网铺散,高大挺拔;金毛狗蕨树形似伞状,根状茎和叶柄基部密被金黄色柔软茸毛,形态独特。

通过树状蕨类植物展示区的建设,一方面因梧桐山地理环境适宜还原大型蕨类植物原生态生境,为游客展示极具视觉震撼力的蕨类植物远古风貌;另一方面,易于形成多样化林下环境,增强生态系统稳定性。

4.3.1.2　附生蕨类景观

附生蕨类植物表现为叶片层次分布,形态奇特,是热带亚热带地区园林应用的优秀垂直绿化材料。选用巢蕨(*Asplenium nidus*)、鹿角蕨(*Platycerium wallichii*)及槲蕨(*Drynaria roosii*)等典型的附生蕨类植物为代表,利用它们或吸附或缠绕于树干上的特性,营造丰富的竖向植物景观,如图2所示。

4.3.1.3　水生蕨类景观

该区域(图3)以孤植、丛植为主,既有享有"植物界大熊猫"称号的中华水韭(*Isoetes sinensis*),也有浮于水面叶形小巧的槐叶苹(*Salvinia natans*)、满江红(*Azolla pinnata* subsp. *asiatica*)等,配上池水中嬉戏的小鱼,俨然一幅静谧安好的自然山水画。

4.3.1.4　石生蕨类景观

蕨类中心占地面积广,整体跨度大,地势高低错落,沟谷遇雨成溪。借助地形优势,打造石杉属(*Huperzia*)、铁线蕨属(*Adiantum*)、卷柏属(*Selaginella*)、星蕨属(*Microsorum*)等石生植物的展示区域,其中星蕨属的反光蓝蕨(*Microsorum thailandicum*)叶片颜色变化丰富,极具观赏价值,如图4所示。借助梧桐山蜿蜒的地形特征,采用自然式布局,为游客展示石生环境下蕨类

植物的生长状态。

4.3.2　蕨类园艺示范线

蕨类园艺示范线包括门区设计、生态缸微景观设计及园艺景观设计等内容,以形态多样、类型丰富的蕨类植物为展示主体,辅以枯木、竹、藤、麻等植物材料示范蕨类植物的园艺应用。

门区设计以生命的力量为主题,于2020年5月新冠疫情期间创作完成。此项设计以荔枝木为骨架,利用50多种附生蕨类植物装饰,配以色彩清新的兰科植物点缀,构建了3棵生机勃勃的树形景观,在赞颂植物顽强生命力的同时,以树喻人,象征人类拥有终会战胜一切困难的伟大力量。

生态缸微景观设计中,"喀山之恋"生态缸以山石为构架,运用50种蕨类植物及31种种子植物,展现喀斯特地貌植物原生境特点,如图5所示;"森之物语"生态缸以枯木为构架,运用50种蕨类植物及39种种子植物,营造热带雨林附生植物的生态小环境,为游客展示生境特殊、习性各异的特色蕨类植物。

"醒蕨屋"是集中展示蕨类园艺作品的室内展馆,用多种园艺手法为现代庭院及室内蕨类植物的园艺应用提供了多种范例,如图6所示。

4.3.3　科普导览线

科普导览线包括"知蕨馆""自然教育研习小径"及"科普解说牌系统"的设置,以引导游客"趣中游,游中学"为主,在传播蕨类植物科学知识的同时,增强游客的植物保护意识。

"知蕨馆"为蕨类中心科普馆,如图7所示,以展示蕨类植物分布、特殊生境蕨类植物形态特征及蕨类植物收集保育大事记为主,馆内设有国内首创最大的单体蕨类植物标本科学压花画,是集中展示蕨类植物叶片形态的艺术作品。同时设置"学习+互动"的木质拓印台及原创设计的拓印手

册,于画中学,学中识,增加游园趣味互动性。

自然教育研习小径(图8)位于"知蕨馆"上方,在曲径通幽的小道两侧为游客展示多样化的特色蕨类植物,配备清晰的科普铭牌,帮助公众对植物知识的了解。

科普解说牌式系统(图9)分布在园内各处,讲述了蕨类从古至今的生活形态、蕨类的世代交替过程、蕨类的演化史、辨识特征、生态习性、形态特殊的蕨类及与人们衣食住行的密切关系。涵翠芳亭(如图10所示)、观景台等功能性建筑小品的设计为游客提供科普游览线的休憩场所及最佳观赏节点,感受"坐揽青葱绿意,远观梧桐高峰"的游园体验。

4.3.4 道路交通设计

蕨类中心设有两条出入路线,一条是游客徒步游园的景观展示线,另一条是员工、车辆运输的内部线,路线划分清晰,保障游园安全。

4.3.5 园内节点设计

中心设有入口处外广场及小型科普活动内广场,引导游客集散、休憩及开展科普活动。"知蕨馆""醒蕨屋""自然教育研习小径""涵翠芳亭"等节点设计贯穿整个园区,确保景观节点的连续性与多样性。

5 资源库建设的几点经验

5.1 持续开展植物资源收集、保育及研究

植物收集是一个长期积累的过程,需要有计划地持续推进。资源库的建设一定要重视植物信息的记录,使每一株植物信息都可追溯,并且坚持持续记录植物的物候信息,为植物保护、研究与景观布置提供基础资料。此外,一定要重视开展科学研究,否则植物收集、栽培、养护、展示、应用就没有方向。

5.2 注重自然法则的应用

资源库的建设要尊重自然,依照目标植物自然生境需求进行规划。特别是蕨类植物生态环境分布多样,包括水生、土生、附生等生活类型,需要依据自然环境特点营造多样化的生境,充分满足植物生长所需的原生境条件。

5.3 重视温室建设

温室建设不仅对植物资源保护必不可少,对专类园持续的景观维护也至关重要。

5.4 重视发挥自然教育功能

自然教育是种质资源库的重要功能之一。重视发挥资源库自然教育功能,将植物资源保护、展示与自然教育相结合,把自然教育理念纳入资源库整体规划统筹考虑,避免后续生硬嵌入科普设施,造成景观违和感。

图1 树蕨景观

图2 附生蕨类景观

图3　水生蕨类景观

图4　反光蓝蕨

图5　蕨类植物生态缸

图6　蕨类园艺展示

图7　蕨类植物科普馆

图8　自然教育研习小径

图9　科普解说牌

图10　涵翠芳亭

参考文献

高焕晔, 2004. 中国蕨类植物多样性研究进展[J]. 山地农业生物学报, (05):431-437.

江秀娟, 邓常清, 2011. 珍稀药用蕨类植物研究和保护现状[J]. 医学理论与实践, 24(2):153-155.

焦阳, 邵云云, 廖景平, 等, 2019. 中国植物园现状及未来发展策略[J]. 中国科学院院刊, 34(12):1351-1358. 严岳鸿, 2011. 中国特有蕨类植物亟须保护[J]. 中国花卉园艺, (03):12-13.

唐山地区水生植物抗寒性试验研究
Experimental Study on Cold Resistance
of Aquatic Plants in Tangshan Area

祝佳媛[1]　李鹏[2]

(1. 唐山植物园,唐山,063000;2. 唐山园林科学研究所,唐山,063000)

ZHU Jia-yuan[1]　LI Peng[2]

(1. *Tangshan Botanical Garden*, *Tangshan*, 063000;

2. *Tangshan Institute of Landscape Science*, *Tangshan*, 063000)

摘要:为探明水生植物的抗寒性,以 18 种水生植物为试验材料,统计越冬成活率并对其低温胁迫下叶片的相对电导率、超氧化物歧化酶(SOD)活性、丙二醛(MDA)含量进行测定。通过隶属函数分析得出,18 种水生植物的抗寒性强弱为:芦苇>水葱>荷花>睡莲>荇菜>花叶芦竹>小香蒲>野菱>菱>萍蓬草>芡实>眼子菜>苦草>黑藻>狐尾藻>梭鱼草>金鱼藻>菹草。

关键词:水生植物,抗寒性,唐山地区

Abstract:In order to find out the cold resistance of aquatic plants, 18 kinds of aquatic plants were used as experimental materials to count the survival rate of overwintering and the relative electric conductivity of leaves and the activity of SOD and malondialdehyde (MDA) content under low temperature stress. Subordinate function analysis demonstrated that, The cold resistance of 18 aquatic plants is as follows: *Phragmites australis* > *Scirpus validus* > *Nelumbo nucifera* > *Nymphaea tetragona* > *Nymphoides peltatum* > *Arundo donax* var. *versicolor* > *Typha minina* > *Trapa incisa* > *Trapa bispinosa* > *uphar pumilum* > *Euryale ferox* > *Potamogeton distinctus* > *Vallisneria natans* > *Hydrilla verticillata* > *Myriophyllum aquaticum* > *Pontederia cordata* > *Ceratophyllum demersum* > *Potamogeton crispus*

Keywords:Aquatic plants, Cold resistance, Tangshan Area

唐山地区水生植物种类单一,水生植物的应用仅局限在常见的荷花、睡莲等几种植物,水生植物应用多样性的匮乏造成了唐山地区水系景观效果差、生态效益低下。水生植物作为园林水景的重要组成部分,在提高水景美观度、改善水域内水体质量以及营造适宜水生生物生活的生态环境上,有着不可替代的作用。提高园林水景系统的生态效能和美景度,建立完善合理的水生植物配置体系,提升生态景观质量,是现代化城市水景水系发展的重要战略方向。

针对以上情况,本研究进行了唐山地区水生植物抗寒性试验,旨在筛选出适宜在唐山地区栽植的抗寒性强的水生植物,为水生植物优良抗逆品种的选育提供科学依据。

1　唐山市概况

唐山地处渤海湾中心地带。位于河北省东部,东经 117°31′~119°19′,北纬 38°55′~40°28′,东隔滦河与秦皇岛市相望,西与天津市毗邻,南临渤海,北依燕山隔长城与承德市相望,东西长约 130km,南北宽约 150km,总面积为 13472km²。唐山属暖温带半湿润季风气候,气候温和,全年平均日照 2605 小时,年平均气温 11.5°,无霜期 200 天,常年降水 532mm,降霜日数年平均

10 天左右。

2　材料和方法

2.1　试验材料

以 18 种水生植物荇菜、花叶芦竹、水葱、芦苇、荷花、睡莲、小香蒲、梭鱼草、芡实、萍蓬草、菱、野菱、眼子菜、菹草、金鱼藻、苦草、黑藻、狐尾藻为试材。试验选用长势良好的植株。

2.2　试验方法

2.2.1　材料处理

为避免冬季极端天气对水生植物造成影响,本试验采用人工模拟低温胁迫,在唐山植物园实验室进行,叶片取样后,先用自来水冲洗数遍,再用蒸馏水冲洗 3~4 次,然后用吸水纸将水吸干,放入低温循环仪对试材进行低温胁迫处理。试验模拟 10 月至翌年 1 月室外平均温度,设定的温度梯度为:15℃、8℃、−5℃、−10℃。

2.2.2　测定方法

对于成功越冬的水生植物,再进行抗寒性研究。经过低温胁迫后,用相对电导率法测定细胞膜透性(郑炳松,2006);用 NBT 光化还原法测定 SOD 活性(高俊凤,2006);用硫代巴比妥酸法测定 MDA 含量(高俊凤,2006),每个处理重复 3 次。

2.3　数据分析

试验数据用 Microsoft Excel 2003 和 SPSS 17.0 数据分析软件进行分析,并采用隶属函数法(魏永胜和梁宗锁,2005;司剑华和卢素锦,2010)对供试的 18 个品种进行抗寒性评价。

3　结果与分析

3.1　水生植物越冬成活率

由表 1 可知,在 18 个供试品种中,单个品种的引种数量为 200 株,定植后 2 个月越冬成活率在 90% 以上的有荇菜、花叶芦竹、水葱、芦苇、荷花、睡莲、梭鱼草、芡实、菱、眼子菜、金鱼藻、苦草、狐尾草;2 个月成活率在

80%~90% 的有小香蒲、萍蓬草、黑藻、野菱;成活率在 80% 以下的有菹草。

表 1　唐山地区水生植物越冬成活率统计

序号	中文名	拉丁名	引种数	定植后2个月成活数/(株/芽)	成活率(%)
1	荇菜	*Nymphoides peltatum*	200	180	90
2	花叶芦竹	*Arundo donax* var. *versicolor*	200	184	92
3	水葱	*Scirpus validus*	200	182	91
4	芦苇	*Phragmites australis*	200	188	94
5	荷花	*Nelumbo nucifera*	200	184	94
6	睡莲	*Nymphaea tetragona*	200	186	93
7	小香蒲	*Typha minina*	200	174	87
8	梭鱼草	*Pontederia cordata*	200	180	90
9	芡实	*Euryale ferox*	200	182	91
10	萍蓬草	*uphar pumilum*	200	178	89
11	菱	*Trapa bispinosa*	200	182	91
12	野菱	*Trapa incisa*	200	178	89
13	眼子菜	*Potamogeton distinctus*	200	184	92
14	菹草	*Potamogeton crispus*	200	156	78
15	金鱼藻	*Ceratophyllum demersum*	200	180	90
16	苦草	*Vallisneria natans*	200	182	91
17	黑藻	*Hydrilla verticillata*	200	172	86
18	狐尾藻	*Myriophyllum aquaticum*	200	180	90

3.2　不同月份下 18 种水生植物叶片相对电导率

细胞膜透性是衡量细胞膜受伤害程度的重要指标,一般常用细胞组织提取液相对电导率来表示。在低温胁迫下,相对电导率升高的幅度越高,表明细胞膜透性程度越高,组织所受的伤害越重。

18 种水生植物根据挺水植物,浮叶植物,漂浮植物,沉水植物分为四组。试验结果表明(见图 1),5 种浮叶植物叶片的相对电导率 10 月为 10.2%~15%,11 月为 11.8%~15.1%,12 月为 12.5%~17.5%,翌年 1 月为 13.1%~19.2%。增长幅度最

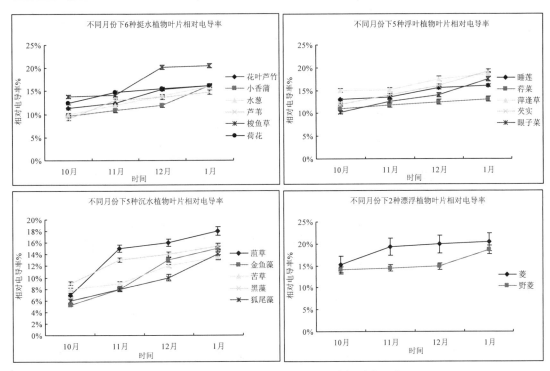

图1　不同月份下18种水生植物叶片相对电导率

大的是眼子菜,升高了41.7%,说明浮叶植物组里眼子菜的抗寒性最弱。增长幅度最小的是荇菜,升高了16.0%,说明荇菜的抗寒性最强;5种沉水植物叶片的相对电导率10月为5.2%~9%,11月为8%~15%,12月为10%~16%,翌年1月为13.5%~18%。增长幅度最大的是金鱼藻,升高了65.3%,说明沉水植物组里金鱼藻的抗寒性最弱。增长幅度最小的是苦草,升高了40.7%,说明苦草的抗寒性最强;6种挺水植物叶片的相对电导率10月为9%~13.8%,11月为10.8%~14.8%,12月为11.9%~20.2%,翌年1月为14.8%~20.5%。增长幅度最大的是小香蒲,升高了39.8%,说明挺水植物组里小香蒲的抗寒性最弱。增长幅度最小的是荷花,升高了22.98%,说明荷花的抗寒性最强;2种漂浮植物叶片的相对电导率,升高幅度大的是菱,升高了25.5%,说明漂浮植物组里菱的抗寒性弱,增长幅度小的野菱,升高了24.6%,说明野菱的抗寒性最强。

3.3　不同月份下18种水生植物叶片SOD含量

　　SOD是植物体内的内源保护酶系统,可有效清除因环境胁迫而累积的生物自由基,因而在保护生物免遭逆境伤害方面具有重要的作用。SOD的高低间接的反映了机体清除氧自由基的能力,SOD的含量与植物的抗逆性呈正相关。抗寒性强的植物,其SOD活性较大。

　　试验结果表明(见图2),5种浮叶植物叶片SOD含量10月为0.12~0.41U/g,11月为0.22~0.52U/g,12月为0.24~0.63U/g,翌年1月为0.28~0.82U/g。增长幅度最大的是睡莲,升高了50.0%,说明浮叶植物组里睡莲的抗寒性最强。增长幅度最小的是眼子菜,升高了35.7%,说明眼子菜的抗寒性最弱;5种沉水植物叶片SOD含量10月为0.11~0.35U/g,11月为0.21~0.45U/g,12月为0.22~0.77U/g,翌年1月为0.42~0.79U/g。增长幅度最大的是苦草,升高了64.5%,说明沉水植物组里苦草的抗寒性最强。增长幅度最小的是

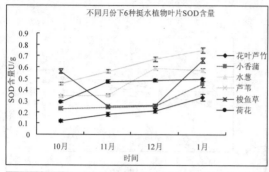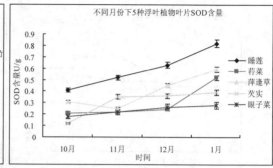
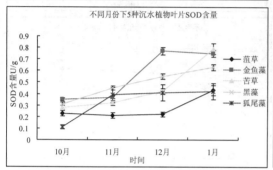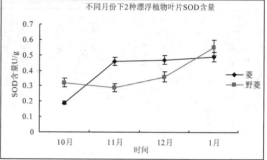

图2 不同月份下18种水生植物叶片SOD含量

菹草,升高了46.5%,说明菹草的抗寒性最弱;6种挺水植物叶片SOD含量10月为0.12~0.56U/g,11月为0.18~0.56U/g,12月为0.21~0.67U/g,翌年1月为0.33~0.75U/g。增长幅度最大的是花叶芦竹,升高了63.6%,说明挺水植物组里花叶芦竹的抗寒性最强。增长幅度最小的是梭鱼草,升高了15.2%,说明梭鱼草的抗寒性最弱;2种漂浮植物叶片SOD含量,增长幅度大的是菱,升高了61.2%,说明漂浮植物组里菱的抗寒性强,增长幅度小的是野菱,升高了41.8%,说明野菱的抗寒性弱。

3.4 不同月份下18种水生植物叶片丙二醛含量

试验结果表明(见图3),5种浮叶植物叶片丙二醛含量10月为14.22~29.46mmol/g,11月为12.55~40.28mmol/g,12月为13.15~41.33mmol/g,翌年1月为36.78~46.55mmol/g。增长幅度最大的是睡莲,升高了54.60%,说明浮叶植物组里睡莲的抗寒性最弱。增长幅度最小的是眼子菜,升高了26.8%,说明眼子菜的抗寒性最强;5种沉水植物叶片丙二醛含量10月为31.02~42.25mmol/g,11月为32.22~58.14mmol/g,12月为34.58~60.77mmol/g,翌年1月为45.13~66.12mmol/g。增长幅度最大的是金鱼藻,升高了46.6%,说明沉水植物组里金鱼藻的抗寒性最弱。增长幅度最小的是菹草,升高了26.6%,说明菹草的抗寒性最强;6种挺水植物叶片丙二醛含量10月为15.88~41.28mmol/g,11月为17.35~42.36mmol/g,12月为20.16~51.28mmol/g,翌年1月为25.14~66.32mmol/g。增长幅度最大的是芦苇,升高了53.5%,说明挺水植物组里芦苇的抗寒性最弱。增长幅度最小的是花叶芦竹,升高了36.8%,说明花叶芦竹的抗寒性最强;2种漂浮植物叶片丙二醛含量,增长幅度大的是野菱,升高了50.4%,说明漂浮植物组里野菱的抗寒性弱,增长幅度小的是菱,升高了30.2%,说明菱的抗寒性强。

3.5 抗寒性指标综合评价

低温胁迫条件下,对18种已安全越冬的水生植物的相对电导率、超氧化物歧化酶(SOD)活性、丙二醛(MDA)含量进行测定。根据隶属函数法,由表2可知,芦苇的　　　抗寒指数高于其他品种,菹草的抗寒指数最低。

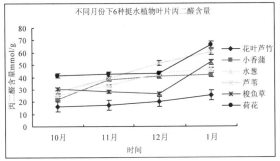

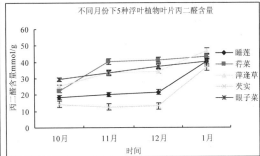

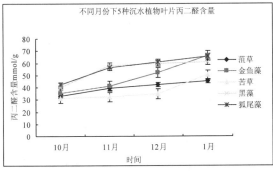

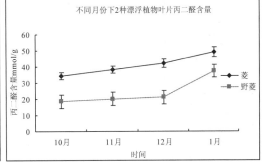

图3　不同月份下18种水生植物叶片MDA含量

表2　抗寒性指标的隶属函数值及综合评价

植物名称	相对电导率	SOD	MDA	隶属函数值	抗寒性等级	排序
荇菜	0.4037	0.4218	0.6412	0.4521	优	5
花叶芦竹	0.6881	0.4008	0.6373	0.4511	优	6
水葱	0.8401	0.5634	0.3688	0.5703	优	2
芦苇	0.8487	0.5813	0.3623	0.5732	优	1
荷花	0.8155	0.5182	0.4242	0.5018	优	3
睡莲	0.7832	0.4694	0.6603	0.4792	优	4
小香蒲	0.6730	0.3999	0.6199	0.4498	优	7
梭鱼草	0.4465	0.3229	0.4311	0.2767	一般	16
芡实	0.5286	0.3549	0.5333	0.3984	良	11
萍蓬草	0.5611	0.3743	0.5523	0.4121	优	10
菱	0.5995	0.3801	0.5744	0.4255	优	9
野菱	0.6009	0.3822	0.5876	0.4279	优	8
眼子菜	0.5036	0.3512	0.5215	0.3955	良	12
菹草	0.8354	0.3009	0.4148	0.2009	一般	18
金鱼藻	0.7119	0.3033	0.6881	0.2023	一般	17
苦草	0.5005	0.3499	0.5117	0.3852	良	13
黑藻	0.4898	0.3461	0.4879	0.3368	良	14
狐尾藻	0.4527	0.3335	0.4366	0.3051	良	15

注:隶属函数值为0.6~0.4,抗寒性等级为优;隶属函数值为0.4~0.3,抗寒性等级为良;隶属函数值为0.3~0.2,抗寒性等级为一般。

4 结论与讨论

温度对植物的生长及形态结构建成具有重要作用,低温可明显改变植物的生长,影响植物叶片形成生理物质的含量。植物抗寒性不仅和植物自身的遗传因素有关,还受到周围生长环境的影响,是复杂的生理过程。植物的抗寒性是指植物在低温的胁迫下,主要是通过自身遗传性和在生理生化方面做出相应的反映,从而来减弱低温对其造成的伤害,能够维持正常的生长的能力。

植物细胞膜具有选择渗透性的能力。抗逆性指标中较重要的就是植物细胞质膜透性的变化。植物在逆境胁迫下,细胞膜就会遭受破坏,导致膜透性增大,导致电解质外渗,电解质外渗程度的大小可以用相对电导率来表示。在低温胁迫下,相对电导率越高,表明细胞膜透性程度越高,组织所受的伤害越重。由表2可知,水葱和芦苇的相对电导率最高,说明组织所受的伤害最重,抗寒性最弱。荇菜和梭鱼草的相对电导率最低,说明组织所受的伤害最轻,抗寒性最强。

SOD、POD是植物细胞防御系统的保护酶,这些酶有助于清除植物处于低温胁迫下所产生的有害物质,从而保证植物自身尽快适应逆境条件从而生存下来。SOD主要作用是将 O_2^- 快速转化为 H_2O_2 和分子氧, H_2O_2 可以激活POD,POD将 H_2O_2 转化成水和分子氧,有效清除氧自由基,防止膜质过氧化,对细胞起到保护作用,能够增强抗逆性,降低细胞受到的破坏程度。

当植物遭受逆境胁迫时,酶活性首先发生变化。保护酶对细胞膜起到重要的保护作用。保护酶的活性越高,植物细胞对活性氧的防御能力也就越强,从而维持自由基产生与清除之间的平衡,使得植物遭受逆境胁迫时膜结合的破坏程度能够减轻,膜保持稳定的状态。由表2可知,芦苇的SOD酶活性最高,说明芦苇的抗寒性最强。金鱼藻和菹草的SOD酶活性最低,说明金鱼藻和菹草的抗寒性最弱。

MDA是膜脂过氧化分解的主要产物,植物受到逆境胁迫时,体内的自由基的产生和清除会遭受破坏,引发膜质过氧化。MDA的积累能严重损伤细胞膜系统,导致细胞膜透性增大。通常以MDA的含量作为发生膜脂过氧化反应的主要指标,用以表示细胞膜脂过氧化程度和植物对逆境条件反应的强弱。由表2可知,金鱼藻的MDA含量最高,说明组织所受的伤害最重,抗寒性最弱。芦苇的MDA含量最低,说明组织所受的伤害最轻,抗寒性最强。

通过对唐山地区18种水生植物抗寒性进行综合评价,由品种抗寒性指标的隶属平均值越大则该品种抗寒性越强,得18个品种的抗寒性强弱顺序为芦苇>水葱>荷花>睡莲>荇菜>花叶芦竹>小香蒲>野菱>菱>萍蓬草>芡实>眼子菜>苦草>黑藻>狐尾藻>梭鱼草>金鱼藻>菹草。

本研究结果有利于深入探究水生植物对温度胁迫适应的生理机制,为水生植物的人工培育特别是幼苗处于逆境温度时期的管理提供依据和指导,为水生植物在唐山地区繁育和推广应用以及园林水景的发展奠定科学基础。

参考文献

高俊凤, 2006. 植物生理学实验指导[M]. 北京: 高等教育出版社.

司剑华,卢素锦,2010. 低温胁迫对5种怪柳抗寒性生理指标的影响[J]. 中南林业科技大学学报,30(8):78-81. 魏永胜,梁宗锁,2005. 利用隶属函数值法评价苜蓿抗旱性[J]. 草业科学,22(6):33-36.

郑炳松, 2006. 现代植物生理生化研究技术[M]. 北京:气象出版社.

生物多样性教育活动中校内外教师教学行为比较研究

——以"保护生物多样性,共建地球生命共同体"校内外联合研究课为例

A Comparative Study on Teachers' Teaching Behaviors from in-School and out-of-School Field in a Biodiversity Educational Activity

——Take *Protecting Biodiversity*, *Building a Shared Future for All Life on Earth* in-School and out-of-School Joint Research Course as an Example

王鹏[1] 明冠华[1] 陈建江[1] 李艳慧[1] 李朝霞[1]

(1. 北京教学植物园,北京,100061)

WANG Peng[1] MING Guan-hua[1] CHEN Jian-jiang[1] LI Yan-hui[1] LI Zhao-xia[1]

(1. *Beijing Educational Botanical Garden*, *Beijing*, 100061)

摘要: 为迎接《生物多样性公约》第十五次缔约方大会召开,北京教学植物园携手校内单位开展联合研究课活动,通过对比校内外教师教学行为发现,校内教师在教学内容选择上更聚焦,更倾向从植物结构入手,阐述生物多样性大概念,而校外教师选题更综合,实践性更强。融合课程的教师比独立授课的教师拥有更多的园区考察次数,需要投入更大备课精力。此外,校内教师和校外教师的教学反思内容也有明显差异。该对比研究有利于掌握双方群体特点,为未来开展更多合作活动提供参考借鉴。

关键词: 生物多样性教育,校内外融合,植物园,小学科学

Abstract: In order to welcome the COP15 conference, the Beijing Educational Botanical Garden and 3 in-school units carried out a joint research-course activity. By comparing the teaching behaviors of teachers from in-school and out-of-school, the following results had been found: the teachers from in-school organizations were more likely to choose focused concept as teaching content, and more inclined to start with the plant structure to introduce biodiversity; However, teachers from out-of-school organization had comparatively more comprehensive and practical attitude in selecting teaching materials. Teachers who in charge of integrate courses visited the botanical garden more often than the ones who taught independently, which means they should make more efforts to prepare the course than others. As for the teaching reflection contents, teachers from in-school and out-of-school fields also had obvious differences. This comparative study is conducive to reveal the characteristics of both in-school and out-of-school fields teachers, and provides reference value for future cooperation.

Keywords: Biodiversity education, In-school and out-of-school integration, Botanical garden, Primary school science course.

1 问题提出

1.1 生物多样性及生物多样性教育

生物多样性是生物及其与环境形成的生态复合体以及与此相关的各种生态过程的总和,由遗传(基因)多样性、物种多样性和生态系统多样性三个层次组成,它是人类赖以生存的物质条件,是经济社会可持续发展的基础,也是生态安全和粮食安全的宝库。

生物多样性如此重要,如何开展好生物多样性的宣传和教育工作也成为生态文明建设的重要内容之一。特别是针对青少年,在他们形成正确的人生观、价值观和世界观的重要时期开展相关教育活动——例如了解身边常见的动植物、了解动植物的生物学特性和生态关系、参与生物多样性保护的科学研究和保护行动等,都会对他们产生积极的影响。

教育是由学校教育、家庭教育和社会教育组成的有机整体。在生物多样性的学校教育维度,小学科学、初中生物学、高中生物学中均有关于生物多样性的学习目标或主题内容(《义务教育小学科学课程标准(2017 年版)》《义务教育初中生物学课程标准(2011 年版)》《普通高中生物学课程标准(2017 年版 2020 年修订)》)。在社会教育中,动植物园、科技馆、博物馆、自然保护区等场所也可以为学生了解和保护生物多样性提供丰富的教育资源(杜天明,2004;赵溪,2017;周询,2019)。

1.2 生物多样性教育的校内外合作模式

在生物多样性教育方面,学校教育可为学生提供大概念的支撑,形成系统的概念框架,而社会教育可以通过其得天独厚的资源,为学生提供真实、鲜活的情境,帮助学生更好的理解概念、开展基于概念的科学实践,以及深入社会了解生物多样性保护现状的机会,为学校教育提供良好的

补充和延伸。当然,学校教育和社会教育和协同合作不仅体现在理论研究上,更需要落实在实践探索上,围绕合作路径、合作模式、合作内容等等方面开展有益的研究。

1.3 北京教学植物园发起的实践探索

基于以上目标,北京教学植物园联合三家校内单位——北京市教育学会小学科学教学研究会、北京市东城区教育科学研究院、北京市东城区课外活动指导服务中心开展了相关实践研究,以"保护生物多样性,共建地球生命共同体"为主题,动员北京市 12 位东城区小学科学教师与北京教学植物园专职教师共同研发备课,以合作授课和独立授课的方式设计 9 项教学活动,并于 2021 年 6 月 9 日在北京教学植物园进行了公开的展示。

北京教学植物园隶属于北京市教委,被划归为"校外教育"序列(包含在社会教育范畴内),而东城区小学科学学科属于典型的"校内教育",这次深度的破壁融合增进了双方的了解,发现了彼此的相同和不同,通过研究这些异同,有利于掌握双方群体的特点,为未来开展更多、更有效的合作活动提供参考与借鉴。

2 研究对象与方法

2.1 研究对象

本研究主要针对参加联合研究课的 13 名教师开展,其中来自北京市东城区 6 所小学的校内教师 7 人,教研员 1 人,来自校外的北京教学植物园教师 5 人。

2.2 研究内容

本研究重点分析校内外教师在以下 4 个维度方面的异同——对教学内容的选择、备课方式的安排、园区资源的利用情况和教学反思。

2.3 研究方法

运用观察法对 13 名校内外教师在集体备课、植物园考察、日常交流与讨论等环

节呈现出的和研究内容相关的部分进行有意识的信息收集和整理。

运用案例分析法对 13 名教师撰写的 9 个教学设计方案进行对比分析。

通过访谈法对 2 位校内教师代表和 2 位植物园教师进行访谈，访谈问题有 5 个，分别为：活动后最大感受、对生物多样性理解的变化、校内外联合研究课对自身的提升、筹备活动过程中的阻力以及对校内外合作方向的展望。

运用比较法对校内、校外两个群体教师的行为表现进行综合对比分析。

3 研究结果及分析

3.1 教学内容的选择

在本次联合研究课由校内外教师围绕"生物多样性"重要概念的目标达成，自由选择教学内容。其中课程 1、课程 2 和课程 8 为融合课，各有两名教师授课，但是授课内容亦是在个人选定内容之后进行的整合，也能体现教师的选择自主性。详细内容见表 1。

表 1 研究课课程介绍

序号	课程名称	主要内容	是否新课	与生物多样性相关性
1	叶片侦探 （校内外双师）	1 调查温室植物→观察叶脉和叶型等特征 2 利用叶片特征对植物进行分类→制作铭牌	1 新课 2 成熟课例改编	▲什么是生物多样性 叶的多样性
2	花和花序 （校内外双师）	1 解剖花→认识不完全花 2 观察花序→绘制花序简图→花序的意义	成熟课例改编	▲什么是生物多样性 花和花序的多样性
3	植物如何"喝"水 （校内教师）	辨认不同的根→设计根吸水实验→观察各种变态根	成熟课例改编	▲什么是生物多样性 根的多样性
4	茎的奇妙 （校内教师）	观察植物园中多样的茎→总结茎的特点→观察各类变态茎	成熟课例改编	▲什么是生物多样性 茎的多样性
5	叶序 （校内教师）	观察 1 种叶对生和 1 种互生→观察更多植物	成熟课例改编	▲什么是生物多样性 叶的多样性
6	从吃与被吃说起 （校内教师）	调查水生区动植物→根据捕食关系拉线→了解食物链和食物网概念	成熟课例改编	▲生物多样性为何重要 生物与生物之间的关系
7	植物与环境 （校内教师）	观察不同环境下的葱→观察各种差异→观察不同环境下的玉簪→得出不同植物对环境需求不同的结论	成熟课例改编	▲什么是生物多样性 不同植物适应不同环境
8	植物园探"蜜" （校外双师）	1 自主学习蜜蜂基本知识→用毛细管采蜜→观察社会蜜蜂蜂巢 2 了解独居蜂困境→制作并悬挂城市人工蜂巢	新课	▲生物多样性现状如何 ▲如何保护生物多样性
9	花已盛开，蜜蜂蝴蝶自来？	观察花和它周边的昆虫→总结特点→了解蜂媒花和虫媒花概念	成熟课例改编	▲什么是生物多样性 花的多样性

注：1 代表第一课时 2 代表第二课时，分别由不同老师授课。

由表 1 可见，"什么是生物多样性"这一内容最受校内教师和校外教师的青睐，有 9 名教师选择这一主题下的内容作为授课环节。"生物多样性为何重要""生物多样性现状如何"和"如何保护生物多样性"这 3 方面则各有 1 名教师选择。

另外，从视野上看，校内教师较为聚焦，更倾向于以认识和了解植物的器官为基础，间接展示生物多样性表现，这和小学科学课标"帮助学生构建科学大概念"的要求非常吻合。而校外教师内容选择更综合，具有更强的实践性。

从"是否为新课"这一角度来看,9名教师选择以前成熟的课例进行改编,3名教师则选了以前没有上过的内容进行备课。从校内外划分来看,3名上新课的教师均为校外教师,全部7名校内教师均选择了成熟课例进行改编的方式。

3.2　备课方式的安排

依据活动目标,主办方组织了相应的教研安排,其中集体大教研2次,集体试课1次,分项目试课1~2次,专家辅导1~2次,园区实地考察若干次(次数由各项目自行确定)。

从园区实地考察次数来看,不同项目的教师考察次数不等,见表2。

表2　不同项目的园区考察次数

园区考察次数	教师负责项目
5次以上	所有植物园负责项目,共5人
4~5次	叶片侦探第二课、花与花序第一课、植物与环境、从吃与被吃说起,共4人
2~3次	茎的奇妙、叶序、植物如何"喝"水,共3人

综合来看,植物园教师因为地缘优势,园区考察次数较多,校内教师虽然距离稍远,但为了公开课也是多次来植物园考察,考察4~5次共4人,2~3次共3人。次数较少的3人主要负责独立课程,明显少于叶片侦探和花和花序两个融合课,这也反映出融合课程需要投入更多的精力在备课上,更需要沟通和协作。

另外,园区考察次数也和项目内容涉及到的植物有关系,例如"花与花序""花已盛开,蜜蜂蝴蝶自来?"2个活动因为特别依赖园区花卉种类,所以随着花谢花开的进程,负责教师也需要不断来植物园实地考察,掌握第一手信息。

3.3　园区资源的利用

北京教学植物园拥有2000种植物,为学生提供了生动而真实的学习情景。学生可以基于这些植物通过体验与生成,汲取直接经验,进而通过教师的引领、同伴的的交流获得更为丰富的间接经验(刘恩山等,2021)。因此,利用好植物园资源有助于生物多样性目标的达成。

从12位教师提交的教学设计中能够发现,校内外教师在活动中均利用了植物园资源,如表3所示。

表3　各项目教师利用资源情况

项目名称	动植物种类	场地资源(含景观和设备)
叶片侦探	16种	温室
花和花序	12种	百草园
植物如何"喝"水	13种	盆景园
茎的奇妙	10种	藤本栅栏
叶序	10种	大草坪
从吃与被吃说起	13种	水生区
植物与环境	2种	作物区
植物园探"蜜"	5种	百草园+气象站木栅栏
花已盛开,蜜蜂蝴蝶自来?	12种	百草园+探究实验室

从表3中可见,活动涉及的动植物数量、园区场地资源情况在校内外教师身份上差异不明显,主要取决于项目内容。部分校内教师通过多次实地考察、和植物园教师进行密切沟通等方式,同样可以利用较多动植物资源。

值得一提的是,尽管植物园里的动植物资源较为丰富,但是由于物候变化原因,很多课程在备课、试课的过程中需要经常更换上课材料,增加了不确定性,为了方便起见,部分材料最终选择了从花卉市场购买的方式解决。

3.4　活动感受与反思

通过采访4位教师代表("叶片侦探"的两位授课教师,"从吃与被吃说起""植物园探'蜜'"第二课时的授课教师),获得了如下结果(见表4)。

表4　校内外教师代表访谈结果

访谈要素	校内教师	校外教师
最大感受	环境优美、材料唾手可得	提升了课堂管理能力和学情把握能力，希望再次深度合作
对生物多样性理解的变化	知识获得增长、概念理解更透彻	知识获得增长、选题视野扩宽
对自身提升方面	开展室外教学活动的方式方法	提升了课堂管理能力和学情把握能力
活动中的困难	路途遥远、如何在室外持续吸引学生注意力	如何进行高质量的活动设计、天气和生物行为的不确定性
合作展望	期待更加饱满地调动学生情绪、从科学课本找到更多契合点、让更多学生来植物园上课	了解校内教师的真实需求，开展更深入精准的合作

通过上表可以看出，校内外教师在活动结束后"对生物多样性理解的变化""对自身提升方面"这两方面认识较为一致，而在"最大感受""活动中的困难""合作展望"三个要素方面有较大的不同，受访者更倾向于从自身角度出发，看到合作方的优势、发现自身有待进步的方面。

另外，两位受访校内教师虽然来自不同的学校，但是不约而同地选择"环境优美""材料唾手可得"作为他们最大的感受，也具有高度的一致性。

4　分析与讨论

第一，同校外教师相比，校内教师在教学内容的选择上更倾向选择成熟课例进行改编，从根、茎、叶、花等植物器官入手呈现生物多样性，相对比较聚焦，而校外教师选题更综合、更宏观、实践性更强。产生这种现象的原因可能有以下几点：一是校内教师的教育教学活动受课程标准和教材限制较多，教什么、怎么教、教到什么程度课标中都有明确的要求，所以自主发挥的空间不大。而校外教师因为没有统一"课标"要求，所以选题广泛、开放和灵活；另外小学科学课程标准更关注大概念的达成，而植物园作为校外机构其教学理念是活动育人，所以更注重实践性；三是可能受公开课压力影响，且环境不熟悉，所以校内教师态度更谨慎，更容易选择成熟课例进行改编，

相比校外教师因为参加公开课活动不多，而且环境熟悉，所以更放松一些。

第二，在这次联合研究课的备课过程中，12名上课教师采取了多种方式进行备课，特别是在植物园实地考察的次数上，大部分教师均考察4~5次以上，相比于日常教学活动，校内教师在此项活动中付出了更多的时间和精力。教师考察次数的多少同利用植物园资源的程度有一定关系，利用资源多的教师考察次数也较多。这也说明，在校内外合作的活动中，校内教师面临较大的熟悉资源和场地的压力。如果合作的植物园教师能在植物辨识与选择、园区地形熟悉、教学素材搜集等方面提供足够的帮助，将会对校内教师授课起到重要的支持。

第三，从活动感受和反思看，校内外教师从不同的角度获得了多方面的提升。其中校内对校外教师影响最大的方面体现在教学技能技法上，而校外对校内教师影响最大的则是环境上、知识上以及户外教学经验上。双方教师均对未来继续合作表示期待，希望能进行更深层次的融合。这说明本次融合活动取得了一定的效果，满足了教师成长的需求。特别是校内教师对植物园环境好、材料丰富的感受，也可以成为植物园方吸引校内教师开展合作的关键因素之一。

5 结语

尽管通过本文研究发现,校内教师和校外教师由于机构办学理念、学科整体要求、日常工作方式等多方面影响,在教学内容选择、备课方式、感受和反思等方面呈现出一定的差异,但是从学生发展视角来看,校内教师和校外教师的职责和使命是一致的,那就是更好地促进学生的全面发展。特别是在内涵包罗万象的生物多样性教育方面,校内外教育机构更应该加强合作,打破片面、机械、单调的教学模式,给学生更丰富、更鲜活、更有趣、更规范的生物多样性课程。而开展融合研究课活动,正是对合作路径的探索和尝试。特别是了解彼此的差异后,更有利于在未来的合作中协调和配合,有效促进教学目标的达成、帮助双方教师更快的成长。

本次校内外研究课仍属于探索初期,研究还不全面,特别是缺乏对教师授课过程以及学生学习效果的评价和分析,期待未来有更多对生物多样性、自然教育感兴趣的校内外老师开展更多的研究与实践,让保护生物多样性的种子在青少年群体中生根发芽。

参考文献

杜天明,2004. 论浙江自然博物馆在生态省建设中的作用[J]. 东方博物(02):112-115.

刘恩山,等,2021. 课外科学教育的理论与实践[M]. 北京:北京师范大学出版社.

赵溪,2017. 北京的生物多样性教育[J]. 环境教育(05):62-63.

周询,2019. 博物馆生物多样性教育的探索与思考——以成都博物馆"人与自然:贝林捐赠展"为例[C]//四川省动物学会、重庆市动物学会、云南省动物学会,等. 第八届中国西部动物学学术研讨会会议摘要汇编. 四川省动物学会、重庆市动物学会、云南省动物学会,等.

中华人民共和国生态环保部,2020. 生物多样性概念和意义[EB/OL]. (2010-01-14)[2021-06-13]. http://www.mee.gov.cn/home/ztbd/swdyx/2010sdn/sdzhsh/201001/t20100114_184321.shtml.

中华人民共和国教育部,2019. 义务教育小学科学课程标准(2017年版)[M]. 北京:北京师范大学出版社.

中华人民共和国教育部,2012. 义务教育生物课程标准(2011年版)[M]. 北京:北京师范大学出版社.

中华人民共和国教育部,2020. 普通高中生物学课程标准(2017年版2020年修订)[M]. 北京:人民教育出版社.

千岁兰种子的药剂消毒处理试验

Chemical Control Experiments on the Seed of *Welwitschia mirabilis*

付怀军[1]　成雅京[1]　李菁博[1]　王白冰[1]　孙皓明[1]　高晓宇[1]

(1. 北京市植物园,北京市花卉园艺工程技术研究中心,城乡生态环境北京实验室,北京,100093)

FU Huai-jun[1]　CHENG Ya-jing[1]　LI Jing-bo[1]

WANG Bai-bing[1]　SUN Hao-ming[1]　Gao Xiao-yu[1]

(1. *BeijingBotanical Garden*, *Beijing Floriculture Engineering Technology Research Centre*, *Beijing Laboratory of Urban and Rural Ecological Environment*, *Beijing*, 100093)

摘要:千岁兰 *Welwitschia mirabilis* 种子携带的黑曲霉菌 *Aspergillus niger* 严重为害其萌发、生长。为明确千岁兰种子消毒处理的杀菌剂种类及浓度,采用菌丝生长速率法测定了4种杀菌剂对千岁兰种带黑曲霉菌的抑菌效果,选出有效杀菌剂再进行浸种处理试验。结果表明,用戊唑醇(430g/L,SC)4300倍、多菌灵(50%,WP)1000倍、苯醚甲环唑(10%,WG)1000倍浸种1h处理的抑菌效果分别为100%、87.3%、81.6%,可用于千岁兰的浸种消毒,而恶霉灵(15%,AS)对黑曲霉菌无抑制效果。

关键词:千岁兰种子,黑曲霉菌,杀菌剂,浸种处理,抑菌效果

Abstract:Seed-borne *Aspergillus niger* from *Welwitschia mirabilis* could heavily do harm for the plant growing. To optimize the type and concentration of fungicides to disinfectant treat on seeds of *W. mirabilis*, 4 kinds of fungicides, including Carbendazim(50%, WP), Tebuconazole (430g/L, SC), Difenoconazole (10%, WG) & Hymexazol(15%, AS)were chosen to test inhibitory effects on *A. niger* by plate microbiological growth inhibition assay. Then seed soaking treatment was carried out to verify those effects. The results showed 4300× Tebuconazole, 1000× Carbendazim & 1000× Difenoconazole with inhibition ratio of 100%, 87.3% & 81.6% could be used to prevent and control *A. niger* from seeds of *W. mirabilis* by soaking seeds. Nevertheless, Hymexazol(15%, AS)showed no inhibitory effects.

Keywords:Seeds of Welwitschia, *Aspergillus niger*, Fungicide, Seed soaking treatment, Inhibitory effects

千岁兰(*Welwitschia mirabilis*),又称为百岁叶、百岁兰、千岁叶,是裸子植物门买麻藤纲千岁兰目千岁兰科的唯一种类(Bornman,1972)。分布在非洲西南大西洋沿岸的纳米布沙漠中,一生只长两片长带状的叶子,是世界珍贵的孑遗植物。千岁兰雌雄异株,种子借风力散播繁殖,在原产地只有不到万分之一的种子会发芽并且长大成株。据国外研究报道,千岁兰种子多达80%可能感染黑曲霉菌 *Aspergillus niger* var. *phoenicis*,且病菌可以寄藏于种子内部组织中(Cooper-Driver *et al.*, 2000; Whitaker *et al.*, 2008b),千岁兰种子带菌严重,也是其种群数量少的制约因素。Whitaker等2008年研究表明戊唑醇0.1g/L浸泡千岁兰种子可以有效抑制黑曲霉菌侵染而对

基金项目:北京市公园管理中心课题,zx2018021。

种子的萌发无影响(Whitaker *et al.*，2008a)。中国学者用多种杀菌剂分别对苜蓿和花生的种带黑曲霉菌进行了种子消毒处理研究，结果选出多菌灵、戊唑醇、苯醚甲环唑等药剂对种子黑曲霉菌病害具有很好的抑制效果(李杨等，2012；管磊等，2016；王慧等，2017)。

千岁兰人工栽培时播种育苗的小气候环境要求严格，种子发芽成苗极困难(宋正达等，2014)。播种前对种子进行健康检测和消毒处理，是提高播种质量和防治种苗病害最经济有效的措施之一。2017年5月对北京植物园源自纳米比亚的千岁兰种子进行种带真菌分离检测和鉴定，明确其种带真菌为黑曲霉菌 *Aspergillus niger*。为解决千岁兰播种后种子霉变感病的技术难题，2017至2018年笔者开展了千岁兰种子的杀菌剂消毒处理试验。采用菌丝生长速率法测定4种内吸性杀菌剂对黑曲霉菌的抑制率，筛选出有效的杀菌剂再采用药剂浸种法测定对千岁兰种子的消毒效果，明确适宜浸种消毒的杀菌剂种类及浓度，为千岁兰种子的药剂消毒处理提供理论依据和技术支持。

1　材料与方法

1.1　材料

1.1.1　种子、菌源及培养基

由北京植物园提供供试千岁兰种子(源自纳米比亚)，采用平板培养法对种子带菌进行分离获得优势真菌，经鉴定为曲霉属的黑曲霉菌，纯化培养后放于4℃冰箱备用。采用常规方法制备PDA培养基和PD培养液备用。

1.1.2　杀菌剂

4种供试杀菌剂及生产厂家：430g/L戊唑醇悬浮剂(Tebuconazole)由德国拜耳作物科学公司生产；10%苯醚甲环唑水分散粒剂(Difenoconazole)由先正达(苏州)作

物保护有限公司生产；50%多菌灵可湿性粉剂(Carbendazim)由四川国光农化有限公司生产；15%恶霉灵水剂(Hymexazol)由桂林集琦生化有限公司生产。

1.1.3　试验器材

超净工作台、立式压力蒸汽灭菌器、微波炉、全温度摇瓶柜(培英HYG-B)、电子天平(万分之一精度)、霉菌培养箱(MJP-250型)、电子数显卡尺，灭菌的量筒(100ml、10ml)、培养皿(Φ9cm、Φ12cm)、蒸馏水、漏斗、滤纸、镊子、离心管、100ml三角瓶、剪刀、纱布、无菌水、移液枪、电子显微镜等。

1.2　试验方法

1.2.1　测定4种杀菌剂对黑曲霉菌的室内抑制作用

1.2.1.1　黑曲霉菌丝球培养

取出4℃冰箱冷藏的纯化黑曲霉菌，在菌落中切取2个5mm×5mm的菌块，接入灭菌的PD培养液中，放摇瓶柜(28℃，180r/min)中振荡培养48h，黑曲霉菌孢子长出菌丝形成白色的菌丝球，直径为2mm左右，备用。

1.2.1.2　杀菌剂室内抑菌作用测定

采用菌丝生长速率法测定4种供试杀菌剂系列浓度对黑曲霉菌生长的室内抑制作用。

(1)杀菌剂浓度设置。在预试验的基础上，选定4种杀菌剂，每种杀菌剂设3个浓度(见表1)。

表1　4种供试杀菌剂及其稀释倍数

杀菌剂(有效成分含量，剂型)	稀释倍数
戊唑醇(430g/L，SC)	20000×、40000×、80000×
苯醚甲环唑(10%，WG)	2500×、5000×、10000×
多菌灵(50%，WP)	1000×、3000×、9000×
恶霉灵(15%，AS)	1500×、3000×、6000×

(2)带药PDA培养基平板配制。将备好的PDA培养基放入微波炉中加热融化

为液体后取出,放于超净工作台内冷却至50℃左右备用。在超净工作台内将供试药剂分别用灭菌水稀释成相应浓度梯度的母液,用移液枪取1ml配制好的药剂母液加入冷却至50℃左右的100ml PDA培养基中,充分混匀后平均分装到5个灭菌的Φ9cm培养皿中,制成设定浓度的含药培养基平板,每个处理重复5皿,以加灭菌水的PDA培养基为空白对照。待含药培养基平板冷却后备用。

(3)接菌培养观测。取出摇瓶柜培养好的黑曲霉菌丝球,在超净工作台内用漏斗和滤纸滤除多余液体,用镊子夹取直径2mm左右的菌丝球接入冷却凝固的含药培养基平板中央,每皿接入一个菌丝球,标记封口后置于25℃霉菌培养箱中恒温黑暗培养,5d后取出,用数显卡尺十字交叉法测量菌落直径,计算各处理菌落直径平均值和对菌落生长的抑制率。

$$抑制率 = \frac{对照菌落直径 - 药剂处理菌落直径}{对照菌落直径 - 菌丝球直径} \times 100\%$$

1.2.2 杀菌剂对千岁兰种子的抑菌效果试验

1.2.2.1 配制药剂及浓度

根据3种杀菌剂商品推荐剂量范围,分别配制10%苯醚甲环唑WG 1000×、50%多菌灵WP 1000×、430g/L戊唑醇SC 4300×三种药液各250ml备用,以灭菌水处理为空白对照。

1.2.2.2 浸种处理

因千岁兰种子数量有限,每处理为18粒种子。剪除种翅并用灭菌水清洗种子,将清洗的种子放入配好的各处理药液中,摇动瓶体使种子充分浸润,每处理浸种1h后,取出种子均匀摆在Φ12cm培养皿内的湿润纱布上,每皿放3~4粒,每处理5皿。

1.2.2.3 培养检验

将浸种培养皿放入25℃霉菌培养箱黑

暗保湿培养,期间注意给纱布加灭菌水保湿。7天后镜检观察,统计霉变带菌种子数量和萌发种子的数量,计算种子带菌率和杀菌剂的抑菌效果(计算公式如下)。

$$抑菌效果 = \frac{对照种子带菌率 - 处理种子带菌率}{对照种子带菌率} \times 100\%$$

1.3 数据分析

采用Excel软件和DPS统计软件对试验数据进行处理和计算。

2 结果与分析

2.1 4种杀菌剂对黑曲霉菌的室内抑制作用

4种杀菌剂对黑曲霉菌的室内抑制作用测定结果见表2。结果显示,50%多菌灵WP(1000×,3000×,9000×)和430g/L戊唑醇SC 20000×对黑曲霉菌的抑制效果最好,抑菌率可达95%以上,4个处理间差异不显著。50%多菌灵WP 3000×的抑菌率为97.5%高于50%多菌灵WP 1000×的抑菌率1%,可能是由于接种的菌丝球略有差异,但并不影响多菌灵对黑曲霉菌抑制效果的判断。其次是430g/L戊唑醇SC 40000×和10%苯醚甲环唑WG 2500×的抑制效果分别为92.2%和88.6%,二者差异不显著。10%苯醚甲环唑WG 5000×和430g/L戊唑醇SC 80000×的抑菌效果次之,分别为80.3%和79.2%,二者差异不显著。10%苯醚甲环唑WG 10000×的抑制率最低为73.5%,与其他处理差异显著。15%恶霉灵AS(1500×,3000×,6000×)3个处理的抑制率均为负值,分别是-6.5%、-26.1%和-31.4%,3个浓度间差异显著。

15%恶霉灵AS 3个浓度处理的黑曲霉菌菌落直径均大于对照的菌落直径,可见恶霉灵对黑曲霉菌无抑制效果反而刺激了其菌丝的生长,镜检观察还发现恶霉灵处理5d后黑曲霉菌菌落上无分生孢子梗和顶囊。试验结果表明,15%恶霉灵AS的3

个浓度对黑曲霉菌的菌丝生长有促进作用,但抑制黑曲霉菌分生孢子的产生,随着15%恶霉灵AS处理浓度的降低,对黑曲霉菌丝生长的促进作用增加。

本试验表明,50%多菌灵WP、430g/L戊唑醇SC和10%苯醚甲环唑WG处理对黑曲霉菌丝生长均有良好的抑制作用,随着药剂浓度的增加抑制效果提高,可用于进一步千岁兰种子的药剂浸种处理试验。

表2　4种杀菌剂对千岁兰种带黑曲霉菌的抑制作用测定

药剂种类	浓度	平均抑制率
430g/L 戊唑醇	20000×	96.8%±2.7%ab
	40000×	92.2%±4.1%bc
	80000×	79.2%±4.4%d
50%多菌灵	1000×	96.5%±1.6%ab
	3000×	97.5%±1.3%a
	9000×	95.4%±1.3%ab
10%苯醚甲环唑	2500×	88.6%±1.8%c
	5000×	80.3%±1.9%d
	10000×	73.5%±4.1%e
15%恶霉灵	1500×	-6.5%±3.5%g
	3000×	-26.1%±9.1%h
	6000×	-31.4%±7.9%i
无菌水		0.0%±1.9%f

注:小写字母表示差异达($p<0.05$)显著水平。

2.2　3种杀菌剂对千岁兰浸种处理的抑菌效果

3种杀菌剂浸种处理对千岁兰种子的抑菌效果见表3。结果显示,以430g/L戊唑醇SC 4300×浸种处理的抑菌效果最高,为100%,种子未见霉变,种子的带菌率为0;其次是50%多菌灵WP 1000×处理种子的抑菌效果为87.6%,18粒种子中有2粒带菌霉变,种子的带菌率为11.1%;10%苯醚甲环唑WG1000×处理种子的抑菌效果为81.3%,18粒种子中有3粒带菌霉变,种子的带菌率为16.7%。对照处理19粒种子中有17粒带菌霉变,种子带菌率为89.5%。结果表明,3种杀菌剂浸种处理对千岁兰种子霉变均有很好的抑制作用,抑菌效果由高到低的顺序为430g/L戊唑醇SC 4300×、50%多菌灵WP 1000×、10%苯醚甲环唑WG1000×。

本试验共73粒种子,3组药剂浸种处理种子的萌发均数为0,仅有灭菌水对照组有2粒饱满种子萌发,本批次种子的萌发率仅为2.7%,可见千岁兰种子的萌发率极低。

表3　3种杀菌剂浸种处理对千岁兰种子的抑菌效果

处理	处理种子数(粒)	萌发种子数(粒)	带菌种子数(粒)	带菌率(%)	抑菌效果(%)
10%苯醚甲环唑 1000×	18	0	3	16.7	81.3
50%多菌灵 1000×	18	0	2	11.1	87.6
430g/L戊唑醇 4300×	18	0	0	0	100
灭菌水对照	19	2	17	89.5	

3　结论与讨论

初试验用8粒千岁兰种子进行带菌分离检测发现全部携带黑曲霉菌。黑曲霉菌具有产孢量大的特点,采用常规方法切取菌块进行药剂毒力试验时,极易造成孢子飞散在培养基上形成不规则菌落,干扰菌落直径测量,不能计算药剂的抑菌率。采用PD培养黑曲霉菌丝球进行药剂毒力试验,有效避免了干扰菌落的出现,从而顺利测定杀菌剂对黑曲霉菌的抑制作用。本试验测定的是室内带药PDA培养基对黑曲霉菌丝的抑制作用,关于药剂对黑曲霉菌孢子萌发的抑制效果还有待今后进一步研究。

通过测定4种杀菌剂对千岁兰种带黑曲霉菌的室内抑制作用试验,发现15%恶霉灵AS对黑曲霉菌丝无抑制作用,因此恶霉灵不能用于千岁兰种子消毒处理,而戊唑醇、多菌灵和苯醚甲环唑,对千岁兰种带黑曲霉具有良好的抑制作用。这3种药剂也是种子消毒处理常用的杀菌剂。选用430g/L戊唑醇SC 4300倍、50%多菌灵WP 1000倍和10%苯醚甲环唑WG 1000倍对千岁兰浸种处理试验,抑菌率达80%以上,其中以430g/L戊唑醇SC 4300倍的消毒效果最好,抑菌率达100%。在药剂浸种试验的73粒千岁兰种子中,萌发率仅为2.7%,对照种子带菌率达89.5%,可见千岁兰种子黑曲霉菌感染率高,种子的萌发率极低。本研究结果与Cooper-Driver等2000年和Whitaker等2008年报道结果一致(Cooper-Driver *et al.*, 2000; Whitaker *et al.*, 2008b)。Whitaker等2008年研究结果显示0.1g/L戊唑醇浸种处理千岁兰种子1~3h具有很好的消毒效果且不影响种子的萌发

(Whitaker *et al.*, 2008a)。本次试验中戊唑醇等药剂处理的种子未萌发可能与种子自身的活力有关。

试验发现浸药种子放于湿纱布上培养,萌发的幼根长入纱布的孔隙中,移栽时极易伤根。今后在千岁兰播种实践中可将浸药种子直接放于消毒基质块上保湿培养,避免千岁兰萌发后移栽损伤根系。本研究明确了适宜千岁兰浸种处理的药剂种类、浓度、浸种时间及培养方法,为千岁兰种子的药剂浸种消毒处理提供了理论依据和技术支持。

致　谢

中国农科院植物保护研究所的蒋细良教授、吴蓓蕾副教授在种带真菌分离、鉴定、试验设计及操作技术等方面给予了大力支持和帮助,在此诚挚感谢!

参考文献

管磊,郭贝贝,李北兴,等,2016. 苯醚甲环唑等四种杀菌剂种子包衣防治花生冠腐病和根腐病[J]. 植物保护学报,43(5):842-849.

李杨,高志山,李建涛,等,2012. 戊唑醇等4种杀菌剂防治花生冠腐病应用研究[J]. 花生学报,41(2):13-19.

宋正达,朱洪武,陈梅香,2014. 百岁兰栽培技术[J]. 安徽农业科学. 42(12):3510-3515.

王慧,李克梅,王丽丽,等,2017. 6种杀菌剂对苜蓿种子携带主要病原菌的抑制效果及其对种子发育的影响[J]. 新疆农业科学,54(5):931-937.

Bornman C E J, Elsworthy H., ButIer A., et al., 1971. *Welwitschia mirabilis*: observations on general habit, seed, seedling, and leaf characteristics[J]. MADOQUA, (1):53-66. ,

Cooper-Driver G A, Wagner C, Kolberg H, 2000. Patterns of *Aspergillus niger* var. *phoenicis* (Corda) Al-Musallam infection in Namibian populations of *Welwitschia mirabilis* Hook. f. [J]. Journal of Arid Environments. 46 (2): 181 -198.

Guan L, Guo B B, Wang X K, et al., 2016. Seed-coating treatment of four fungicides against peanut crown rot and root rot diseases[J]. Acta Phytophylacica Sinica, 43(5):842-849.

Li Y, Gao Z S, Li J T, et al., 2012. The Applied Research of 4 Fungicides against Peanut Crown Rot[J]. Journal of Peanut Science. 41(2):13-19.

Song Z D, Zhu H W, Chen X M, 2014. Cultivation Technique for Welwitschia mirabilis Hook. f. [J]. Journal of Anhui Agricultural Sciences, 42 (12):3510-3515.

Wang H , Li K M, Wang L L, et al., 2017. Inhibitory Effect of 6 Kinds of Fungicides on Alfalfa Seed Carrying Pathogens and Its Seed Development[J]. Xinjiang Agricultural Sciences, 54 (5):931-937.

Whitaker C, Berjak P, Pammenter N W, 2008. Abnormal morphology of the embryo and seedling of Welwitschia mirabilis, and some observations on seed-associated fungi[J]. South African Journal of Botany, 74(2):338-340.

Whitaker C, Pammenter N W, Berjak P, 2008. Infection of the cones and seeds of *Welwitschia mirabilis* by *Aspergillus niger* var. *phoenicis* in the Namib-Naukluft Park[J]. South African Journal of Botany, 74(1):41-50.

干旱胁迫对铁坚油杉幼苗生理特性的影响
Effect of Drought Stress on Physiological Characteristics
of *Keteleeria davidiana* Seedlings

李高飞[1]　颜立红[1*]　向光锋[1]　田晓明[1]　蒋利媛[1]

（1. 湖南省植物园,长沙,43000)

LI Gao-fei[1]　YAN Li-hong[1*]　XIANG Guang-feng[1]

TIAN Xiao-ming[1]　JIANG Li-yuan

（1. *HunanProvince Botanical Garden*,*Changsha*,410116)

摘要:采用盆栽试验方法,对3年生铁坚油杉幼苗在持续干旱胁迫下所产生的生理生化反应进行研究,结果显示:铁坚油杉幼苗叶片叶绿素 a 含量呈现略下降再上升后降低的趋势,叶绿素 b 呈现先上升后降低的趋势,类胡萝卜素含量基本持平,MDA 含量先升高后降低,可溶性蛋白含量持续增加,SOD 活性随干旱胁迫时间延长而降低,游离性脯氨酸含量先升高后降低。结果表明:铁坚油杉幼苗在干旱胁迫初期可以通过维持保护酶的活性以延缓过氧化伤害,中后期则通过增加渗透调节物质含量提高其抗逆性,其能够适应一定程度的干旱胁迫。

关键词:铁坚油杉,干旱胁迫,叶绿素,游离性脯氨酸,SOD 活性,可溶性蛋白

Abstract:A pot experiment was conducted to study the physiological responses of 3-year-old *Keteleeria davidiana* seedlings under continuous drought stress. The results showed that the contents ofchlorophyll a decreased slightly, then increased and then decreased, and chlorophyll b increased first and then decreased,thecontent of carotenoids were basically the same, the content of MDA increased first and then decreased,and the content of soluble protein increased continuously,SOD activity decreased continuously with the extension of drought stress time,and the content of free proline increased first and then decreased. The results showed that in the early stage of drought stress,the seedlings of *Keteleeria davidiana* could delay peroxidation injury by maintaining the activity of protective enzymes,and in the middle and late stage,they could improve their stress resistance by increasing the content of Osmoregulation Substances,which could adapt to a certain degree of drought stress.

Keywords:*Keteleeria davidiana*,Drought stress,Chlorophyll,Free proline,SOD activity,Soluble protein

目前在全球变化的背景下,气候环境日益恶化,干旱成为焦点问题,目前世界上超过三分之一的地方属于干旱、半干旱地区(刘学师等,2003)。我国不仅华北、西北地区干旱问题严重,南方很多地区也经常遭受季节性干旱威胁,干旱已经成为限制植物正常生长和发育的主要因素之一。因此,研究植物对干旱胁迫的生理生化响应成为植物生理生态学研究的热点问题(何劲飞,2018)。干旱环境会影响植物的生理代谢和生长发育,研究植物的抗旱性尤为重要,可以通过干旱胁迫下植物的某些指标的变化来了解植物的抗性。

铁坚油杉(*Keteleeria davidiana*)为松科(Pinaceae)油杉属(*Keteleeria*)常绿大乔木,树冠塔形,雄伟壮丽,观赏价值高。目前,国内外对铁坚油杉的研究逐渐增多,但主要集中在其群落生态学特征、生物量等方面(吴际友等,2007;韩庆瑜等,2009;陶伦艳等,2009;韦秋思等,2014;彭丛林等,

2017;潘婷等,2017;白卫国等,2017;李加博等,2017),只有刘菲等(2018)研究了油杉属不同种源江南油杉幼苗对干旱胁迫的生理响应,而铁坚油杉在干旱胁迫下的生理反应相关研究未见报道。本研究以 3 年生铁坚油杉幼苗为实验材料,研究铁坚油杉的生理生化指标对持续干旱胁迫的响应,分析铁坚油杉幼苗对干旱的适应性,为铁坚油杉在国内的引种栽培及园林绿化提供科学依据。

1　材料和方法

1.1　实验材料

　　2020 年 2 月将黄土和腐殖土按 3∶1 充分混合后装入规格为 15cm×20cm 的花盆中,选用 3 年生铁坚油杉实生容器苗栽植于已准备好的花盆中,每盆 1 株。在统一的环境中正常养护管理,消除光照、水分等因素不同而造成的误差。2020 年 7 月 10 日选取生长良好、大小基本一致的苗木(苗高约 50cm)移到位于湖南长沙市的省森林植物园温室内进行持续干旱处理,在避雨的情况下能接受透过温室玻璃的自然光照。

1.2　实验设计

　　采用单因素完全随机试验设计,采用持续干旱方法,分别在试验的 0、7、14、21、28d 采集样本,每次采集样本 9 个,在铁坚油杉固定位置取叶片,结合预处理试验测定各项指标。

1.3　实验方法

　　生理指标测定:叶绿素(Chl)含量叶绿素总含量采用丙酮直接浸提法进行测定(高俊凤,2006);超氧化物歧化酶(SOD)活性测定采用氮蓝四唑法(李合生,2000);丙二醛(MDA)含量测定采用硫代巴比妥酸(TBA)法(李合生,2000);可溶性蛋白质的含量测定采用考马斯亮蓝染色法(李合生,2000);游离性脯氨酸(Pro)含量采用茚三酮比色法测定(李合生,2000)。

1.4　数据处理方法

　　所测得数据用 SPSS 13.0 软件进行数据预处理,进行方差分析和差异显著性检验,使用专业绘图软件 sigmaplot 绘制指标变化图。

2　结果

2.1　干旱胁迫对幼苗叶片光合色素含量的影响

　　如图 1 所示,整个持续干旱胁迫期间,铁坚油杉幼苗叶片色素含量变化特征为,类胡萝卜素含量基本不变,干旱胁迫 7d 时,铁坚油杉幼苗叶片叶绿素 a 含量略有下降,叶绿素 b 略上升,叶绿素总量略下降;干旱 14d 时,叶绿素 a、叶绿素总量均大幅上升,叶绿素 b 略上升,干旱 21d 时,叶绿素 a、叶绿素 b、叶绿素总量下降;干旱胁迫 28d 时,叶绿素 a、叶绿素 b、叶绿素总量略上升。

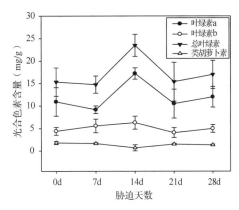

图 1　持续干旱对叶光合色素含量的影响

　　结果显示,干旱胁迫 14d 时其叶绿素 a、叶绿素 b 含量、叶绿素总量较 0d 时分别上升了 57.35%、42.85% 和 53.19%。方差分析表明:叶绿素 a 含量在干旱胁迫 7d 和 28d、14d 时与其他时间均有显著差异($p<0.05$);叶绿素 b 含量在干旱胁迫 0d 和 14d、7d 和 21d、14d 与 21d、14d 和 28d 均有显著差异($p<0.05$);叶绿素总量在干旱胁迫 14d 时与其他时间均有显著差异($p<0.05$)。

2.2　干旱胁迫对幼苗叶片丙二醛含量影响

　　如图 2 所示,铁坚油杉 MDA 含量先升高,后降低。在干旱 7d 后,其幼苗的 MDA 含量上升了 81.03%,14d 时相对于 0d 下降了 22.57%,21d 时相对于 0d 下降了 52.56%,28d 时相对于 0d 则下降了 83.85%。方差分析表明,铁坚油杉幼苗 MDA 含量在干旱胁迫 7d 和 28d 有显著差异($p<0.05$)。

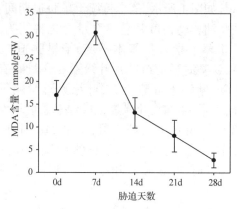

图2　持续干旱对叶 MDA 含量的影响

2.3　干旱胁迫对可溶性蛋白含量的影响

如图3所示,随持续干旱的进行,铁坚油杉叶片可溶性蛋白含量呈增加的趋势。7d 时和 14d 时可溶性蛋白含量与 0d 时可溶性蛋白含量相差不大,21d 和 28d 时相对 0d 时增加了 31.46% 和 36.26%。方差分析表明,铁坚油杉幼苗可溶性蛋白含量在 7d 与 14d 时差异不显著外,其他各时间段之间均存在显著性差异($p<0.05$)。

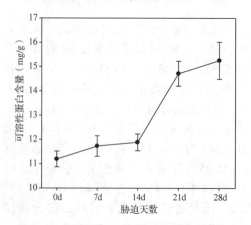

图3　持续干旱对可溶性蛋白含量的影响

2.4　干旱胁迫对幼苗叶片 SOD 活性的影响

如图4所示,铁坚油杉幼苗叶片 SOD 活性表现出随干旱胁迫的延长而降低的趋势。在干旱第 7d,SOD 活性略有下降,变化幅度为 0d 的 4.78%,在干旱第 14d 时,SOD 活性急剧下降,变化幅度为 0d 的 48.01%,在第 21d 和 28d 时继续缓缓下降。铁坚油杉幼苗叶片 SOD 活性在干旱胁迫 7d 与 0d 差异性不显著,干旱胁迫 14d、21d、28d 与 0d 和 7d 叶片 SOD 活性存在显著性差异($p<0.05$)。

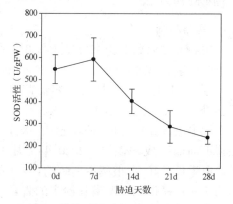

图4　持续干旱对 SOD 活性的影响

2.5　干旱胁迫对幼苗叶片游离性脯氨酸含量的影响

如图5所示,铁坚油杉幼苗叶片游离性脯氨酸(Pro)含量在受到干旱胁迫后即开始升高,到 21d 时含量达到最高,在干旱胁迫末期,游离性脯氨酸含量最终下降。方差分析表明,铁坚油杉幼苗叶片游离性

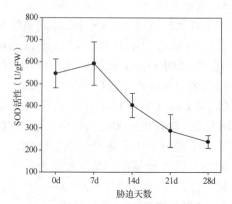

图5　持续干旱对 Pro 含量的影响

脯氨酸含量在干旱胁迫 0d 和 7d、21d 和其他时间段均存在显著性差异（$p<0.05$）。

3 结论和讨论

本研究中，铁坚油杉幼苗叶片叶绿素 a 和 b 含量表现出先上升后降低的趋势，类胡萝卜素基本持平。植物幼苗叶绿素总含量随着干旱胁迫时间延长可能下降（刘菲等，2018），也可能出现升高（邹春静等，2003），本研究与夏腊梅在干旱胁迫下表现出相类似的特征，轻度干旱的幼苗叶绿素含量持续下降，而中度和重度干旱的幼苗由于相对含水量的迅速下降导致叶绿素浓度在胁迫中期出现显著上升（朱琳，2014）。本研究中光合色素含量下降、上升、下降、上升的现象可能与叶片的相对含水量有关，在干旱初期，干旱的环境降低植物光合色素合成酶的活性，从而抑制光合色素的合成导致叶片中光合色素质量分数的降低，在干旱中期，由于叶片相对含水量的急剧减少导致了光合色素含量的上升，在干旱后期随叶片相对含水量的稳定光合色素含量继续减少，干旱末期光合色素含量略上升可能与叶片相对含水量降低相关。

细胞膜相对透性的大小和 MDA 含量的高低是反映细胞膜破坏程度和膜脂过氧化作用强弱的重要指标（陈少裕，1989）。植物在受到逆境胁迫时膜脂过氧化作用加剧，细胞膜透性增大，MDA 含量增加（王宇超，2010）。本研究中铁坚油杉幼苗叶片 MDA 含量先升高后降低，表明其在干旱胁迫初期（7d）即受到干旱胁迫的伤害，此时铁坚油杉幼苗叶片膜脂过氧化作用急剧增强，而随着干旱时间延长 MDA 含量持续降低，可能是因为前期铁坚油杉幼苗的抗旱锻炼对干旱胁迫形成适应性。

植物体内的可溶性蛋白质大多是参与各种代谢的酶类（周桂和李杨瑞，2007），已有大量研究证实干旱会抑制蛋白质的合成并诱导蛋白质降解，从而使植物体内的总

蛋白质含量降低（魏良民，1991；张卫华等，2005）。而本研究随着干旱时间延长，铁坚油杉叶片可溶性蛋白含量不断增加，这与红花玉兰幼苗和小麦幼苗在干旱胁迫下可溶性蛋白质的含量呈增加的趋势相似（于同泉等，1995；桑子阳等，2011）。铁坚油杉幼苗叶片可溶性蛋白含量持续增加可能的原因是，在干旱胁迫下铁坚油杉幼苗体内正常的蛋白质合成受到抑制，但另一些与干旱胁迫有关生理反应启动，引起蛋白质的合成，有关胁迫诱导蛋白产生需要进一步的研究。

SOD 是植物抗氧化保护酶系统第一道防线，是防护氧自由基伤害细胞膜的重要保护酶之一。目前大多数观点认为，干旱胁迫条件下，植物的 SOD 活性呈现先上升后下降的趋势，如马尾松针叶 SOD 活性是先升后降，在干旱胁迫 21d 时达到最高（王好运，2018）。而本研究中铁坚油杉幼苗叶片 SOD 活性随干旱胁迫时间延长而持续降低，这与玉米叶受到干旱胁迫时 SOD 活性持续降低的表现相似（沈秀瑛等，1995）。在干旱胁迫初期，铁坚油杉幼苗活性氧自由基产生与清除平衡，故 SOD 酶活性变化不大，在干旱中后期及末期，由于活性氧自由基产生与清除平衡失调，导致 SOD 酶活性的持续降低。

游离性脯氨酸作为一种无毒的渗透调节物质在细胞质内大量积累，不仅能够降低细胞的渗透势，避免或减轻细胞脱水的可能，并且能够在高渗透环境中获取水分；同时还能增加蛋白质的可溶性（朱虹等，2005）。因此，游离性脯氨酸含量的增加既可以认为是植物受到干旱胁迫的信号（陈少瑜等，2004），也可以认为是植物为了对抗干旱通过合成脯氨酸而提高自身抗逆性的信号（汤章城，1994）。本研究中随干旱胁迫时间延长，铁坚油杉叶片游离性脯氨酸含量呈现先升高后降低的趋势，表明铁坚油杉幼苗在干旱初期及中后期抗逆性逐

渐增强，在干旱胁迫末期抗逆性大幅下降。

在干旱胁迫初期，铁坚油杉幼苗即遭受干旱胁迫的伤害，但随干旱胁迫时间的延长，铁坚油杉幼苗叶片 MDA 含量降低，叶片膜脂过氧化作用逐渐减弱，在干旱胁迫的中后期铁坚油杉幼苗叶片游离性脯氨

酸含量逐渐升高，抗逆性逐渐增强，在干旱胁迫末期其抗逆性大幅下降。铁坚油杉幼苗在干旱胁迫初期可以通过维持保护酶的活性以延缓过氧化伤害，中后期则通过增加渗透调节物质提高其抗逆性，铁坚油杉幼苗能够适应一定程度的干旱胁迫。

参考文献

陈少瑜,郎南军,李吉跃,等,2004.干旱胁迫下3个树种苗木叶片相对含水量、质膜相对透性和脯氨酸含量的变化[J].西部林业科学,33(3):32-33.

陈少裕,1989.膜脂过氧化与植物逆境胁迫[J].植物学通报(4):211-217.

高俊凤,2006.植物生理学实验指导[M].北京:高等教育出版社.

韩庆瑜,刘刚,周麒麟,2009.三峡大老岭保护区铁坚油杉古树直径生长模型研究[J].湖北林业科技(155):1-8.

何劲飞,胡大敏,刘兴虎,等,2018.漳河源自然保护区铁坚油杉种群分布格局研究[J].绿色科技(13):13-15.

李合生,2000.植物生理生化试验原理和技术[M].北京:高等教育出版社.

李加博,韦秋思,吴庆标,等,2017.南亚热带中山区铁坚油杉生物量及碳储量研究[J].湖北林业科技,46(1):14-19.

刘菲,周隆腾,蒋燚,等,2018.不同种源江南油杉幼苗对干旱胁迫的生理响应[J].中南林业科技大学学报,38(11):35-45.

刘学师,宋建伟,任小林,等,2003.水分胁迫对果树光合作用及相关因素的影响[J].河南职业技术师范学院报,31(1):45-48.

潘婷,喻素芳,姚贤宇,等,2017.南盘江流域铁坚油杉种群空间结构特征分析[J].西北植物学报,1414-1421.

彭丛林,向开学,贾碧玉,2016.龙山县铁坚油杉小群落的发展现状与保护措施的探讨[J].现代园艺,3:173-174.

桑子阳,马履一,陈发菊,2011.干旱胁迫对红花玉兰幼苗生长和生理特性的影响[J].西北植物学报,31(1):109-115.

沈秀瑛,徐世昌,戴俊英,1995.干旱对玉米叶SOD、CAT及酸性磷酸醋酶活性的影响[J].

植物生理学通讯,31(3):183-186.

汤章城,1994.植物对环境的适应和环境资源的利用[J].植物生理学通讯,30(6):401-405.

陶伦艳,陈明德,2009..铁坚油杉野生大苗移植驯化栽培简报[J].贵州林业科技,37(1):55-57.

王好运,吴峰,吴昌明,等,2018.马尾松不同叶型幼苗对干旱及复水的生长及生理响应[J].东北林业大学学报,46(1):1-6.

王宇超,王得祥,彭少兵,等,2010.干旱胁迫对木本滨藜生理特性的影响[J].林业科学(10):61-67.

韦秋思,吴敏,黄毅翠,2014.铁坚油杉天然林生长规律的研究[J].西北林学院学报,30(5):140-146.

卫国,徐惠玲,吴庆标,等,2017.广西雅长林区铁坚油杉种群结构分布研究[J].南京林业大学学报(自然科学版),41(3):71-76.

魏良民,1991.几种旱生植物碳水化合物和蛋白质变化的研究[J].干旱区研究,4(31):38-39.

吴际友,程勇,王旭军,等.2007.铁坚油杉无性系嫩枝扦插繁殖效应[J].中国农学通报,23(12):133-135.

于同泉,柴丽娜,刘宗萍,1995.水分胁迫下小麦幼苗可溶性蛋白质的表现与小麦抗旱蛋白之初探[J].北京农学院学报,10(1):27-29.

张卫华,张方秋,张守攻,等,2005.3种相思幼苗抗旱性研究[J].林业科学研究,15(6):695-700.

周桂,李杨瑞,2007.植物干旱诱导蛋白的研究进展[J].广西农业科学,38(4):379-385.

朱虹,祖元刚,王文杰,等,2009.逆境胁迫条件下脯氨酸对植物生长的影响[J].东北林业大学学报,37(4):86-89.

朱琳,2014.夏蜡梅幼苗耐旱性研究[M].南京林业大学.

邹春静,韩士杰,徐文铎,2003.沙地云杉生态型对干旱胁迫的生理生态响应[J].应用生态学报(9):1446-1450.

智慧管理系统在上海植物园盆景园应用初探
Application of Intelligent Management System for Penjing Garden in Shanghai Botanical Garden

王玥明[1]

（1. 上海植物园,上海,200230）

WANG Yue-ming[1]

（1. *Shanghai Botanical Garden*, *Shanghai*,200230）

摘要:盆景园是展示盆景植物的专类园,具有不同于普通公园的特点。上海植物园盆景园智慧管理系统经过三年的搭建和测试,已经进入试运行阶段,在植物园盆景专类园的智慧管理和公众服务两方面发挥巨大的作用。该系统既能实时统计入园游客,具有盆景科普和地图导览等功能,同时可以对园内数量巨大的重要生物资产进行监管,有效记录养护历史,对今后盆景的科学管养和艺术创作奠定基础。

关键字:盆景,智慧管理,智慧公园

Abstract:Penjing garden is a special garden for displaying Penjings, and is different from ordinary gardens. After three years of construction and testing, the intelligent management system for Penjing garden in Shanghai Botanical Garden has entered the trial operation stage, and it is playing a great role in management and public service. The system is not only counting real-time statistics of visitors in the garden, but also has the functions of Penjing popularization and map guidance. At the same time, it can supervise a large number of important biological assets in the garden, and effectively records the maintenance history. It lays a foundation for the scientific management and artistic creation of Penjing in the future.

Keywords:Penjing, Intelligent management system, Intelligent garden

2009 年,以物联网为重要基础,赋予各类物品感知功能从而产生"智慧",基于此产生的"智慧城市"的理念首次被 IBM 公司正式提出,快捷高效的实现物与物、物与人、人与人的互联互通和相互感知,是"智慧城市"的发展愿景。"智慧城市"的建设,能够带来更有效的数据整合,更好的业务协同和更强的创新发展(党安荣等,2011)。

1 智慧公园的建设由来

截至 2018 年初,中国 95%的副省级城市、83%的地级城市,总计超过 500 个城市均在规划或正在建设智慧城市(郭叶铭,

2018),智慧公园作为智慧城市生态子系统,可以为智慧城市提供植物资源收集、公众游览观赏、生态环境保护、休憩锻炼行为等方面的专业数据,智慧公园的建设正在逐渐受到越来越多的关注和重视。

2 上海植物园盆景园的发展

1984 年筹建的上海植物园风景秀美,各专类园各具特色,其中以盆景园最具代表性(王娟,2014)。上海植物园珍藏的2000 余盆海派盆景,历史悠久,资源丰富,历经几代大师养护,成为行业内的金字招牌。盆景园经过多次改建,其基础设施不

断翻新,游览路线不断优化,盆景展陈形式不断充实,2017年完成最新一次改建后,完善了以上海盆景博物馆为主的室内科普场地,配合室外盆景的园林式展陈设计(徐昌朋,2019),不仅能够展现盆景艺术文化的传承和发展状况,还是盆景艺术交流学习的重要平台(赵宇丹,2018)。其内部空间提供了展示盆景作品的窗口,具有重要的功能需求与展陈诉求,更可以盆景艺术与当代技术相结合,使盆景艺术走近普罗大众,丰富群众精神文化生活,为盆景科普提供广阔天地。这也是盆景园管理和建设的重要目标。

图1 上海植物园盆景园

改建完成投入使用后盆景园,在开放过程中逐渐发现了问题。一是在设计建造过程中,主要为展示盆景艺术的美,设计偏重于景观空间的营建,是一种相对"静态"的游园方式。在新时代盆景园的发展中,越来越多的游客表现出了希望与盆景、盆景技师有更多互动机会的需求,对盆景园进行深度游览和学习。原有的服务设施已经不能满足游客的需要,亟待丰富更为多样、更智能化、更具人性的智慧服务。二是园区盆景安照游览园路摆放,在一定程度上提高了美观性,但因数量较多,不便园方逐一进行建档管理,且原盆景档案虽已由纸质版本改成电子表格,依然存在不少弊病,如极其依赖记录者巡查发现问题,记录

较杂乱,调取不够方便等。以上两个方面的问题,已经成为盆景园提高精细化管理水平,发扬传承海派盆景的阻碍。

3 盆景园智慧管理系统

3.1 开发情况

2018年为提高盆景园盆景管理和科普科研水平,在上级主管部门上海市绿化和市容管理局的支持下,上海植物园申请了专项资金用于开发上海植物园盆景园管理及公众服务系统。2020年系统搭建完成,进行了内部测试。2021年又对系统软件硬件和配套资产进行升级,已经进入试运行阶段,即将正式投入使用,该系统在盆景智慧管理和公众服务两方面具有极大的发展潜力。

图2 盆景园智慧系统主页面

整个管理系统是由智慧管理系统和智慧服务系统两部分组成,智慧管理系统包括盆景监测、智慧管养、智慧安防等。智慧服务系统包括智慧导览、设施互动、智慧服务等方面。

3.2 智慧管理系统

智慧管理系统将盆景园2000余盆盆景与百余古盆纳入管理范围,实现实时监管盆景数量、盆器数量、配件资产数量,利用GPS定位和人员巡检,记录盆景生长状况和管养操作。在智慧系统框架内,对盆景日常维护进行记录,包括对盆景的养护

操作和盆景生长状况等,并进行大数据分析,从而实现盆景的科学分区分级,以实现养护精细化程度升级,资金人员配置升级。

过往盆景管理中存在的问题,较为突出的是盆景创作和养护十分依赖传统模式,难以科学地进行定量定点作业。以最日常的盆景浇水为例,主要依靠盆景技师自己的工作经验,对盆景进行定时定量的浇灌,肉眼观察较难根据土壤内部的实际干湿度以及不同植物类型的真实需水量给予合适的水量,造成水资源的浪费,影响盆景生长。这种浇水的办法完全依赖盆景技师的业务水平和责任心,一定程度上影响了近年来海派盆景面貌的对外形象,同时也难以对每一位盆景技师作业量进行合理统计。在上级主管部门逐步推广园林绿化行业精细化管理的背景下,传统的手工计数无法对数据进行有效的处理,查询、计算和考核工作量都有困难,难以形成全行业推广的管理模式,也就无法共享管养经验,成为了盆景精细化科学高效管理的巨大障碍。

通过智慧管理系统的使用,对盆景管理进行革新。盆景技师可以在系统内记录每天工作数据,将修建、打药、除草、翻盆、施肥等基础操作逐一登记,后台汇总后形成更为直观的图表,量化盆景技师日常工作量,实现工作量化分级和科学考评。在整合园区内所有技师工作的技术上,可以通过系统测算盆景养护经费,为行业申请必要的财政养护经费提供依据,规范和引导行业健康发展。系统还可以及时记录盆景物候、获奖记录、改作历史等信息,掌握盆景生长第一手资料,实现资料的数据化、可视化。通过结合分析物候记录与盆景管养过程中的系列操作,包括盆景施肥、病虫害防治、修剪等工作,为每年的正常修剪养护提供更为科学的依据和理论支撑。譬如盆景的施肥工作,不同的施肥处理对包括紫藤、垂丝海棠、豆梨在内的春季开花盆景

生长和开花有不同的影响,就需要经过一定量的数据积累,更为准确地预判盆景生长造型和物候,以便更为有效地管理养护。智慧管理系统也可以参与科研课题工作,分析与完善实验步骤,提高盆景管养科技含量。

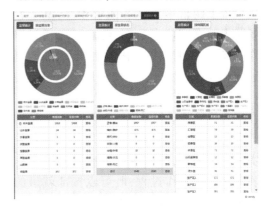

图3　盆景维护记录

3.3　智慧服务系统

作为以盆景为主要展示科普对象的专类园,盆景园具有受众特殊、功能多样、特征明显的特点。基于此而建立的智慧服务系统,主要从智能导览、智能科普、智能设施等几个层面,为盆景园的功能和定位服务。借助智慧服务系统能够实现盆景科普升级,统筹盆景展示效果与游览路线规划等技术工作,提升游客游园体验。结合现代展示手法,拉近盆景和游客的距离,为一盆盆不能说话的艺术品代言,让他们的故事更深入人心。

以前盆景园内的导览科普媒介单一,仅在入口处发放宣传折页,园区重要盆景处设立介绍牌。介绍牌数量较少,内容以文字为主,较为单薄乏味。经过硬件系统与智慧服务系统得双提升,盆景园的科普服务渠道变得更多元,内容也更丰富。首先,盆景的介绍牌现在更改为更小巧古典的造型,悬挂于盆景枝干上。重点盆景介绍牌兼具文字和二维码,扫码可以了解更多的盆景故事,还有对应的视频音频讲解。普通盆景介绍牌涵盖了盆景的树种、树龄

等基础内容,做到了园区盆景全覆盖。在盆景园内多处点位,还可通过手机扫码打开 AR 虚拟游园导览,提供私人化的讲解服务,实现智慧导览。

　　盆景园内的上海盆景博物馆,在入口处设置了两台多媒体智能触摸屏,基于盆景园内的真实信息数据,游客可以通过操作触摸屏,查询盆景园内的主要景点、游览地图和推荐路线等。馆内利用全息投影技术,对著名盆景进行实景重现,使游客可以在屏幕前尽览盆景秀色。博物馆正在计划开发的,还有基于历史资料基础上的盆景实景制作过程,请游客通过虚拟动画参与著名盆景的制作过程,既可以按部就班的完善经典盆景,也可以推陈出新更改原有设计,让游客更好地了解珍贵盆景是如何制作而成的。在盆景园智慧服务系统的帮助下,将百年时光浓缩于一瞬,展现海派盆景技艺和创作手法,增加盆景科普的丰富性和互动性。

4　智慧系统发展展望

　　经过一段时间的试运行,盆景园智慧

系统在盆景管理和公众服务两方面都具有较好的适应性,也具有非常大的发展前景。在盆景管理方面,可以应用更全面的园艺管理配套资产,为重点盆景量身定做管理器材,实时监控盆土湿度、光照条件等,实现人工+自动喷淋、补光、遮光、除虫等操作,预见性地为盆景管理、养护、创作等提供技术支撑,实现技术创新、手法创新、设计创新,为精品盆景代代相传提供保障。公众服务方面,还可以利用信息技术对传统服务设施进行迭代更新,提升路灯、监控、入园闸机等硬件设施的智能化程度,赋予其人性化的服务功能(张洋等,2020)。在现有基础上继续丰富盆景园实时智慧导览和科普媒介,扩容盆景园服务系统内涵,为盆景园智慧系统搭建更广阔的应用平台。

图 4　著名盆景的维护记录

参考文献

党安荣,张丹明,陈杨,2011. 智慧景区的内涵与总体框架研究. 中国园林,27(9):15-21.

郭叶铭,2018. 银江股份智慧生态圈业务发展战略研究[D]. 兰州:兰州理工大学.

王娟,2014. 上海植物园的特色名片:海派盆景. 南方农业,8(21):56-58.

徐昌朋,2019. 上海植物园盆景园现状分析与景观改造实践[J]. 上海农业科技(4):80-81.

张洋,夏舫,李长霖,2020. 智慧公园建设框架构建研究——以北京海淀公园智慧化改造为例. 风景园林,27(5):78-87.

赵宇丹,2018. 盆景专类园景观设计策略研究——南通盆景大观园设计实践. 贵州林业科技,46(2):54-57+2+65.

常用兰花栽培基质的理化性质研究
Study on Physicochemical Property of Common Growing Media of Orchids

王苗苗[1]　于天成[1]

（1. 北京市植物园管理处，北京市花卉园艺工程技术研究中心，
城乡生态环境北京实验室，北京，100093）

WANG Miao-miao[1]　YU Tian-cheng[1]

（1. *Beijing Botanical Garden Administrative Office*，*Beijing Floriculture Engineering Technology Research Centre*，*Beijing Laboratory of Urban and Rural Ecological Environment*，*Beijing*，100093）

摘要：为探讨不同习性的兰科植物所适合的无土栽培基质类型，对兰科植物常用的栽培基质，包括 8 种单一基质和 8 种混合基质的理化性质进行了测定。结果表明：8 种单一基质中，水苔、珍珠岩属于低容重基质，火山岩、仙土属于高容重基质；8 种单一基质总孔隙度在 52.42% ~ 94.78%；水苔大小孔隙比最小为 1∶1.91，火山岩最高为 1∶0.2。8 种混合基质中，T_1 ~ T_5 为低容重基质，T_6 ~ T_8 为中容重基质；T_1 总孔隙度最大为 88.67%，T_8 总孔隙度最小为 60.36%；大小孔隙比在 1∶0.84 ~ 1∶0.26。基质淋洗后 EC 值降低，pH 值近中性。混合基质在理化性质上均优于单一基质，更加利于兰花的生长。

关键词：兰花，无土栽培，基质，理化性质

Abstract：In order to explore the suitable soilless culture substrates for orchids with different habits, the physicochemical property of the common growing media, including 8 kinds of single medium and 8 kinds of mixed media, were studied. The results showed that among the 8 kinds of single medium, sphagnum moss and perlite belonged to low volume-weight, while volcanic rock and fairy soil belonged to high volume-weight. The total porosity of the 8 kinds of single medium ranged from 52.42% to 94.78%. The minimum of pore ratio of ventilation and water retention in sphagnum moss was 1∶1.91, and the maximum in volcanic rock was 1∶0.2. Among the 8 mixed media, the first five (T_1 ~ T_5) media were low volume-weight, and the other three (T_6 ~ T_8) were medium volume-weight. The maximum total porosity of T_1 was 88.67%, and the minimum total porosity of T_8 was 60.36%. The pore ratio of ventilation and water retention was from 1∶0.84 to 1∶0.26. After leaching, EC value decreased and pH value was near neutral. Mixed media were better than single medium in physicochemical property, and better for the orchid growth.

Keywords：Orchids，Soilless culture，Media，Physicochemical property

最早的无土基质栽培始于 19 世纪 60 年代，Boussingauit Saim 利用砂砾、石英或活性炭栽培燕麦，得到植物生长所需要的 N、P、K、Ca、Mg、Fe 等营养物质的证据（周跃华等，2005）。历经一百多年的发展，目前，无土栽培基质主要有两大类，一类是有机质，包括树皮、椰壳（椰糠）、泥炭、木炭、水苔、稻壳、锯木屑、菇渣等；另一类是无机基质，包括珍珠岩、蛭石、火烧土、轻石、植金石、陶砾、岩棉、石砾、炉渣等。

基质理化性质可直接影响植物根系的生长和发育，是评价基质的标准参数。常

用的理化指标有:容重、总孔隙度、通气孔隙度、持水孔隙度、电导率(EC)、酸碱性(pH)。容重反映基质的轻重,容重过大则基质紧实,通气透水性差,容重过小则基质疏松,透气透水良好,但锚根性差。总孔隙度为通气孔隙度和持水孔隙度之和,反映了基质中空气和水分的容纳空间总和。通气孔隙一般指孔隙直径在 1mm 以上,灌溉后的溶液不会吸持在这些孔隙中而随重力作用流出的那部分空间。持水孔隙一般指孔隙直径为 0.001~0.1mm 的孔隙,水分在这些孔隙中会由于毛细管作用而被吸持,充满孔隙。电导率(EC)是栽培基质重要的化学性状,它反映了基质中可溶性盐分含量,EC 值过高或过低均会阻碍植物的生长。酸碱性用 pH 表示,栽培基质的 pH 值应相对稳定,以弱酸或中性为最佳(郭世荣,2005)。

目前,国内对栽培基质的研究主要集中在农作物和部分园艺作物,花卉(尤其是兰花)栽培基质方面研究报道不多,兰花的无土栽培基质研究大多针对单一种类进行(尤毅等,2011)。植物根系类型不同,对栽培基质要求不同。大多数兰花属于肉质根,对基质透气、保水性要求比较高。若基质容重过重、通气不良、湿度过大等则极易引起兰花渍水、烂根甚至死亡。

1 材料与方法

1.1 试验材料

选取国内外兰花栽培中常用的 8 种单一基质(表1),并通过不同组合与配比得到 8 种混合基质(表2)。

表1 8种单一基质

基质名称	基质大小	来源
木炭	7~12mm	群芳木炭粒
树皮	6~12mm	新西兰进口 Orchiata 树皮
轻石	6~12mm	园艺轻石,市场规模化供应
火山岩	5~10mm	园艺火山岩,市场规模化供应
植金石	6~12mm	日本进口柏帆牌植金石

(续)

基质名称	基质大小	来源
仙土	6~12mm	荷王牌仙土
水苔	—	智利产 A 级水苔
珍珠岩	5~10mm	园艺珍珠岩,市场规模化供应

表2 8种混合基质

编号	基质配比
T_1	$V_{水苔}:V_{珍珠岩}=1:1$
T_2	$V_{树皮}:V_{水苔}=1:1$
T_3	$V_{树皮}:V_{水苔}=7:3$
T_4	$V_{树皮}:V_{水苔}:V_{珍珠岩}=5:3:2$
T_5	$V_{树皮}:V_{水苔}:V_{珍珠岩}=7:2:1$
T_6	$V_{树皮}:V_{植金石}:V_{仙土}=1:1:1$
T_7	$V_{木炭}:V_{树皮}:V_{植金石}:V_{仙土}=1:1:1:1$
T_8	$V_{树皮}:V_{火山岩}:V_{轻石}:V_{仙土}=1:1:1:1$

1.2 实验方法

1.2.1 物理性质测定

容重、孔隙度测定方法:参照《无土栽培技术与原理》中常见固体基质物理性质测定方法(连兆煌,1994)。

1.2.2 化学性质测定

基质 EC 值和 pH 值的测定方法有很多,如基质与水之比 1:2(v/v)或 1:5(v/v),饱和浸提法(SME)(杨振华,2008),电位法(丁桂花等,2012),淋洗置换法(PT)(王清奎等,2003;么焕英,2007),"一条龙"测定方法(荆延德和张志国,2002),渗透法等,没有统一的测定标准。本试验采用淋洗置换法(PT)。

未淋洗的风干基质:称取 10g,加蒸馏水 50ml,振荡 30min,测定原始状态下基质 EC 值和 pH 值(张启春,2013)。水苔、珍珠岩和混合基质 T_1 分别加蒸馏水 200ml。

淋洗后的基质:将待测基质置于可收集淋洗液的花盆底盘等宽口容器上,缓缓倾注 100ml 蒸馏水,收集淋洗液。静置 60min,待淋洗液与基质中各项因子平衡后再进行测定。将收集到的淋洗液倒入合适的小烧杯容器,测定 EC 值和 pH 值(王振波等,2016)。

电导率 EC 值:采用 Nieuwkoop EPH-119 型电导率仪。

酸碱度 pH 值:采用 Sartorius PB-10 型酸度计。

2　结果与分析

2.1　单一基质物理性质

由表 3 可知,不同基质的容重各不相同,水苔容重最低,仅为 0.04g/cm³,火山岩最高为 0.81g/cm³。一般认为,小于 0.25g/cm³ 属于低容重基质,0.25～0.75 g/cm³ 属于中容重基质,大于 0.75g/cm³ 属于高容重基质,容重为 0.1～0.8g/cm³ 植物栽培效果较好(郭世荣,2011)。水苔、珍珠岩属于低容重基质,火山岩、仙土属于高容重基质,其它基质为中容重基质。除水苔、珍珠岩、火山岩外,其他 5 种基质的容重均在适宜范围之内。栽培中通常要求基质的总孔隙度为 54%～96%(郭世荣,2005)。8 种单一基质的总孔隙度由大到小依次为:水苔>植金石>木炭>轻石>珍珠岩>火山岩>树皮>仙土。除仙土总孔隙度略低外(52.42%),其余均在合适范围内。通气孔隙和持水孔隙比(即大小孔隙比)反映基质中气、水间的状况,是衡量基质好坏的重要指标。在这 8 种基质中,火山岩大小孔隙比最大为 1∶0.2,表明通透性强、持水力较弱;而水苔比值最小为 1∶1.91,表明持水力强、通透性较弱。

表3　8 种单一基质的物理性质比较

基质名称	容重/(g/cm³)	总孔隙度(%)	通气孔隙度(大)(%)	持水孔隙度(小)(%)	大小孔隙比
木炭	0.28	73.90	51.90	22.00	1∶0.42
树皮	0.34	61.34	48.92	12.42	1∶0.25
轻石	0.35	67.13	50.03	17.10	1∶0.34
火山岩	0.81	63.02	52.39	10.63	1∶0.2
植金石	0.40	74.37	45.66	28.71	1∶0.63
仙土	0.79	52.42	42.48	9.94	1∶0.23
水苔	0.04	94.78	32.55	62.23	1∶1.91
珍珠岩	0.07	65.49	44.42	21.07	1∶0.43

2.2　单一基质淋洗后的 EC 值和 pH 值变化

EC 值过低则基质没有养分,过高则会构成根系渗透逆境。当 EC 值小于 0.5mS/cm,基质几乎没有肥力,必须施肥;EC 值大于 1.3mS/cm 时,需淋洗盐分(郭世荣,2005)。从图 1 可知,8 种单一基质淋洗前 EC 值为 0.08～0.59mS/cm,淋洗后 EC 值均有不同程度地降低,木炭 EC 值降幅最大为 0.26mS/cm,其余降幅在 0.1mS/cm 以内。淋洗后基质的 EC 值均低于 0.5mS/cm,因此使用这些基质栽培兰花时必须施肥。

无土基质的酸碱性应保持相对稳定,最好呈中性或微酸性。过酸、过碱都会影响营养液的平衡和稳定(郭世荣,2011)。由图 2 可知,酸性基质有水苔、仙土、植金石、树皮,中性基质只有轻石,碱性基质有珍珠岩、火山岩、木炭。淋洗后基质的 pH 值有不同的变化。水苔、仙土和树皮有所增加;火山岩和轻石变化微小,仅增加了 0.02 和 0.03;珍珠岩、木炭、植金石淋洗后 pH 略有降低。淋洗可以适当改变基质的 pH 值,使其趋于中性。

2.3　混合基质物理性质

由表 4 可知,不同类型的混合基质容重在 0.05～0.54g/cm³,除 T₁ 外,其它组合均在合适范围内。8 种混合基质的总孔隙

度从大到小依次为 $T_1 > T_2 > T_3 > T_4 > T_5 > T_6 > T_7 > T_8$。总孔隙度为 60.36% ~ 88.67%，均符合栽培基质的总孔隙度要求。研究表明，针对大多数植物大小孔隙比在 1:(2~4)范围内为宜(郭世荣,2005)，这 8 种混合基质大小孔隙比均大于此值，分析原因为兰科植物根系多为肉质根，需要基质具有较强的透气性。

表4　8种混合基质的物理性质比较

编号	容重 (g/cm³)	总孔隙度 (%)	通气孔隙度 (大) (%)	持水孔隙度 (小) (%)	大小孔隙比
T1	0.05	88.67	49.60	39.07	1:0.79
T2	0.20	80.90	44.04	36.86	1:0.84
T3	0.26	77.50	50.13	27.37	1:0.55
T4	0.21	75.17	43.14	32.03	1:0.74
T5	0.23	74.09	45.30	28.79	1:0.64
T6	0.5	67.89	41.52	26.37	1:0.64
T7	0.43	62.21	44.80	17.41	1:0.39
T8	0.54	60.36	47.59	12.27	1:0.26

2.4　混合基质淋洗后的 EC 值和 pH 值变化

从图3可以看出，不同混合基质淋洗前 EC 值为 0.09~0.26mS/cm，淋洗后明显下降，下降幅度为 0.05~0.13mS/cm。T_2 淋洗前 EC 值最高 0.26mS/cm，淋洗后其下降幅度亦最大。8 种混合基质淋洗前后 EC 值均小于 0.5mS/cm，使用这些基质栽培兰花时必须施肥。

从图4可以看出，8 种混合基质淋洗前

pH 值为 5.16~7.24，除 T_7 为弱碱性外，其它均为酸性。淋洗后 pH 值均有不同程度的增加，pH 值为 6.56~7.37，均在兰科植物栽培基质的适合范围内。淋洗后混合基质中杂质减少，酸碱适中，适合大部分兰花对基质的要求。

3　结论与讨论

在生产商品兰花(如蝴蝶兰和石斛)时，通常会选用水苔这一单一基质来栽培，以达到降低成本、短期栽培、快产快销的目的。但在实际栽培中，尤其在温带地区使用时，因水分蒸发较慢，常积水烂根，且水苔易发生酸化，需要定期换盆。试验中以水苔为基础添加透气性强的珍珠岩，进行 1:1 配比获得混合基质 T_1，其容重、总孔隙度、通气孔隙度和大小孔隙度比的数值介于单一基质之间，有着较轻的容重、较好的通气性和保水力，可作为商品兰花的改良基质或喜水型兰花的栽培基质。

单一树皮和水苔在持水力或透气性上存在缺点，不适合单独使用。因此，通过不同配比实现基质改良。在树皮、水苔的混合基质中，随着树皮比例加大，基质的通气性得到改善，通气孔隙度从大到小依次为 T_3(50.13%) > T_2(44.04%) > 水苔(32.55%)。随着水苔比例增加，保水力得到改善，持水孔隙度从大到小依次为 T_2(36.86%) > T_3(27.37%) > 树皮(12.42%)。继续对上述混合基质进行改良加入珍珠

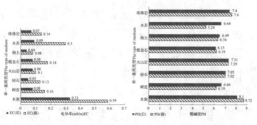

图1　基质淋洗后 EC 值变化　　图2　基质淋洗后 pH 值变化

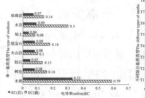

图3　混合基质淋洗后基质 EC 值变化

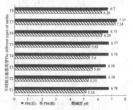

图4　混合基质淋洗后基质 pH 值变化

岩,此时珍珠岩占据了树皮间的较大孔隙,混合基质的通气孔隙度略有降低,T_4(43.14%)<T_2(44.04%),T_5(45.30%)<T_3(50.13%),但得到了适宜的大小孔隙比,分别为T_4(1∶0.74)和T_5(1∶0.64)。

单一火山岩和仙土容重大、持水力弱,需混合其他基质使用。在与树皮、植金石、轻石、木炭混合后,三种混合基质均为中容重基质,且总孔隙度为60%~70%。三种混合基质的总气孔隙度从大到小依次为:T_6>T_7>T_8,通气孔隙度则相反。

本试验中混合基质T_1~T_5属于低容重基质、持水性好,适合需水量大、营养生长旺盛的兰花,如捧心兰属(*Lycaste*)、安古兰属(*Anguloa*)、石豆兰属(*Bulbophyllum*)等;混合基质T_6~T_8属于中容重基质、透气性好、不易板结,方便休眠期控水,适合有明显休眠期的兰花,如双柄兰属(*Bifrenaria*)、卡特兰属(*Cattleya*)、冬季落叶类的石斛属(*Dendrobium*)等。T_7适合石灰岩产区的兰花,如古德兜兰(*Paphiopedilum good-froyae*)、虎克兜兰(*Paph. hookerae*)等,且木炭具有较好的透气性,并能吸附基质中的有害物质。

兰科植物大多原产热带、亚热带地区,当地土壤与水分pH值多在5.2~6.0(陈心启和吉占和,1997)。由于施用的营养液多为酸性,会影响基质的酸碱度,所以兰科植物栽培基质的pH值以弱酸至中性为宜。试验表明栽培基质淋洗后pH值接近中性,建议基质使用前进行淋洗。

实际应用中,可遵循"大植株大颗粒,小植株小颗粒"的原则,选用适合的基质。同时,可分层添加基质,大颗粒基质可垫底有助于排水,小颗粒基质可铺面有助于保水。配制混合基质时宜选2~4种,充分利用不同基质的特性进行科学合理搭配,来满足不同兰花的生长需求。

近年来,人们不断加大有机废弃物、农业废弃物等在兰花栽培基质中的应用。李丽辉等研究表明菌渣和腐熟的水稻秸秆可代替泥炭作为兰花的无土栽培基质(李丽辉等,2019)。今后越来越多的低成本、材料来源广泛、性状稳定的环保型人工合成基质将被研发和应用。

参考文献

陈心启,吉占和,1997. 中国兰花全书[M]. 北京:中国林业出版社.

丁桂花,王剑,李卫东,等,2012. 适于亚热带区域兰花栽培基质筛选研究[J]. 中国农学通报,28(34):224-229.

郭世荣,2005. 固体栽培基质研究、开发现状及发展趋势[M]. 农业工程学报,21(增刊):1-4.

郭世荣,2011. 无土栽培学[M]. 北京:中国农业出版社.

荆延德,张志国,2002. 栽培基质常用理化性质"一条龙"测定法. 北方园艺[J],3:18-19.

李丽辉,胡瑶,雷星宇,等,2019. 农业废弃物在兰花栽培基质中的应用研究[J]. 农业科技,20(3):22-25.

连兆煌,1994. 无土栽培技术与原理[M]. 北京:中国农业出版社.

王清奎,黄玉明,张志国,2003. PT法-基质理化性质的快速测定方法[J]. 北方园艺,1:40-41.

王振波,钟淮钦,林兵,2016. 国兰栽培基质理化性质快速检测方法[J]. 福建农业科技,10:18-20.

杨振华,2008. 蝴蝶兰栽培基质的研究[D]. 北京:北京林业大学.

么焕英,2007. 应用Pour-through介质溶液测定法于以水草栽培之蝴蝶兰[D]. 台北:台湾大学.

尤毅,孙映波,吕复冰,等,2011. 切花文心兰无土栽培基质的优化筛选[J]. 广东农业科学,14:43-46.

张启春. 2013. 不同肥料配施对西瓜生长发育和栽培基质的影响[D]. 河南:河南科技大学.

周跃华,聂艳丽,赵永红,等,2005. 国内外固体基质研究概况[J]. 中国生态农业学报,13(4):40-43.

重庆地区川山茶古树资源调查及保护现状分析
Investigation and Protection of Ancient *Camellia* Tree Resources in Chongqing Area

周利[1]　李玲莉[2,3]　宋春艳[1]　尹有惠[1]　谭崇平[1]

(1. 重庆市南山植物园管理处,重庆,400065;2. 重庆市风景园林科学研究院,
重庆,401329;3. 重庆市城市园林绿化工程技术研究中心,重庆,401329)

ZHOU Li[1]　LI Ling-li[2,3]　SONG Chun-yan[1]　YIN You-hui[1]　TAN Chong-ping[1]

(1. *Chongqing Nanshan Botanic Garden Administration Center*, *Chongqing*, 400065;
2. *Chongqing Landscape and Gardening Research Institute*, *Chongqing*, 401329;
3. *Chongqing Urban Landscape Engineering Technology Research Center*, *Chongqing*, 401329)

摘要:通过对重庆地区川山茶古树资源调查发现,重庆地区现有川山茶古树均为栽培古树,源于20世纪初私家园林、公园和学校的建设而留存至今。集中分布于重庆南山植物园、西山公园、沙坪公园和西南大学内,古茶树品种有29个。除南山植物园和西山公园外,其他两个地点的古茶树长势存在不同程度的衰弱,亟需制定重庆地区川山茶古树的专项保护措施,防止古山茶种质资源的流失。

关键词:川山茶,古树,品种

Abstract:Through the investigation of ancient camellia trees in Chongqing area, it was found that the existing ancient camellia trees in Chongqing area were all cultivated, most of them were planted for the construction of private gardens, parks and schools in early last century, and had been preserved till now. There are 29 varieties of ancient camellia trees distributed in Nanshan Botanical Garden, Xishan Park, Shaping Park and Southwest University in Chongqing. Except for Nanshan Botanical Garden and Xishan Park, the growth of ancient camellia trees in the other two sites were slowed down and had varying degrees of weakness. Therefore, it was urgent to propose and set up special protection plans for ancient camellia trees in Chongqing area to prevent the loss of ancient camellia resources.

Keywords:*Camellia szechuanensis*, Ancient tree, Variety

　　四川山茶又称为川山茶(*Camellia szechuanensis*),作为我国五大山茶花品系之一,因其主要分布在川渝地区而得名。该地区常年湿润多雨,相对空气湿度大,全日照天数少,使得川山茶树姿挺拔秀丽,叶片终年长青,严冬顶霜怒放,在中国茶花中独具一格,具有很高的观赏价值和生态价值。据上海著名园艺家黄德邻老先生论断"我国茶花起源于青藏高原,后分南北两支,南支发展为云南山茶,北支发展为四川山茶,嗣后四川山茶沿长江流域向东发展,又形成了华东山茶。中国山茶种是以川茶花为主、江南山茶为次的中国长江流域山茶种。它是世界上最古老、最进化、最典型、最完美的观赏植物祖先种"(周利,2011)。可见,川山茶在我国山茶发展史上具有重要

　　基金项目:重庆市科技计划项目(No. cstc2011pt-gc80019),重庆市建设科技项目"川山茶古树资源调查与保护利用研究"(城科字 2019 第 1-4-4)资助。

地位和作用。

1986 年 7 月,原四川省重庆市第十届人民代表大会常务委员会第十九次会议就已经确定川山茶为重庆市花,川山茶作为川渝地区特有的山茶资源,其栽培历史距今已有 1800 多年。古茶树是指生长百年以上,具有一定文化背景的老树(游慕贤,2002)。川山茶古树资源在重庆地区的分布情况和保护现状,不仅体现了茶花文化在重庆地区的传承和历史文脉的延续,还彰显了重庆"山水之城,美丽之地"的人文特色。本文详细陈述了重庆地区川山茶古树的分布情况和保护现状,以期为重庆地区川山茶古树资源的保护和利用提供参考。

1 试验材料与方法

在查阅资料的基础上,结合重庆市第四次古树名木普查资料,确定 8 个川山茶古树主要分布地点。在实地调查过程中,测定每棵古树的树高、地径、冠幅等指标,花期采集照片。

2 结果与分析

2.1 川山茶古树主要分布地点

对 8 个主要试验地点进行实地调查发现,重庆地区川山茶古树集中分布于南山植物园、西山公园、沙坪公园和西南大学,占总量的 95% 以上,在鹅岭公园、花卉园、重庆抗战遗址博物馆、缙云山自然保护区、缙云寺和私人苗圃有少量栽植。现对川山茶古树集中栽植地点进行介绍。

2.1.1 重庆市南山植物园山茶园

南山植物园建于 1959 年,是在原民国时期留法医生汪代玺的私家花园基础上改建而成,山茶专类园于 2004 年 3 月建成并对外开放。因山茶花为重庆市花,故该园又称市花园。山茶园占地 105 亩(1 亩 = 1/15hm²),建有"市花园区""古茶苑区""名优茶花园区""桂池水景区""茶文化展示区""茶科植物多样性展示区"等六大景区,

近 20 个景点。栽培山茶花 600 余种(含品种),近 50000 株。保存川茶花传统品种 150 多个,是国内收集、展示川山茶品种类型最为齐全的地点。2001 年,山茶园保存主干 10cm 以上 100 多株,20cm 以上的 50 多株,最大的一株主干直径 28cm;至今,山茶园保存主干今年 10cm 以上 175 株,20cm 以上的 47 株,最大的一株主干地径 32cm。其中树龄 100 年以上的川茶花古树 150 多株。这些古树主要来源于原私家花园、江北龙溪苗圃和北碚静观镇(游慕贤,2002;张乐初和游慕贤,2001)。

南山植物园山茶园作为川山茶种质资源的重要保存地,于 2012 年被国际山茶花协会评为"国际杰出茶花园",2016 年入选首批国家花卉种质资源库,其山茶花品种多,数量大,花期长(现已达到一年四季可赏山茶花的独特景观),是青少年进行科普教育、市民赏山茶花的最佳去处。

2.1.2 重庆万州西山公园

万州西山公园建立于 1925 年,是在原万州西山观的基础上的扩建而出,园内川山茶主要来自于重庆及万州等地的花圃。经过近百年的精心培育,2002 年有川茶大树 207 株,29 个品种。树龄百年以上的有 105 株,其中 200 年以上的 2 株。至今,园区百年以上树龄的川山茶古树达 114 余株,17 个品种。其中,古山茶园拥有一株树龄为 350 年的"镇园之宝"——'紫金冠',其树高 5.3m,地径 36.5cm,冠幅达 6~7m,为全国罕见。多年以来,西山公园一直倾力保护着这一由来已久的川山茶资源宝库。2012 年以来,先后大规模从国内外引进 500 个茶花品种,园区现茶花总数达 6000 余株,其中不乏恨天高、比尔大齿轮、茶花庆典、丹顶鹤、狮子头、柳叶银红等珍贵品种,将公园打造成为集科普、科研、物种保护和游园观赏为一体的特色山茶公园。

2.1.3 沙坪公园

沙坪公园为 20 世纪 30 年代开明绅士

杨若愚的私家花园"愚庐",现有茶花园是在"愚庐"的基础上多次扩建而成,于1957年4月正式开园。园内收集了多种名贵花木,如桂花、山茶等。据传现有部分山茶古树就是当时"愚庐"遗留下来的。后因多次园区改建,对山茶进行移栽,现部分古树长势较弱。

2.1.4 西南大学

西南大学溯源于1906年建立的川东师范学院,几经传承演变,1946年建立西南农学院,1985年更名为西南农业大学,2005年与西南师范大学合并为西南大学。现西南大学的川山茶古树集中栽植于原西南农业大学大门入口至行政大楼前的广场上,据传这批古树是建校初期从原江北县静观镇和花朝门苗圃(现龙溪镇)等地移入,后因校园建设重新移栽,现普遍长势较弱。

2.2 川山茶古树品种

在川山茶盛开期间,对古树的品种进行鉴定,结果见表1。古树品种共计29个,以南山植物园最多(26个),其次为西山公

表1 川山茶古树品种调查结果

序号	保存地点	品种
1	南山植物园(26个)	'花洋红''七心红''川牡丹茶''紫金冠''白洋片''白宝塔''金顶大红''胭脂鳞''醉杨妃''重庆红''绒团茶''七心白''洋红''抓破脸''红佛鼎''鏊盔''九心十八瓣''黑艳红''三学士''小红莲''红绣球''铁壳紫袍''铁壳宝珠''花五宝''石榴茶''川玛瑙'
2	西山公园(17个)	'紫金冠''铁壳宝珠''白洋片''九心十八瓣''洋红''重庆红''七心红''胭脂鳞''醉杨妃''七心白''短柱茶''花洋红''七心红玛瑙''红阳''白宝塔''牡丹茶''黑艳红'
3	沙坪公园(10个)	'白宝塔''白洋片''七心红''紫金冠''花洋红''金顶大红''红佛鼎''胭脂鳞''醉杨妃''洋红'
4	西南大学(10个)	'白宝塔''白洋片''小红莲''紫金冠''醉杨妃''七心白''七心红''花洋红''洋红''金顶大红'

园(17个)、沙坪公园(10个)和西南大学(10个)。其中,4个保存地点共有品种为'白洋片''紫金冠''醉杨妃''七心红''花洋红'和'洋红'等6个,三个保存地点共有品种为'白宝塔''七心白''金顶大红'和'胭脂鳞'等4个,其他传统品种的古树仅保存在南山植物园和西山公园,如'铁壳紫袍''花五宝''石榴茶''川玛瑙'和'川牡丹茶'等。

2.3 川山茶代表古树介绍

重庆地区川山茶古树均为栽培古树,对树龄长或具有重要历史价值的川山茶古树进行介绍。

2.3.1 '金顶大红'

位于南山植物园古茶苑"花中魁首"景点处,是南山植物园山茶园"茶花王",株高3.2m,冠幅5.5~7m,地径27.1cm,据传树龄300多年,花期1~4月,是川山茶传统名贵品种,树形古朴优美、枝繁叶茂,长势良好,每年盛花时,成千上万朵红彤彤的花朵挂满枝头,灿若云霞,堪称花中魁首(见图1)。是目前已知该品种树龄最长的一棵古树。

2.3.2 '醉杨妃'

位于南山植物园西班牙公使馆前,株高4m,冠幅6~6.1m,地径26.4cm,花期2~4月,是川山茶传统名贵品种,据传树龄400多年(见图2),是目前已知该品种树龄最长的一棵古树。

2.3.3 '铁壳紫袍'

位于南山植物园古茶苑灿若云霞景点处,株高3m,冠幅3.5m,地径28.7cm,树干只剩下树皮支撑,长势良好,每年盛花时繁花满树,花期2~4月,是川山茶传统名贵品种,花大色艳,大到巨型花,纯正红色,玫瑰重瓣型,极具观赏价值,据传树龄400多年(见图3)。

2.3.4 '重庆红'

位于重庆市万州西山公园古茶园,株高6m,冠幅6.3m,地径36.5cm,是传统名

贵品种，极具地方特色，是川山茶品种中花期最晚的品种，花期 3~5 月，相传该树是1925 年，四川军阀杨森进驻万州，在原西山观的基础上修建西山公园时留存下来的，树龄 175 年（见图 4）。是目前已知该品种树龄最长的一棵。

2.3.5 '紫金冠'

位于万州西山公园古茶园，是重庆万州西山公园"茶花王"，株高 5.3m，冠幅6.6~7.1m、地径 36.5cm，据传树龄 350 多年，是目前已知该品种树龄最长的一棵古树，花期 1~4 月，现长势偏弱（见图 5）。近年来西山公园对茶花古树作了土壤改良、排水、打孔增加土壤透气性等保护措施。

2.3.6 '花洋红'

位于万州区分水镇枣园村 5 组 27 号，株高 5.5m，冠幅 7.3m，地径 30cm，花期 1~4 月，树龄 132 年。据该树主人介绍，此树为 1921 年从万州西山公园移入，共计两棵，20 年前卖掉 1 棵，剩余此棵长势良好，已被万州区绿委会挂上古树名木保护牌（50010114401）。

2.4 川山茶古树保护现状

对 4 个试验地点内古树生长势进行调查，分为好、中、差三级。其中生长势好表现为叶色深绿，枝叶茂密，无枯死枝；生长势中表现为叶色深绿，枝叶略显稀疏，无明显枯死枝；生长势差表现为叶色黄绿，枝叶稀疏，有明显枯死枝。4 个试验地点中，不同生长势川山茶古树占比见表 2。

表 2　4 个试验地点川山茶古树生长势调查结果

序号	地点	调查数量/株	好	中	差
1	南山植物园	150	94.67	4.67	0.66
2	西山公园	114	87.72	3.51	8.77
3	沙坪公园	23	39.13	56.52	4.35
4	西南大学	27	66.67	18.52	14.81

由表 2 可见，除了南山植物园和西山公园内川山茶古树的生长较好外，沙坪公园和西南大学内的古树存在不同程度的衰弱。结合调查发现，上述 3 个地点的土壤黏重、板结，不利于山茶根系的生长。

3　结论与讨论

综上所述，重庆地区川山茶古树均为栽培古树，20 世纪初伴随汪代玺、范崇实等一批归国留学生和企业家的私家花园修建，及公园和学校的兴建，栽植了大量的川山茶并保存至今，集中分布于南山植物园、西山公园、沙坪公园和西南大学内，其他地点有零散分布。川山茶古树的品种主要为'白洋片''紫金冠''醉杨妃''七心红''重庆红''花洋红''三学士''洋红'等 10 个，大部分珍贵的传统品种古树仅保存在南山植物内。除南山植物园和西山公园外，沙坪公园和西南大学内现有川山茶古树的生长势整体较差，多表现为叶片黄绿、枝叶稀疏，甚至伴有明显枯死枝。

由于川山茶为慢生植物，在重庆地区每年以春季抽梢为主，抽梢长度仅 1~15cm。结合调查发现，生长势较差的川山茶古树多伴有树干空腐、顶梢枯死等问题，这与栽植土壤积水、碱化、有机质含量低等因素密不可分（张国豪，2021；叶少萍等，2021），近年来南山植物园和西山公园通过改良土壤等措施在川山茶古树复壮方面已经取得显著效果，为我市衰弱川山茶古树的复壮提供了宝贵的实践经验。目前，昆明市已于 2010 年出台山茶花古树保护措施，游慕贤和王仲朗等学者对我国现有山茶古树分布出版专著（游慕贤，2010；夏丽芳等，2011）。重庆地区现有川山茶古树近400 株，建议结合重庆第五次古树名木普查，对现有川山茶古树进行挂牌保护，明确责任单位和责任人，对长势衰弱的植株采取复壮措施，包括病虫防治、茎腐治理和修复等。同时，借鉴云南的保护经验，尽快出台川山茶古树专项保护措施，加强现有川山茶古树的日常管护技术措施,防止川山　　茶古树资源的流失。

图1　南山植物园'金顶大红'　　　图2　南山植物园'醉杨妃'　　　图3　南山植物园'铁壳紫袍'

图4　西山公园'重庆红'　　　　图5　西山公园'紫金冠'　　　　图6　分水镇'花洋红'

参考文献

夏丽芳,张方玉,王仲朗,2011.云南省楚雄市茶花古树录[M].云南:云南科技出版社.

叶少萍,张俊涛,曹芳怡,等,2021.立地环境改造对古树根系分布特征的影响——以44011111322000296号朴树为例[J].林业与环境科学,37(3):75-80.

游慕贤,2002.中国古茶树[J].国土绿化,(2):28.

游慕贤,2010.中国茶花古树觅踪十年[M].浙江:浙江科学技术出版社.

张国豪,蔡孔瑜,田艳,等,2021.古树根境土壤改良及复壮效果评价——以重庆市铜梁区黄葛古树为例[J].安徽农业科学,49(12):103-106,111.

张乐初,游慕贤,2001.我国野生山茶和山茶古树考察侧记[J].花木盆景(花卉园艺),(3):8-10.

周利,2011.川茶花品种图鉴[M].重庆:重庆出版社.

鸢尾属 6 种植物在持续干旱胁迫响应及抗旱性综合评价
The Response of Six Species of *Iris* to Continuous Drought Stress and Comprehensive Evaluation of Drought Resistance

张琮琦[1]　邓莲[1]　宋华[1]　张蕾[1]　朱莹[1*]

(1. 北京市植物园,北京市花卉园艺工程技术研究中心,北京,100093)

ZHANG Cong-qi[1]　DENG Lian[1]　SONG Hua[1]　ZHANG Lei[1]　ZHU Ying[1,*]

(1. *Beijing Botanical Garden*, *Beijing Floriculture Engineering Technology Research Centre*, *Beijing*, 100093)

摘要:为探究鸢尾属 6 种不同植物的抗旱性,以及在持续干旱下的适应能力。采用盆栽法进行持续性干旱试验,对盆中土壤湿度以及植物叶片的生理生化指标测定,对鸢尾属 6 种植物的生理生化指标进行综合评价。结果表明:干旱胁迫下土壤湿度、叶片组织含水量明显降低,水分饱和亏和电导率显著升高,超氧化物歧化酶活性先下降后上升,丙二醛含量小幅上升。6 种鸢尾属植物抗旱能力由强到弱为:抗旱性最强的是变色鸢尾,其次是北陵鸢尾和溪荪,最弱的是单花鸢尾、紫苞鸢尾和窄叶单花鸢尾。

关键词:鸢尾,抗旱性,生理生化指标

Abstract:To explore the drought resistance of six different species of *Iris* and their adaptability under continuous drought. The potted method was used to carry out a continuous drought test, the soil moisture in the pot and the physiological and biochemical indexes of plant leaves were measured, and the physiological and biochemical indexes of six species of *Iris* were comprehensively evaluated. The results showed that under drought stress, soil moisture and leaf water content decreased significantly, water saturation deficit and electrical conductivity increased significantly, superoxide dismutase activity first decreased and then increased, and malondialdehyde content increased slightly. The drought resistance of the six species of *Iris* plants from strong to weak are:the most resistant to drought is *I. versicolor*, followed by *I. typhifolia*, the weakest are *I. sanguinea* and *I. uniflora*, *I. ruthenica* and *I. uniflora* var. *caricina*.

Keywords:*Iris*, Drought resistance, Physiological and biochemical indicators

鸢尾属(*Iris*)是鸢尾科(Iridaeeae)中最大的一个属,也是世界著名的宿根花卉之一,有着非常悠久的栽培应用历史。鸢尾属植物观赏性高,生态幅广,很多种类具有极强的抗逆能力,园林应用极为广泛。鸢尾属植物根据生境条件可以分为三类:一类具有水陆两栖植物特征,既能在浅水生长,也能在河岸等陆地正常生长,如玉蝉花(*I. ensata*)、溪荪(*I. sanguinea*)、燕子花(*I. laevigata*)、黄菖蒲(*I. pseudacorus*)、山鸢尾(*I. setosa*)等;另一类多在沼泽、草甸等浅水处生长,如北陵鸢尾(*I. typhifolia*)、西南鸢尾(*I. bulleyana*)等,这两类属于湿地植物,在保护湿地生态安全和构建湿地

基金项目:北京市公园管理中心科技项目"抗旱鸢尾优良品种的培育与评价"(编号 zx2019010)。

景观方面具有重要的作用;还有一类是生长于干旱的沙地、草原、石质坡地、干燥山坡上或盐碱化草地上抗旱性较强的种类,如马蔺($I.$ $lactea$)、细叶鸢尾($I.$ $tenuifolia$)、囊花鸢尾($I.$ $ventricosa$)、紫苞鸢尾($I.$ $ruthenica$)、单花鸢尾($I.$ $uniflora$)、野鸢尾($I.$ $dichotoma$)、粗根鸢尾($I.$ $tigridia$)等(宫伟 等,2012)。

我国作为鸢尾属植物的一个主要分布地区,虽然种质资源极为丰富,但对鸢尾属植物的系统研究还处于起步阶段,很多优秀种类在国外被广泛应用于新品种培育工作中,但在国内却没有引起足够的重视(黄苏珍,2004)。另外,鸢尾属植物分布地的局限性及繁殖困难,导致大部分种类尚处于未开发或少量利用的状态,尤其是分布在北方干旱半干旱地区的鸢尾类型,已被利用的种类只占极少一部分(唐小敏,2001;张巧平等,2008;刘德福和陈世璜,1998)。

因此,收集与保存鸢尾属中抗旱的种类,培育出抗旱性强、观赏性好的优良品种,并对其进行开发、推广,不仅有利于鸢尾属植物遗传改良工作的深入开展,而且还可以极大地丰富园林植物种类,为干旱半干旱城市绿地增加新的绿化材料,满足建设节约型园林的需求。

1　材料与方法

1.1　试验材料

本次试验选用盆栽3年生实生苗,共6个种,试验设计每种鸢尾3次重复处理,不同种的株数不同,栽于190mm×170mm的塑料双色盆中(表1)。试验前,对试验用的不同种鸢尾进行统一管理,以保证试验苗正常生长。2020年7月,选取长势基本一致的试验苗共279株参与试验。

表1　6种鸢尾的名称及数量

中文名	种名	株数
北陵鸢尾	$I.$ $typhifolia$	48
变色鸢尾	$I.$ $versicolor$	48
单花鸢尾	$I.$ $uniflora$	60
溪荪	$I.$ $sanguinea$	48
紫苞鸢尾	$I.$ $ruthenica$	33
窄叶单花鸢尾	$I.$ $uniflora$ var. $caricina$	42

1.2　试验方法

1.2.1　实验设计

将试验所用苗充分灌溉,使每盆的含水量基本一致。2020年7月22日进行最后一次浇水,从7月23日开始采用自然耗水法进行持续干旱胁迫处理,每隔一天进行一次取样,共取样9次。

取样时,除窄叶单花因叶片细长每盆取2~3片叶子外,其余每盆各取1片成熟叶片,取样后放入自封袋中,并迅速送进实验室,用剪刀剪至2~3mm长度,称量后用液氮迅速冷冻,后放入-80℃冰箱中低温保存待用。

1.2.2　形态学指标测定

试验开始后,每天观察叶片的旱害症状。参考旱害分级标准(王子凤,2009),根据本次试验实际情况进行修改。

0级:无旱害。植株全部叶片保持直立,叶片全为绿色。

Ⅰ级:轻度旱害。植株尚能直立,少量叶片萎蔫下垂或呈折断状态,叶片全为绿色或仅部分叶片叶尖干枯变色。

Ⅱ级:中度旱害。植株倒伏或半直立,部分叶片萎蔫干枯,整体植株呈半枯半绿状态。

Ⅳ级:重度旱害。植株完全倒伏,叶片全部干枯,整体植株呈枯死状态。

旱害指数(DI)=∑(旱害级值×相应旱害级株数)/(总株数×旱害最高级值)

1.2.3　生理生化指标测定

对盆中的土壤湿度以及植物叶片的组

织含水量、水分饱和亏、电导率、丙二醛
(MDA)含量和超氧化物歧化酶(SOD)活性
等生理生化指标进行测定,每个指标均重
复测定三次。

(1)于每天下午 18 点对所有盆中的土
壤湿度采用 HH2 型土壤水分盐分温度计
直接进行测定。

(2)测定植物叶片的组织含水量、水分
饱和亏:取若干片新鲜的植物叶片放于保
鲜袋中,带回实验室用电子天平测定原始
鲜重,然后将其浸放在装满蒸馏水的容器
中 24h,取出后在电子天平上称得饱和鲜
重,80℃ 烘干至恒重,测定干重。计算
公式:

组织含水量=(原始鲜重-干重)/原始
鲜重×100%

水分饱和亏=(饱和鲜重-原始鲜重)/
(饱和鲜重-干重)×100%

(3)测定电导率采用电导率仪法:取
0.2g 新鲜的植物叶片,放入特制试管中,每
个试管加入 10ml 蒸馏水,抽真空至全部材
料落入试管底部,在 20~25℃ 恒温下用电
导率仪测定溶液的电导率,测完后在 100℃
水浴锅中煮沸 15 分钟,之后取出自然冷
却,在 20~25℃ 恒温下用电导率仪测定煮
沸后溶液的电导率。计算公式:

电导率=煮沸前电导率/煮沸后电导率
×100%

(4)MDA 含量和 SOD 活性测定均使用
苏州科铭生物技术有限公司所生产的试剂
盒进行试验。

1.2.4　数据处理

运用 Microsoft Excel 2016 进行数据整
理和图表绘制,运用 SPSS19.0 软件进行数
据的方差分析和相关性分析。

2　结果与分析

2.1　叶片在持续干旱下的形态学变化

植物在干旱情况下最先表现的症状为

叶片明显发生改变,会发生叶片萎蔫、变
黄、干枯等现象,同时不同种的鸢尾在持续
干旱下的表现也会不一致(王子凤,2009)。
从形态学上观察可知,从试验开始到第 10
天之间,6 种鸢尾在形态学上观察基本保持
绿色也没有倒伏现象;从第 10 天开始大部
分植物出现很明显的萎蔫、半干枯现象。

植株的旱害指数结果,6 种鸢尾的旱害
指数由高到低为窄叶单花鸢尾、单花鸢尾、
紫苞鸢尾、北陵鸢尾、溪荪、变色鸢尾。其
中变色鸢尾与单花鸢尾、窄叶单花鸢尾有
显著性差异,窄叶单花鸢尾与溪荪有显著
性差异,其它种间没有显著性差异(表 2)。

由植株的复水成活率结果(表 3)可
知,6 种鸢尾的复水成活率由高到低为北陵
鸢尾=变色鸢尾=溪荪>单花鸢尾>紫苞鸢
尾>窄叶单花鸢尾,并且北陵鸢尾、变色鸢
尾、溪荪与单花鸢尾、紫苞鸢尾、窄叶单花
鸢尾有显著性差异。

从连续干旱下形态学变化,可判断 6
种鸢尾的抗旱性中,最强的是变色鸢尾,其
次是北陵鸢尾和溪荪,最弱的是单花鸢尾、
窄叶单花鸢尾和紫苞鸢尾。

表 2　6 种鸢尾的旱害指数

种名	旱害指数				
	T1	T2	T3	均值	排名
北陵鸢尾	0.719	0.656	0.734	0.703± 0.041 abc	4
变色鸢尾	0.625	0.656	0.688	0.656± 0.032 c	6
单花鸢尾	0.725	0.775	0.813	0.771± 0.044 ab	2
窄叶单花鸢尾	0.821	0.714	0.857	0.797± 0.074 a	1
溪荪	0.641	0.703	0.703	0.682± 0.036 bc	5
紫苞鸢尾	0.659	0.773	0.818	0.750± 0.082 abc	3

注:同列不同字母表示处理间在 0.05 水平差异显著
($p<0.05$),下同。

表3　6种鸢尾的复水成活率

种名	复水成活率(%)				
	T1	T2	T3	均值	排名
北陵鸢尾	100	100	93.75	97.917±3.608 a	1
变色鸢尾	100	93.75	100	97.917±3.608 a	1
单花鸢尾	80	75	65	73.333±7.638 b	4
窄叶单花鸢尾	57.143	85.714	50	64.286±18.898 b	6
溪荪	100	100	93.75	97.917±3.608 a	1
紫苞鸢尾	81.818	72.727	45.455	66.667±18.406 b	5

2.2　叶片在持续干旱下的生理生化指标

2.2.1　持续干旱下土壤湿度的变化

6种鸢尾的土壤湿度随着干旱时间的延长,均呈现下降的趋势(图1)。试验开始时(7月23日)每个种的土壤湿度均在较高值,之后的两天内土壤湿度下降速度最快,土壤中水分蒸发严重,每个种的降幅均为18%～21%。干旱后期土壤湿度下降趋势逐渐平缓,在最后一天时每个种的土壤湿度均不超过5%,几乎已经下降到了最低。6种鸢尾的土壤湿度在试验期间的整体下降幅度为31%～34%,下降幅度十分明显。

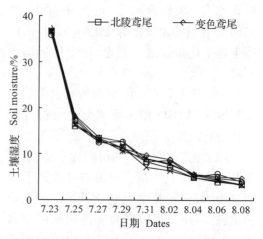

图1　持续干旱下6种鸢尾的土壤湿度变化

2.2.2　持续干旱下叶片组织含水量的变化

6种鸢尾的叶片组织含水量随着干旱时间的延长,除在第2天(7月25日)后有很小幅度的上升外,均呈现很明显的下降趋势(表4),并且所有种在第10天(8月2日)后下降幅度最大。其中变色鸢尾的组织含水量在试验期间每天的组织含水量均明显高于其它种,保持在73.09%～80.29%,并且整体下降幅度也比较平缓。而单花鸢尾和窄叶单花鸢尾的组织含水量下降幅度最大,分别为下降了19.25%和24.27%。该指标体现出变色鸢尾的保水能力较强,单花鸢尾和窄叶单花鸢尾的保水能力较弱。

表4　持续干旱下6种鸢尾的组织含水量变化

日期	组织含水量(%)					
	北陵鸢尾	变色鸢尾	单花鸢尾	窄叶单花鸢尾	溪荪	紫苞鸢尾
7.23	72.98±0.95 a	80.29±0.55 a	76.66±0.41 a	73.00±1.84 a	76.32±0.89 a	71.89±1.56 a
7.25	72.08±0.75 ab	79.58±0.42 ab	74.05±1.33 bc	71.62±0.17 a	75.84±1.06 a	70.39±1.30 a
7.27	72.66±0.70 a	79.27±0.40 ab	75.82±0.62 ab	73.13±1.28 a	75.12±0.74 a	71.52±0.90 a
7.29	72.07±0.63 ab	78.97±0.53 bc	74.59±0.53 abc	72.00±0.94 a	74.18±1.24 ab	73.11±1.06 a
7.31	68.67±0.30 b	78.65±0.39 bc	73.10±0.51 c	69.86±1.29 a	72.65±1.53 bc	70.56±1.17 a
8.02	68.53±0.25 b	77.71±0.07 c	70.47±0.98 d	68.34±2.04 a	71.27±1.24 c	69.39±0.80 a
8.04	61.56±4.81 c	76.24±0.69 d	64.05±0.66 e	60.77±2.88 b	68.07±1.50 d	64.36±1.46 b
8.06	61.83±2.76 c	74.62±1.49 e	60.61±2.98 f	55.12±2.69 c	62.26±1.80 e	61.04±4.75 b
8.08	60.73±1.42 c	73.09±0.79 f	57.41±2.11 g	48.73±5.41 d	59.66±1.47 f	55.16±6.48 c

2.2.3　持续干旱下水分饱和亏的变化

6 种鸢尾的水分饱和亏随着干旱时间的延长,除在第 2 天后有很小幅度的下降外,均呈现很明显的上升趋势,并且所有种在第 10 天后的涨幅最大,在最后一天时达到了峰值(表 5)。其中变色鸢尾的水分饱和亏整体上升幅度最小(32.129%),说明变色鸢尾的保水能力较强,同时抗旱性也

较强;而单花鸢尾和窄叶单花鸢尾的水分饱和亏上升幅度最大,分别为 54.164% 和 52.458%,说明这两种鸢尾的保水能力较差,同时抗旱性也较差。

叶片组织含水量和水分饱和亏这两个指标可以体现出变色鸢尾具有很强的保水能力及抗旱性,而单花鸢尾和窄叶单花鸢尾的保水能力和抗旱性较差。

表 5　持续干旱下 6 种鸢尾的水分饱和亏变化

日期	水分饱和亏(%)					
	北陵鸢尾	变色鸢尾	单花鸢尾	窄叶单花鸢尾	溪荪	紫苞鸢尾
7.23	13.684±1.885 c	10.287±1.000 g	8.526±1.179 h	17.460±3.435 e	10.529±0.759 f	21.894±0.513 cd
7.25	18.605±1.764 c	13.043±0.736 fg	17.981±0.584 f	22.265±2.216 de	13.718±2.488 ef	24.311±2.561 cd
7.27	16.145±1.456 c	13.232±1.645 fg	12.882±2.442 g	17.697±2.631 e	12.270±2.265 f	18.423±0.979 d
7.29	19.436±1.979 c	15.083±0.781 ef	18.272±1.163 f	19.946±3.029 e	18.304±2.633 e	18.635±3.758 d
7.31	30.195±3.337 b	18.257±1.323 de	24.751±0.978 e	27.974±3.648 cd	24.717±3.740 d	25.623±2.987 cd
8.02	32.847±0.583 b	22.151±0.412 d	33.081±1.753 d	34.734±4.911 c	28.820±4.366 d	28.360±2.517 c
8.04	50.000±7.093 a	29.121±2.791 c	49.690±0.677 c	53.002±6.143 b	45.130±0.333 c	41.622±6.020 b
8.06	51.924±4.668 a	38.108±3.903 b	56.550±4.645 b	62.382±4.556 ab	53.695±5.987 b	48.666±8.764 b
8.08	53.494±2.570 a	42.416±4.092 a	62.689±2.718 a	69.918±6.943 a	59.844±1.749 a	62.260±7.345 a

2.2.4　持续干旱下电导率的变化

随着干旱程度的增加,细胞膜的伤害逐渐增大,细胞膜透性逐渐增加,相对电导率变大(胡小京等,2020)。6 种鸢尾的电导率随着干旱时间的延长而呈现上升的趋势,基本上前期为小幅波动上升,第 10 天后变化比较明显(表 6)。

变色鸢尾的电导率变化幅度最小(19.693%~33.1%)。其它种的变化率较大,并且上升幅度也较大,窄叶单花鸢尾和

紫苞鸢尾上升幅度最大,并且保持一直上升的趋势,电导率分别为上升了 43.65% 和 40.943%,溪荪和单花鸢尾也一直保持上升的趋势,但上升幅度较小,北陵鸢尾的电导率呈现出先上升最后突然下降的趋势。该指标体现出在持续干旱下,变色鸢尾的电导率没有较大波动,说明变色鸢尾在持续干旱下细胞膜受损伤较小,而窄叶单花鸢尾和紫苞鸢尾的电导率变化幅度最大,说明细胞膜损伤较为严重。

表 6　持续干旱下 6 种鸢尾的电导率变化

日期	电导率(%)					
	北陵鸢尾	变色鸢尾	单花鸢尾	窄叶单花鸢尾	溪荪	紫苞鸢尾
7.23	10.720±1.413 d	19.693±3.921 d	8.413±1.835 c	7.713±0.745 e	8.503±1.785 f	8.267±2.054 e
7.25	12.643±2.879 cd	23.357±3.063 bcd	7.780±2.115 c	7.827±1.317 e	9.897±1.815 ef	10.857±1.241 de
7.27	15.933±1.067 cd	22.243±2.044 cd	8.940±1.473 c	9.327±1.051 e	12.767±0.231 de	11.667±0.948 de
7.29	13.467±1.920 cd	23.407±3.737 bcd	7.450±1.509 c	8.847±0.771 e	13.050±1.427 de	11.480±1.251 de
7.31	15.190±1.862 cd	25.480±0.966 bc	10.457±2.270 bc	11.933±0.503 de	13.350±1.701 de	12.923±3.151 de

(续)

日期	电导率(%)					
	北陵鸢尾	变色鸢尾	单花鸢尾	窄叶单花鸢尾	溪荪	紫苞鸢尾
8.02	17.000±1.961 c	27.387±1.032 bc	13.580±0.916 b	15.347±1.139 d	14.710±0.220 d	14.307±1.580 d
8.04	37.443±3.850 a	27.747±3.277 b	26.253±2.534 a	33.053±5.330 c	22.700±2.367 c	26.913±3.796 c
8.06	37.907±5.380 a	33.100±1.833 b	28.887±3.851 a	42.277±5.594 b	30.133±4.397 b	39.567±5.402 a
8.08	23.483±5.370 b	28.170±3.435 b	28.487±1.838 a	51.363±5.120 a	35.593±0.965 a	49.210±4.729 a

2.2.5　持续干旱下超氧化物歧化酶(SOD)活性的变化

SOD 是一种清除超氧阴离子自由基(O^{2-})的酶。植物受到胁迫时会产生大量的活性氧,破坏活性氧清除剂的结构,降低活性氧含量水平,并进一步启动膜脂过氧化或膜脂脱脂作用,从而破坏膜结构,加深伤害(赵燕燕,2007)。

6 种鸢尾的 SOD 活性随着干旱时间的延长,变化较为复杂,变化幅度和达到最高峰的时间也不完全相同,但总的趋势是先下降,后上升(表7),在第 2 天后所有种均有很大的下降幅度,第 10 天后均有很大的升高幅度。其中变色鸢尾的 SOD 活性一直处于较高水平,最大值为779.092U/g;变化幅度较大的是北陵鸢尾和变色鸢尾,变化量分别为508.037U/g 和 499.358U/g;单花鸢尾和紫苞鸢尾的变化幅度最小,变化量仅为 262.853U/g 和 176.421U/g。从 6 种鸢尾的 SOD 活性变化情况来看,随着干旱时间的延长、水分饱和亏的加重,SOD 活性会有较大波动,只是不同种的波动幅度有些差别。方差分析显示只有变色鸢尾与其它种的 SOD 活性差异显著,说明 SOD 活性的变化可以体现出抗旱性的强弱。

表7　持续干旱下6种鸢尾的超氧化物歧化酶活性变化

日期	超氧化物歧化酶 U/g					
	北陵鸢尾	变色鸢尾	单花鸢尾	窄叶单花鸢尾	溪荪	紫苞鸢尾
7.23	352.96±47.55 b	469.14±61.04 b	364.62±13.72 cde	393.51±60.72 d	315.92±1.92 b	248.94±74.83 bc
7.25	244.13±16.60 c	446.02±17.44 bc	413.79±36.66 bcd	474.93±14.48 c	345.55±69.13 b	212.85±30.08 bc
7.27	94.24±5.40 e	279.73±36.91 e	307.54±67.97 e	259.11±62.40 f	153.91±33.97 d	173.44±31.09 c
7.29	229.91±61.32 cd	357.06±66.63 d	363.38±20.85 cde	293.82±42.93 ef	227.12±6.16 cd	303.42±27.34 ab
7.31	259.94±46.55 c	387.78±51.02 cd	336.34±17.49 de	273.26±51.17 f	226.68±50.71 cd	214.72±27.31 bc
8.02	156.23±14.76 de	444.39±37.67 bc	358.90±29.68 cde	331.42±20.81 def	238.58±7.58 c	264.43±31.73 ab
8.04	602.28±80.12 a	779.09±28.05 a	570.39±47.74 a	641.38±20.87 a	581.61±34.58 a	272.88±72.63 ab
8.06	433.90±41.45 b	515.01±2.23 b	432.48±84.79 bc	363.63±29.36 de	383.28±60.83 b	272.94±38.27 ab
8.08	566.36±67.70 a	728.03±32.11 a	451.25±43.23 b	559.52±18.47 b	603.83±20.80 a	349.86±54.80 a

2.2.6　持续干旱下丙二醛(MDA)含量的变化

丙二醛是具有细胞毒性的物质,它的累积会造成细胞膜系统的损害(王银杰等,2020)。6 种鸢尾的 MDA 含量随着干旱时间的延长出现小幅波动的现象,基本呈现上升的趋势(表8),在第 6 天后和第 10 天后涨幅最大。其中变化幅度最大的是单花鸢尾和窄叶单花鸢尾,变化量分别为65.618nmol/g 和 65.446nmol/g,说明其细胞膜过氧化程度较高;其次是紫苞鸢尾,变化幅度为 35.862nmol/g;变化幅度最小的是变色鸢尾,变化量为 8.944nmol/g,说明其细胞膜过氧化程度较低。与电导率结果相结合来看,窄叶单花鸢尾、单花鸢尾和紫苞鸢尾在持续干旱的情况下,细胞膜发生的损害较为严重,从而影响了植物的抗旱性。

表 8　持续干旱下 6 种鸢尾的丙二醛含量变化

日期	丙二醛 nmol/g					
	北陵鸢尾	变色鸢尾	单花鸢尾	窄叶单花鸢尾	溪荪	紫苞鸢尾
7.23	59.08±0.93 ab	33.28±0.93 ab	47.64±7.38 f	55.21±8.41 c	34.57±5.33 cd	47.30±0.74 c
7.25	60.46±7.95 ab	31.22±2.46 bc	58.74±6.16 e	55.81±5.43 c	30.87±2.58 d	52.55±6.98 c
7.27	62.69±6.10 ab	28.55±1.66 cd	61.58±0.54 de	55.73±8.35 c	39.73±5.36 bc	51.17±1.22 c
7.29	40.42±2.40 d	27.52±1.72 d	58.14±8.21 e	45.32±9.15 c	33.02±5.66 cd	52.72±8.57 c
7.31	51.94±5.07 bc	31.56±2.93 bc	70.86±3.74 cd	79.12±5.31 b	44.38±4.71 b	74.82±1.79 ab
8.02	44.81±8.85 cd	34.66±2.07 ab	62.09±2.19 de	55.47±6.28 c	35.35±5.02 cd	49.62±5.31 c
8.04	66.13±9.55 a	36.46±2.10 a	79.81±3.78 c	79.38±7.66 b	47.21±5.62 b	67.94±1.04 b
8.06	69.32±4.84 a	33.80±1.69 ab	113.26±8.67 a	110.77±9.69 a	56.67±2.99 a	80.15±6.36 a
8.08	46.70±2.02 cd	34.40±1.76 ab	89.87±0.39 b	102.68±7.22 a	46.61±2.97 b	83.16±4.83 a

3　结论与讨论

　　干旱对植物的影响是很大并且多方面的,会导致叶片失水,细胞膜被破坏,植物生长受到抑制,叶片变黄、干枯等现象(宋晓等,2020)。本次试验表明,6 种鸢尾在持续干旱下第 10 天左右出现形态上的变化,在生理生化指标上也有相同的趋势。持续干旱下,6 种鸢尾的叶片组织含水量、土壤湿度均整体下降,水分饱和亏均整体上升,这三个指标中变色鸢尾的变化幅度都是最小,单花鸢尾和窄叶单花鸢尾的变化幅度较大。电导率指标可以体现出植物的细胞膜受损伤程度的变化(李浩等,2021),其中变色鸢尾的变化幅度最小,窄单鸢尾和紫苞鸢尾的变化幅度较大。SOD 活性水平往往与植物对逆境的抵抗能力相关,轻、中度干旱下植物启动保护酶系统,从而抑制细胞膜过氧化(吕长平等,1996),所以抗旱性强的植物 SOD 活性变化大(Fazeli et al,2007),本试验中变色鸢尾的 SOD 活性变化幅度最大,可以体现出较好的抗旱性。MDA 含量积累越多,则表明植物受伤害越严重,抗旱性强的则 MDA 含量积累较少

(吴姗姗等,2020),本试验中变色鸢尾的 MDA 含量处于较低水平并且变动幅度很小,说明抗旱性较强,单花鸢尾和窄叶单花鸢尾的 MDA 含量处于较高水平,并且在干旱严重时变动较大,说明抗旱性较弱。综上所述,本次试验中土壤湿度、叶片组织含水量、水分饱和亏、电导率、SOD 活性和 MDA 含量可作为影响鸢尾抗旱性的指标。

　　较厚的叶片,在相同的蒸腾表面下,叶肉细胞壁暴露于细胞间隙部分的面积总和大,即进入叶内的 CO_2 扩散的区域和固定的区域大,因此光合效率高,水分利用率高,抗旱性强(廖明安,2007)。在本次实验的 6 种鸢尾中,变色鸢尾的叶片较其余 5 个种厚,另外其根系非常发达,能够很快突破花盆底部伸长到地下去吸收水分,因此,变色鸢尾既能在水边湿地生长,也具有较强的抗旱性。北陵鸢尾和溪荪都能分布于水边湿地及沼泽地,但其也能在远离水边湿地的土壤上正常生长,并且长势较强,叶片厚度基于变色鸢尾与单花鸢尾和紫苞鸢尾之间,这也可能是其抗旱性较强的原因。单花鸢尾的叶片非常薄,在试验的 6 种鸢尾中,反复干旱处理条件下它是最先出现

萎蔫症状的,这可能是其抗旱性不强的原因之一。

从形态学上进行评价,6种鸢尾的旱害指数由高到低为窄叶单花鸢尾、北陵鸢尾、单花鸢尾、溪荪、紫苞鸢尾、变色鸢尾。从生理生化指标上进行评价,其中叶片组织含水量、水分饱和亏、电导率、SOD活性和MDA含量都可以得出抗旱性最强的是变色鸢尾,抗旱性较差的是单花鸢尾、紫苞鸢尾和窄叶单花鸢尾。

变色鸢尾的抗旱性最强,其次是北陵鸢尾和溪荪,抗旱性最弱的是紫苞鸢尾、单花鸢尾和窄叶单花鸢尾。本试验仅通过对以上6种鸢尾的6个生长生理指标进行测定评价,结果也仅说明6种鸢尾的6个指标的抗旱能力表现,并不能完全代表这6种鸢尾抗旱能力,若想得到较为全面的评价结果,还应考虑其它的生理生化指标的变化,如株高增量、生物量增量、根系活力等。

参考文献

韩玉林,孙桂弟,黄苏珍,2006.干旱胁迫对鸢尾属5种观赏地被植物部分生理代谢的影响[J].北方园艺,(06):96-98.

胡小京,刘玉彩,裴芸,等,2020.水分胁迫对野百合幼苗生理特性的影响[J].河南农业科学,49(01):111-117.

黄苏珍,2004.鸢尾属部分植物资源评价及种质创新研究[D].南京:南京农业大学.

李浩,解备涛,冯向阳,等,2021.外源ABA对水分胁迫条件下甘薯幼苗生理特性的影响[J].山东农业科学,53(01):32-37.

廖明安,2007.园艺植物研究法实验实习指导[M].北京:中国农业出版社.

刘德福,陈世璜,1998.马蔺的繁殖特性及生态地理分布的研究[J].内蒙古农牧学院学报,19(1):1-6.

吕长平,石雪晖,杨国顺,等,1996.水分胁迫对草莓叶片SOD活性以及MDA和Vc含量的影响[J].湖南农业大学学报,(05):39-43.

宋晓,张珂珂,黄晨晨,等,2020.基于主成分分析的氮高效小麦品种的筛选[J].河南农业科学,49(12):10-16.

唐小敏.鸢尾属观赏植物的引种及试种研究[J].浙江农业科学,(1):18-21.

王银杰,张永侠,刘清泉,等,2020.德国鸢尾花瓣衰老过程中主要生理指标的变化[J].江苏农业科学,48(24):153-155+214.

王子凤,2009.鸢尾属6种植物对干旱胁迫的响应[D].南京:南京林业大学.

吴姗姗,徐学欣,张霞,等,2020.不同品种冬小麦苗期叶绿素荧光参数与抗旱性关系研究[J].华北农学报,35(06):90-99.

张巧平,尹增芳,何祯祥,2008.中国鸢尾属植物研究概况[J].安徽农业科学,36(9):3609-3611.

赵燕燕,2007.鸢尾属几种植物的抗旱性研究[D].南京:南京林业大学.

Fazeli F, Ghorbanli M, Niknam V, 2007. Effect of drought on biomass, protein content, lipid peroxidation and antioxidant enzymes in two sesame cultivars[J]. Biologia Plantarum, 51(1):98-103.

南京中山植物园玉簪属 *Hosta* 植物主要病虫害种类及防治技术要点

Main Diseases and Insect Pests of *Hosta* in Nanjing Botanical Garden Mem. Sun Yat-sen and Their Prevention Techniques

汪泓江[1]　　窦剑[1]　　顾永华[1*]

(1. 江苏省中国科学院植物研究所,南京中山植物园,南京,210014)

WANG Hong-jiang[1]　　DOU Jian[1]　　GU Yong-hua[1*]

(1. *Institute of Botany*, *Jiangsu Province and Chinese Academy of Sciences*, *Nanjing Botanical Garden Mem. Sun Yat-Sen*, *Nanjing*, 210014)

摘要:本文简述了南京中山植物园玉簪属 *Hosta* 植物主要病虫害,并提供了相应的防治技术要点。病害为生理病害日灼病和真菌病害齐整小核菌(*Sclerotium rolfsii*)引起的白绢病。主要虫害有百合滑管蓟马(*Liothrips vaneeckei*)和碧蛾蜡蝉(*Geisha distinctissima*),均为国内首次报道为害玉簪属植物。

关键词:植物园,玉簪,病虫害,蓟马,碧蛾蜡蝉,防治技术

Abstract:This article briefly introduced the main diseases and insect pests of *Hosta* in Nanjing Botanical Garden Mem. Sun Yat － sen,and the prevention techniques of which were advised. The diseases were sunscald and *Sclerotium rolfsii*,and the main insect pests were *Liothrips vaneeckei* and *Geisha distinctissima*,both of them were firstly recorded from *Hosta* in China.

Keywords:Botanical Garden,*Hosta*,Plant diseases and insect pests,Thrips,*Geisha distinctissima*,Prevention techniques

玉簪属(*Hosta*)是天门冬科(Asparagaceae)多年生草本。狭义的"玉簪"又名白玉簪,原产中国和日本,叶心状卵圆形,花白色或紫色、有香气,为中国传统香花。泛指的"玉簪"为世界范围内玉簪属的多个原生种以及种类繁多的园艺栽培品种,经查询目前全世界登录的玉簪园艺栽培品种超过7500种(窦剑等,2018)。南京中山植物园现有玉簪(*H. plantaginea*)、波叶玉簪(*H. undulata*)、紫萼(*H. ventricosa*)等玉簪属种及品种共100余种。

玉簪在生长期常伴有病虫害的发生。据报道,国内玉簪属植物常见的病害包括生理性叶片发黄、日灼、炭疽病、叶霉斑点病、黑斑病、白绢病和病毒病;主要的虫害有蜗牛、蚜虫和白粉虱(周美英和李名扬,2007)。在南京中山植物园,玉簪的病害种类主要有日灼病和白绢病,虫害主要有百合滑管蓟马(*Liothrips vaneeckei*)和碧蛾蜡蝉(*Geisha distinctissima*),现将本园玉簪属植物主要病虫害种类及防治技术要点总结如下。

1 主要病虫害种类及防治技术要点

1.1 病害

1.1.1 日灼病

是一种生理病害。4月底5月初气温升高,在晴好的天气,玉簪叶片受到太阳强

光照射后,叶片从尖端沿边缘由绿变黄形成大块的不规则病斑,然后病斑处叶片变薄,焦枯状,卷曲,这一现象称作日灼病。病期过后,叶片呈灰白色,病斑上着生有霉层。就单片叶子论,严重时病斑可达叶片面积的一半。在本园图书馆楼南侧种植的玉簪被道路分成了两块小区域,一块上方长有大小不一的乔木,因此形成了很好的遮阴环境,无强光照射,玉簪生长良好,另一片则受强光直射,日灼病严重,两者形成了鲜明的对照。

防治日灼病的有力措施就是把玉簪种植于半阴的小环境下,要求土壤不可干燥,保持湿润,但也要注意防止积水过多。

图1　日灼斑及其症状后期常着生霉层　　图2　道路两侧受到不同光照强度后的对比

1.1.2　白绢病

病原物为齐整小核菌(*Sclerotium rolfsii*),是一种习居在植物根部的真菌。5月底6月初,雨季来临,土壤积水时间过长,玉簪根茎会出现褐色水渍状坏死现象,叶柄基部腐烂,从根茎处脱落倒伏,土表可见大量白色菌丝和菌核。后期,菌核老熟后着色,最终变成褐色。

防治白绢病要注意土壤有良好的排水性,植株种植不可过密,保持良好的通风透气性。发现有病株要及时连同带菌土壤一起彻底清除销毁;发病初期可用50%多菌灵可湿性粉剂400倍浇灌茎基,隔7d浇一次,或施用五氯硝基苯可湿性粉剂、15%三唑酮可湿性粉剂或50%甲基立枯磷可湿性

粉剂,1份兑细土100~200份,撒在病部茎叶处(王恒亮等,2013)。

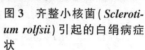

图3　齐整小核菌(*Sclerotium rolfsii*)引起的白绢病症状　　图4　齐整小核菌(*Sclerotium rolfsii*)的菌丝和菌核

1.2　虫害

1.2.1　百合滑管蓟马(*Liothrips vaneeckei*)

百合滑管蓟马,又名百合管蓟马,微小型昆虫,1年2~3代,以成、若虫在枯叶或是土缝中越冬。土壤中度过"蛹"期。成虫体细,长约2.5mm,宽不足0.5mm,躯干黑色。触角8节,第1节、2节基部黑色,第2节端部、3~6节、7节基部黄色中略显棕色,第7节端部、8节褐色,且第8节明显小于其它各节。股节黑色,前胫节、中和后胫节端半部、跗节黄色。若虫头、前胸、腹部末端均为黑色,其余躯干部分淡黄色。卵长圆形,棕色,产于植物组织内。

百合滑管蓟马寄主为洋葱、贝母等百合类地下鳞茎(韩运发,1997),为害玉簪为首次记录,其4月开始出现在玉簪叶片上,以成虫居多,若虫较少,具有群聚性。成、若虫多数藏匿于叶背皱褶的叶脉处,少量潜伏在叶柄凹槽内,用锉吸式口器刮破叶片表皮组织吸取汁液,受害部位失去叶绿素,影响光合作用,造成叶脉线和叶柄上布满密密麻麻的黄色斑点,后期斑点中央口器留下的凹陷刮痕颜色变深,呈锈褐色、水渍状,叶片泡状皱褶,卷曲变形,萎缩。

秋季清除枯枝落叶。春季进行药物防治,玉簪萌发展叶后期,及时观察叶片背面,蓟马活动初期,立即喷洒70%噻虫嗪水

分散粒剂 8000 倍液或 10% 吡虫啉可湿性粉剂 2000 倍液。

图 5 百合滑管蓟马(*Liothrips vaneeckei*)为害的叶片

图 6 显微镜下百合滑管蓟马(*Liothrips vaneeckei*)成虫及其对叶片的为害特征

图 7 显微镜下百合滑管蓟马(*Liothrips vaneeckei*)若虫

1.2.2 碧蛾蜡蝉(*Geisha distinctissima*)

碧蛾蜡蝉,1 年 1 代,以卵越冬。成虫始见于 6 月中旬,停息时拟态玉簪花苞片,体长约 8mm,宽约 2.5mm,翅展约 20mm,体浅绿色。前翅浅绿色,前缘端半部、外缘、后缘和翅脉均为黄褐色,多横脉、网状;后翅灰白色,略微透明,翅脉淡绿,无横脉。4 条平行黄褐色条纹纵贯中胸背板,中间 2 条长,外侧 2 条短。若虫始见于 5 月下、6 月初,善跳。老龄若虫体长约 5.5mm,宽约 3.5mm,体扁平、白色,腹部第 4 节两侧和末节末端黄色,平截、上翘,其上共附着 4 簇白色长蜡丝,蜡丝能作折扇状开合,有的背负一个半椭圆形蜡球,蜡球形似粉蚧(Pseudococcidae)。成、若虫群聚于花葶靠上端的部位,以刺吸式口器吸取汁液,受轻微惊扰时喜绕花葶横走。

花葶为害期喷洒 10% 吡虫啉可湿性粉剂 2000 倍液、48% 乐斯本乳油 3500 倍液或 25% 除尽悬浮剂 1000 倍液。人工扫捕成虫(徐公天和杨志华,2007)。

图 8 花葶上碧蛾蜡蝉(*Geisha distinctissima*)若虫分泌的絮状蜡丝

图 9 花葶上碧蛾蜡蝉(*Geisha distinctissima*)成虫,拟态花的苞片

　　　　　　中国植物园(第二十四期)

图10　花葶上碧蛾蜡蝉(*Geisha distinctissima*)若虫

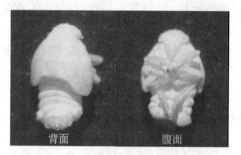

背面　　　　　　腹面

图11　显微镜下除去蜡丝的碧蛾蜡蝉
(*Geisha distinctissima*)若虫的背、腹面观

2　结语

　　经过近几年来的努力建设,本园"中山像"北侧新建成的玉簪专类园,无论是从整体的地被景观,还是从植株的观叶、观花来讲,均收效显著,为植物园增色不少。除了上述片区,在药物园和图书馆楼南边两个区域也种植有成片的玉簪,三块地方都有碧蛾蜡蝉为害,但小环境差异使得玉簪病虫害种类又各有不同。有的是侵染了白绢病,有的是受百合滑管蓟马为害,因此,必须杜绝这三个地方间的植株交叉移栽,另外,还要加强对新引种玉簪植株的检疫,禁止新病虫害入侵本园。

　　日灼病很容易诊断,预防也很简单,把玉簪种植地选在半阴环境下就迎刃而解了,可以是树林下,也可以是大楼等建筑物的北侧;白绢病会对玉簪植株减量形成潜在的威胁,要重视它,改变种植地土壤雨季长期积水状况,用合理的株距来保障空气流畅,这些都是预防白绢病的有效栽培措施。白绢病菌核生命力顽强,可长年存活于土壤中,因此,发现后要及时清除病原物,对土壤进行消毒处理;碧蛾蜡蝉的寄主植物种类多样,在玉簪上,花葶的一段被其若虫分泌的絮状蜡质物缠裹,有碍观花效果,其刺吸式口器扎破植物组织,对植物造成损伤,并且这样也容易引起病毒从伤口处对植株进行侵染传播;蓟马属缨翅目(Thysanoptera)昆虫,有许多种类,常栖息在大蓟(*Cirsium japonicum*)、小蓟(*C. arvense* var. *integrifolium*)等植物的花中,故名蓟马,世界已知7400余种,中国已知580余种(彩万志和李虎,2015)。需要指出的是,之前关于玉簪虫害种类的文献中,并未涉及蓟马和蜡蝉,在国内本文属首次报道。

致谢
　　谨此向帮助鉴定蓟马标本的上海植物园正高级工程师陈连根老师表示感谢!

参考文献

彩万志,李虎,2015. 中国昆虫图鉴[M]. 太原:山西科学技术出版社. 窦剑,晋宇,李小莹, 2018. 玉簪观赏盆栽的制作与赏析[J]. 花卉,(15):14-16.

韩运发,1997. 中国经济昆虫志第五十五册[M]. 北京:科学出版社.

王恒亮,倪云霞,李好海,等,2013. 中国蔬菜病虫害诊治原色图鉴[M]. 北京:中国农业科学技术出版社.

徐公天,杨志华,2007. 中国园林害虫[M]. 北京:中国林业出版社.

周美英,李名扬,2007. 玉簪的养护和病虫害防治技术[J]. 现代农业科技,(10):75,79.

北京植物园展览温室藤本植物引种及应用
Vine Introduction and Application in Exhibition Greenhouse of Beijing Botanical Garden

崔玉莲[1]　王巍[1]　闫相宜[2]　刘智玮[2]　吴菲[3]

（1. 北京市植物园；北京市花卉园艺工程技术研究中心；城乡生态环境北京实验室，北京，100093）

CUI Yu-lian[1]　WANG Wei[1]　YAN Xiang-yi[3]　LIU Zhi-wei[3]　Wu Fei[3]

（1. *Beijing Botanical Garden*；*Beijing Floriculture Engineering Technology Research Centre*；
Beijing Laboratory of Urban and Rural Ecological Environment，*Beijing*，100093）

摘要：北京植物园展览温室自 1999 年以来引种热带亚热带藤本植物 36 科 58 属 102 种（品种），经多年观察，对 10 种生长势强、观赏效果佳的藤本植物的生物学特性进行总结，为今后推广应用奠定基础。此外，对藤本植物在温室内的应用形式进行了总结，为如何更好地展示热带藤本植物提出了建议。

关键词：藤本植物，引种，生物学特性，应用

Abstract：Since 1999，102 species（including varieties）of tropical and subtropical vines of 36 families，58 genera have been introduced in the exhibition greenhouse of Beijing Botanical Garden. After years of observation，the biological characteristics of 10 kinds of vines with strong growth and good ornamental effect were summarized，which laid a foundation for future promotion and application. In addition，the application forms of vines in greenhouse are summarized，and suggestions on how to better display tropical vines are put forward.

Keywords：Vines，Introduction，Biological characteristics，Application

藤本植物又名藤蔓植物、攀缘植物，是指茎蔓柔软细长，不能自然直立生长，匍匐地面或需要通过攀缘、缠绕、吸附等形式依附于植物或其他支撑物向上生长的一类植物（邹慧思等，2018；王业社等，2015；王灯等，2017）。我国藤本植物资源丰富，种类繁多，约有 1000 多种，其中绝大部分是种子植物，也有少数蕨类植物，如海金沙（袁吉占等，2014；涂淑萍等，1996）。藤本植物具有易繁殖、长势快、占地面积小、绿化面积大、生产成本低等优点，是城市绿化的优质资源，在植物景观营造中占据重要地位（陈丽晖等，2015）。

北京植物园展览温室是我国最大的展览温室之一，收集了来自世界各地的多种植物，其植物种类丰富。藤本植物是热带、亚热带森林重要的外貌和结构特征，在群落结构演替更新、保持物种多样性及生态系统进程等方面具有重要作用（夏江宝，2008；Schnitzer，2018），是营造热带森林景观必不可少的植物种类。北京植物园展览温室引进了大量的藤本植物，用于温室的景观建设。笔者通过记录植物物候、采集标本、拍摄照片、显微观测等方法对这些藤本植物的形态特征、物候、生长势及应用形式进行观察与研究，以期为北方地区展览温室藤本植物景观营造方式、藤本植物推广应用等提供科学依据。

1 北京植物园温室藤本植物引种

北京市植物园展览温室 1999 年建成以来共引种藤本植物 102 种(含品种),涉及 36 科 58 属(见表 1),其中植物种类前 10 名的科分别为夹竹桃科、马鞭草科、棕榈科、西番莲科、天南星科、紫葳科、爵床科、五加科、番荔枝科、豆科,数量较多的属有省藤属、假连翘属、蔓长春花属、葫芦属、常春藤属、络石属、山牵牛属、西番莲属。

2 部分藤本植物的形态特征

藤本植物的花形态各异、颜色丰富,颇具观赏价值(图 1)。根据花的颜色主要分为白、黄、红、粉、蓝、紫、绿及杂色共 8 个大类。白色类有龙吐珠、'白花'飘香藤等;黄

色类有金杯藤、黑眼花、软枝黄蝉、炮仗藤等;红色类有红花西番莲、使君子、口红花等;粉色类有珊瑚藤等;紫色类有非洲凌霄、大花山牵牛、蓝花藤、蒜香藤等;蓝紫色类有假连翘、蓝花丹、蔓长春花等;绿色类有翡翠葛、穿龙薯蓣等;杂色类有马缨丹等。

龙吐珠、蓝花藤、玉叶金花、红纸扇其苞片也颇具观赏价值。麻雀花为马兜铃科马兜铃属植物,其花型奇特,花、叶、果、藤均均有观赏价值。部分藤本植物的花药或柱头也颇具观赏价值,其形状奇特、可爱,常常受到摄影爱好者的青睐。一些藤本植物的花药、花柱等微观结构也颇具观赏价值,既可吸引昆虫为期传粉,可以让游客驻足观赏、流连忘返(图 2,图 3)。

图 1 部分藤本植物的花
①炮仗藤、②红花西番莲、③鸡蛋果、④金杯藤、⑤山牵牛、⑥使君子、⑦珊瑚藤、⑧龙吐珠、⑨蓝花藤、⑩麻雀花

通过多年观察,对在温室内生长势强、观赏效果佳、备受游人喜欢的 10 种藤本植物的生物学性状进行了总结,为今后的推广与应用奠定基础。

2.1 麻雀花

马兜铃科马兜铃属多年生缠绕草质藤

本,茎长 2m 以上。叶纸质嫩绿,基部心形。花单生于叶腋,具花柄,花下部膨大,上部收缩,檐二唇状,下唇较上唇长约一倍,花暗褐色,具灰白斑点。原产南美洲。花型奇特,花期较长,原产地的花期是秋季,而在温室内一年可多次开花、结果。

北京植物园温室内的麻雀花引种于2018年,用于棚架栽培观赏。于次年初首次开花,花似空中飞翔的麻雀,俏动的尾翼又似孔雀的尾翎,又名孔雀花。之后每次开花都引来诸多游客观赏拍照,一睹这奇妙的身姿。

2.2　使君子

使君子科使君子属攀缘状灌木,高2-8m。叶片膜质,卵形或椭圆形。顶生穗状花序,组成伞房花序式,花大,初为白色,后转淡红色,花冠筒细长,有香气。花期初夏,果期秋末。主要分布在我国长江以南地区。印度、缅甸至菲律宾也有分布。喜温暖、湿润气候,怕严重霜冻。以肥沃、湿润的微酸土壤为佳。攀附能力强,花期长、花量大、色艳芬芳。

北京植物园温室内的使君子种植于大厅中部的边柱旁,种植多年,长势强,花开一簇一簇的,攀至棚顶,形成一道花门,自上而下垂下片片花伞,好似空中飞落的降落伞。其果实也颇具观赏价值,有五棱,成熟时棕黑色,似微缩版的"巧克力阳桃"。

2.3　红花西番莲

西番莲科西番莲属多年生草质藤本,具卷须,长6~8m。花单生于叶腋,花柄长约4~5cm,花冠大,红色,花瓣长披针形,原产委内瑞拉、圭亚那、秘鲁、玻利维亚和巴西等热带美洲地区。喜高温湿润气候,不耐寒,要求光照充足的环境。

北京植物园温室内的红花西番莲种植于四季花厅瀑布外石壁上,垂下的浓绿枝条与锦屏藤的红色藤蔓交错生长,配上朵朵深红的花,浑然一体,似红色瀑布中飘落出的朵朵"出水芙蓉"。在开花季节随着新枝条的长出,每一叶腋长出一朵花蕾,密密麻麻,披红挂彩。开花时晨开夜合,每朵花持续1~2天。花初开时宛如睡莲,被称为陆地上的莲花。盛开的花以花瓣的鲜红色和里面副花冠的纯白色为主,而中间由一

圈紫红(褐)色副花冠隔开,看起来犹如"风火轮",侧看犹如高顶宝石的皇冠,颜色饱和艳丽,对比鲜明,十分耀眼。

2.4　叶子花

紫茉莉科叶子花属藤状灌木。枝、叶密生柔毛。花序腋生或顶生,苞片椭圆状卵形,基部圆形至心形,暗红色或淡紫红色,花被管狭筒形,绿色,密被柔毛,原产地花期春夏间,在温室可四季多次开花。原产热带美洲,喜温暖湿润环境,不耐寒,要求阳光充足和富含腐殖质的土壤。

北京植物园温室内的叶子花用可盆栽和高墙覆盖。盆栽置于厅堂入口处,十分醒目。高墙覆盖,形成立体花卉,给人以奔放、热烈的感受。三角形花苞片大,色彩鲜艳如花,且持续时间长,绿叶衬托着鲜红色片,仿佛孔雀开屏,格外璀璨夺目。

2.5　龙吐珠

唇形科大青属木质灌木,藤茎达4m。叶片纸质,狭卵形或卵状长圆形,顶端渐尖。聚伞花序腋生或假顶生,二歧分枝;苞片狭披针形;小花钟形,花萼白色,花冠深红色,外被细腺毛;雄蕊4,与花柱同伸出花冠外;柱头2浅裂。宿存萼不增大,红紫色。花期3~5月。分布于非洲西部、墨西哥,我国有栽培。喜温暖、湿润和阳光充足的半阴环境,不耐寒。

北京植物园温室内的龙吐珠种植于二楼沙生植物展厅入口墙壁处。在小苗时期藤性并不强,株型直立,分枝多,当长到一定大时,藤性开始显露出来,缠绕茎从枝上长出来,攀爬能力不输藤本月季,养成一面花墙。叶片深绿色,像抹了油一样有光泽,四季常青。一年多次开花,多头集群开花,一个花枝上有好几朵花,盛花期时每个枝头都有花梗,密密麻麻的花朵铺满整枝,甚至只见花不见叶,甚是壮观。花朵形状如宝塔,深红色的花萼从白色的花冠中慢慢抽出,最后花萼会变成一颗绿色的珠子,状

如蟠龙吐珠,很是奇特。红白相间的花朵,配合着翠绿的花萼,加上枝繁叶茂的紧凑树形,观赏价值十分之高。

2.6 蓝花丹

白花丹科白花丹属常绿柔弱半灌木,上端蔓状或极开散,高约1m或更长,除花序外无毛,被有细小的钙质颗粒。花冠淡蓝色至蓝白色,花冠筒较长,冠檐宽阔,通常雄蕊略露于喉部之外,花药短,蓝色。花期6~9月和12~4月。原产南非南部,已广泛为各国引种作观赏植物。长势强健,耐热,稍耐阴,病虫害少。

北京植物园温室内的蓝花丹用作盆栽,置于蝴蝶厅入口。蓝花丹有着独特的青蓝色,颜色淡雅,很少见且观赏期长。花朵一簇一簇的生在枝头好像绣球一样,醒目耀眼,萼筒上部和裂片的绿色部分着生具柄的腺,分泌黏蜜,看着晶莹可爱,摸上去黏黏的。叶色翠绿,花色淡雅,可以给炎热的夏季带来一丝丝凉意。

2.7 炮仗藤

紫葳科炮仗藤属藤本,具有3叉丝状卷须。圆锥花序生于侧枝顶端,花萼钟状,小齿5;花冠筒状,基部缢缩,橙红色,花蕾时镊合状排列,花后反折,边缘被白色柔毛。花柱与花丝均伸出花冠筒;花期长,2~6月。原产巴西,在热带亚洲已广泛作为庭园观赏藤架植物栽培。我国广东、海南、广西、福建、台湾、云南(昆明、西双版纳)等地均有栽培。性喜阳光充足、通风及肥沃、湿润的酸性沙质土壤。

北京植物园温室内的炮仗藤被用作花墙,名如其花,红色筒状花的口部为黄色,攀缘于凉棚上,初夏红橙色的花朵累累成串,只要见过这种花,你就不由得会联想起新年里劈啪炸响的鞭炮,故有炮仗花之称,别有意趣,备受游客喜爱。

2.8 软枝黄蝉

夹竹桃科黄蝉属藤状灌木,长达4m,具乳汁。聚伞花序顶生,花黄色,上部钟状,中间有红褐色条纹。春夏两季开花,冬季结果。原产巴西,世界热带地区广泛栽培。喜温暖、湿润及阳光充足环境,不耐寒,耐高温,耐旱,耐肥,耐修剪。

北京植物园温室内的软枝黄蝉种植于四季花厅二层观赏台,攀缘在身旁的小灌木上,阳光充足,花橙黄色,大而美丽,因花蕾的颜色及形状貌似即将羽化的蝉蛹,且枝条柔软,故而得名软枝黄蝉。叶色亮绿,配以嫩黄的钟形小花,醒目而清新。站在台下就能远远看到她可爱的身姿。

2.9 珊瑚藤

蓼科珊瑚藤属多年生攀缘落叶藤本,长可达10m。叶互生,心脏形,有明显的网脉。花序总状,顶生或腋生,花淡红色。花果期夏秋间。原产墨西哥;在中国广东、海南(三亚)和广西庭园有栽培,或逸为野生。喜全日照,肥沃的微酸性土壤。

北京植物园温室内的珊瑚藤攀缘在石墙上,可跨季节开花,开花壮观,花期极长,花形娇柔,色彩艳丽,花繁且具微香,极美丽,是夏季难得的名花。有"藤蔓植物之后"之称。蓼科皆美人,珊瑚藤也是,它的花朵虽不大,但有种纤弱娇小,我见犹怜的感觉,而且花开后有种淡淡的幽香,清新怡人。珊瑚藤的茎前端呈卷须状;叶基部心形;未绽放的小花苞亦呈现倒桃心形;花序轴部延伸变成卷须。它的卷须像极了绿色锁链,锁住了淡粉色的桃心小花,彼此串联,生死不渝,有"爱的锁链"之美誉。

2.10 蒜香藤

紫葳科蒜香藤属常绿藤本,长达3~4m,枝条披垂,具肿大的节部。揉搓有蒜香味,容易让人"过鼻不忘"。顶生小叶变成卷须。聚伞花序腋生和顶生,花密集,花冠漏斗状,鲜紫色或带紫红,凋落时变白色。原产圭亚那和巴西;我国华南地区有引种栽培。多次开花,以9~10月为盛花期。喜温暖湿润气候和阳光充足的环境,较耐阴,不耐寒,喜疏松肥沃的微酸性土壤。生性强健,病虫害少。

北京植物园温室内的蒜香藤用作篱笆和竹架装饰。枝叶疏密有致,叶色浓绿,花朵密集、色彩素雅,花期甚长,全株散发出沁人心脾的蒜香味;花还有一个特点是能随着时间推移而变色。初开时花为粉紫色,几天后慢慢转为粉红色,最后变成白色而掉落,整个植株可见多种色彩并存,格外醒目,俨然一副焕然天成的花草水墨画。

3　藤本植物在展览温室内的应用形式

藤本植物按照其生长习性和攀附方式可分为缠绕类藤本、卷须类藤本、吸附类藤本和蔓生类藤本(杨期和等,2015)。藤本植物自身攀缘方式不同,其栽植应用形式亦不同。

3.1　垂直立面绿化造景

垂直立面绿化又称附壁式绿化,是指藤本植物通过其特殊的附着结构在垂直立面进行园林绿化,以此来装饰绿化空间、优化美化室内景观(景春娅等,2016)。垂直立面主要包括建筑物墙面、立柱表面、挡土墙等,往往只是一个观赏面,人们通过各种手段使藤本植物爬上立面,起到绿化美化的作用。从某一角度或局部看,藤本植物给平淡无华的墙壁披上绿毯或花毯;从建筑物本身看,藤本植物作为配景能够很好地突出建筑物的精细部位(阎亚辉,2015)。

北京植物园展览温室用于垂直立面绿化的藤本植物有绿萝、合果芋、喜林芋、薜荔、地不容等,图2为龙吐珠在垂直的钢丝网架上攀爬成景的应用,边缘还有垂直落下的锦屏藤,相得益彰,藤本"双骄"。

3.2　构架造景

构架造景是温室中常见的藤本植物造景方式,就是采用各种各样的刚性材料,构

图2　龙吐珠、锦屏藤的应用

成具有一定形状和结构的构筑物,供藤本植物攀附。构架形式多样,依照立面可分为普通廊架式构架、复式构架、凉架式构架、半棚架;依据构架位置可分为沿墙构架、爬山构架、临水构架等。构架景观营造具有观赏、休闲娱乐和分割空间三重功能,既能绿化、美化环境、改善生态,又能赏花观果,给人们提供游憩休闲的场所,逐渐成为园林中常见的藤本植物景观。

构架景观营造主要选择一些生长旺盛、枝叶茂密的卷须类和缠绕类藤本。北京植物园展览温室用于此类的藤本植物有:鸡蛋果、红花西番莲、蒜香藤、使君子、麻雀花、锦屏藤、蓝花藤、猪笼草、口红花、球兰等,图3为非洲凌霄在蝴蝶厅中央花柱上的应用,其独木成景,和蕨类、凤梨类植物搭配在一起,配以木制的葡萄藤,模拟原生境,自然清新。

图3　非洲凌霄的应用

3.3 篱垣式造景

篱垣式造景是指藤本植物爬上栏杆、篱笆、低矮围墙等形成绿墙、绿栏、绿篱等景观,篱垣式造景与垂直立面绿化有相似之处,但高度有限,因此,材料选择更加丰富。篱垣式景观营造的构架结构形式多样,有传统竹木结构的篱笆、金属结构的铁栅栏以及砖砌成的镂空围墙等。篱垣式造景除了起到绿化、美化作用外,还具有分割空间、防护等功能。北京植物园展览温室应用的有:珊瑚藤、龙吐珠等,图4为炮仗藤在大型鹅卵石构建的篱垣的应用,给单调的灰色墙体增加了明媚的色彩。

图4　炮仗藤的应用

3.4 假山置石绿化

假山置石是园林造景中不可或缺的景观元素。藤本植物已广泛应用于假山置石的绿化造景中,采用藤本植物装饰假山置石,形成刚柔并济、相互衬托,有石有山有藤的园林景观,使之更富自然风韵。用于假山置石绿化造景的藤本植物主要是一些悬垂的蔓生类和吸附类。此类植物在选择上要充分考虑假山置石的纹理和色彩,合理配置数量,以凸显假山置石之气势。北京植物园展览温室应用的有扁担藤、地不

容、红花西番莲、锦屏藤、软枝黄蝉、大花老鸦嘴等,图5为叶子花在假山上的应用,既可以遮挡硬质景观,又可以美化环境。

图5　叶子花的应用

3.5 地被

许多藤本植物根系发达,横向生长迅速,具有较强的覆盖能力,能够快速覆盖难以栽培的硬化地面,或借助山石攀附生长,使景观效果更加生动。在具体的应用时选择生长势强、覆盖面积大的藤本植物,北京植物园展览温室应用的地被有吊竹梅、络石、金叶络石、绿萝、洋常春藤等。

3.6 其他景观配置

模拟自然生态的群落结构,在人工群落中配置藤本植物攀缘穿梭其间,以营造层次丰富和谐的森林生态园林景观。可选取的种类有海金沙属、买麻藤属、玉叶金花属、薯蓣属、眼树莲属、球兰属等种类。

除此之外,温室还有一些藤本植物用于盆栽观赏,如蓝花丹、叶子花、金杯藤、飘香藤、沃尔夫藤、蛇藤、镰叶天门冬等。攀缘树体的藤本有:绿萝、地不容、爬树龙、洋常春藤等,图6为喜林芋攀附在榕树上的景观,许多藤本植物将灰色的树干装饰得更加美观,丰富了立体绿化空间,增加了温室整体绿量。

图6　喜林芋的应用

4　结语

北京植物园展览温室收集了热带及亚热带的藤本植物,资源丰富,应用展示效果多样。植物引进后,要对其生物学特性及在温室内的物候进行观察记载,并对生态

习性进行相应地研究。根据每种藤本植物自身的特性采取相应的栽培条件及应用方式,才能达到最佳的展示效果。

绿色、低碳、环保已成为当今世界普遍追求的价值理念,藤本植物在减轻城市污染、拓展城市绿化空间、增加城市绿化面积和美化环境等方面所发挥的作用越来越被人们所重视。温室是北方地区展示热带植物的场所,藤本植物是热带景观中必不可少的植物种类,积极推进藤本植物的应用和展示,可丰富景观层次,营造自然的景观效果。温室内一些硬质支撑物及与景观不协调的物体亦可用藤本植物进行遮挡,在覆盖不美景物的同时又创造了独特的景观效果。热带及亚热带的藤本植物种类丰富,花色多样、美丽,花型新奇、独特,观赏效果极佳。在温室内对其进行应用与展示,可为游客提供不同风格的园林景观和新鲜的游览体验,在游览的同时认识和了解更多的藤本植物。

表1　1999年以来北京植物园展览温室藤本植物收集情况

编号	中文名	科名	属名	拉丁名	价值
1	非洲凌霄	紫葳科	非洲凌霄属	*Podranea ricasoliana*	观赏
2	麻雀花	马兜铃科	马兜铃属	*Aristolochia ringens*	观赏
3	锦屏藤	葡萄科	白粉藤属	*Cissus verticillata*	观赏、药用
4	使君子	使君子科	风车子属	*Combretum indicum*	观赏、药用、农林用途
5	山牵牛	爵床科	山牵牛属	*Thunbergia grandiflora*	观赏、食用、药用
6	翼叶山牵牛	爵床科	山牵牛属	*Thunbergia alata*	观赏、食用、药用、农林用途
7	'苏丝'黑眼苏珊	爵床科	山牵牛属	*Thunbergia alata* 'Susie'	观赏
8	红花西番莲	西番莲科	西番莲属	*Passiflora miniata*	观赏
9	鸡蛋果	西番莲科	西番莲属	*Passiflora edulis*	观赏、食果、药用
10	版纳西番莲	西番莲科	西番莲属	*Passiflora xishuangbannaensis*	观赏
11	指叶蒴莲	西番莲科	蒴莲属	*Adenia digitata*	观赏、药用
12	灌状蒴莲	西番莲科	蒴莲属	*Adenia fruticosa*	观赏
13	球腺蔓	西番莲科	蒴莲属	*Adenia globosa* ssp. *pseudoglobosa*	观赏、药用
14	卡拿腺蔓	西番莲科	蒴莲属	*Adenia keramanthus*	观赏
15	扁担藤	葡萄科	崖爬藤属	*Tetrastigma planicaule*	观赏

（续）

编号	中文名	科名	属名	拉丁名	价值
16	叶子花	紫茉莉科	叶子花属	*Bougainvillea spectabilis*	观赏、食用、药用
17	清香藤	木犀科	素馨属	*Jasminum lanceolaria*	观赏
18	龙吐珠	唇形科	大青属	*Clerodendrum thomsoniae*	观赏、药用
19	蓝花藤	马鞭草科	蓝花藤属	*Petrea volubilis*	观赏、药用
20	绿萝	天南星科	麒麟叶属	*Epipremnum aureum*	观赏
21	喜林芋	天南星科	喜林芋属	*Philodendronimbe*	观赏
22	洋常春藤	五加科	常春藤属	*Hedera helix*	观赏
23	蔓绿常春藤	五加科	常春藤属	*Hedera helix* 'Hightess Miniature'	观赏
24	冰纹叶常春藤	五加科	常春藤属	*Hedera helix* 'Glacier'	观赏
25	薜荔	桑科	榕属	*Ficus pumila*	观赏、食用、药用、农林用途
26	地不容	防己科	千金藤属	*Stephania epigaea*	观赏
27	蓝花丹	白花丹科	白花丹属	*Plumbago auriculata*	观赏、药用、农林用途
28	鸭跖草	鸭跖草科	鸭跖草属	*Commelina communis*	观赏、食果、药用
29	合果芋	天南星科	合果芋属	*Syngonium podophyllum*	观赏、药用、农林用途
30	爬树龙	天南星科	崖角藤属	*Rhaphidophora decursiva*	观赏
31	蛇藤	鼠李科	蛇藤属	*Colubrina asiatica*	观赏、药用、农林用途
32	沃尔夫藤	唇形科	东苣藤属	*Petraeovitex wolfei*	观赏
33	茉莉	木犀科	素馨属	*Jasminum sambac*	观赏、药用
34	球兰	夹竹桃科	球兰属	*Hoyacarnosa*	观赏、药用
35	龟背竹	天南星科	龟背竹属	*Monstera deliciosa*	观赏、食用
36	翡翠葛	豆科	翡翠葛属	*Strongylodon macrobotrys*	观赏
37	炮仗藤	紫葳科	炮仗藤属	*Pyrostegia venusta*	观赏、药用
38	珊瑚藤	蓼科	珊瑚藤属	*Antigonon leptopus*	观赏、食用、农林用途
39	蒜香藤	紫葳科	蒜香藤属	*Mansoa alliacea*	观赏
40	金杯藤	茄科	金杯藤属	*Solandra maxima*	观赏
41	长花金杯藤	茄科	金杯藤属	*Solandra longiflora*	观赏
42	三叶青藤	莲叶桐科	青藤属	*Illigera trifoliate*	观赏
43	口红花	苦苣苔科	芒毛苣苔属	*Aeschynanthus pulcher*	观赏
44	密花胡颓子	胡颓子科	胡颓子属	*Elaeagnus conferta*	观赏、食用
45	文竹	天门冬科	天门冬属	*Asparagus setaceus*	观赏、食用、药用
46	镰叶天门冬	天门冬科	天门冬属	*Asparagus falcatus*	观赏
47	吊竹梅	鸭跖草科	紫露草属	*Tradescantia zebrina*	观赏
48	软枝黄蝉	夹竹桃科	黄蝉属	*Allamanda cathartica*	观赏、药用、农林用途
49	'亨氏'软枝黄蝉	夹竹桃科	黄蝉属	*Allemanda cathartica* 'Hendersonii'	观赏

（续）

编号	中文名	科名	属名	拉丁名	价值
50	鹰爪花	番荔枝科	鹰爪花属	*Artabotrys hexapetalus*	观赏、药用、食用、农林用途
51	香港鹰爪花	番荔枝科	鹰爪花属	*Artabotrys hongkongensis*	观赏
52	假鹰爪	番荔枝科	假鹰爪花属	*Desmos chinensis*	观赏、食用、药用
53	猪笼草	猪笼草科	猪笼草属	*Nepenthes mirabilis*	观赏、药用
54	络石	夹竹桃科	络石属	*Trachelospermum jasminoides*	观赏、药用
55	狭叶络石	夹竹桃科	络石属	*Trachelospermum jasminoides* var. *heterophyllum*	观赏、药用
56	金叶络石	夹竹桃科	络石属	*Trachelospermum asitaticum*	观赏
57	蔓长春花	夹竹桃科	蔓长春花属	*Vinca major*	观赏
58	'阿卡巴'蔓长春花	夹竹桃科	蔓长春花属	*Vinca minor* 'Acba Variegata'	观赏
59	'白花'蔓长春花	夹竹桃科	蔓长春花属	*Vinca minor* 'Alba'	观赏
60	'花叶'蔓长春花	夹竹桃科	蔓长春花属	*Vinca minor* 'Argenteovariegate'	观赏
61	'紫叶'蔓长春花	夹竹桃科	蔓长春花属	*Vinca minor* 'Atropurpurea'	观赏
62	'布里思'蔓长春花	夹竹桃科	蔓长春花属	*Vinca minor* 'Bowles'	观赏
63	云南香花藤	夹竹桃科	香花藤属	*Aganosma cymosa*	观赏
64	广西香花藤	夹竹桃科	香花藤属	*Aganosma siamensis*	观赏
65	飘香藤	夹竹桃科	飘香藤属	*Mandevilla laxa*	观赏
66	'红斗篷'飘香藤	夹竹桃科	飘香藤属	*Mandevilla* 'Red Riding Hood'	观赏
67	'白花'飘香藤	夹竹桃科	飘香藤属	*Mandevilla sanderi* 'Alba'	观赏
68	龟甲龙	薯蓣科	薯蓣属	*Dioscorea elephantipes*	观赏
69	穿龙薯蓣	薯蓣科	薯蓣属	*Dioscorea nipponica*	观赏
70	美丽赪桐	马鞭草科	大青属	*Clerodendrum speciosissimum*	观赏
71	绒苞藤	马鞭草科	绒苞藤属	*Congea tomentosa*	观赏
72	假连翘	马鞭草科	假连翘属	*Duranta erecta*	观赏、药用、农林用途
73	花叶假连翘	马鞭草科	假连翘属	*Duranta repens* L. 'Variegata'	观赏
74	金叶假连翘	马鞭草科	假连翘属	*Duranta erecta* 'Aurea'	观赏
75	'白花'假连翘	马鞭草科	假连翘属	*Duranta* 'Alba'	观赏
76	'密枝'假连翘	马鞭草科	假连翘属	*Duranta* 'Compacta'	观赏
77	'黄花'假连翘	马鞭草科	假连翘属	*Duranta* 'Gold'	观赏
78	'绿黄'假连翘	马鞭草科	假连翘属	*Duranta* 'Green & Gold'	观赏
79	'甜蜜回忆'假连翘	马鞭草科	假连翘属	*Duranta* 'Sweet Memories'	观赏
80	马缨丹	马鞭草科	马缨丹属	*Lantanacamara*	观赏、药用
81	榼藤	豆科	榼藤属	*Entada phaseoloides*	观赏、食用、药用、工业用
82	条状苦瓜	葫芦科	苦瓜属	*Momordica rostrata*	观赏、药用、食用
83	罗汉果	葫芦科	罗汉果属	*Siraitia grosvenorii*	观赏、食用、药用

（续）

编号	中文名	科名	属名	拉丁名	价值
84	旱金莲	旱金莲科	旱金莲属	*Tropaeolum majus*	观赏、食用、药用、农林用途
85	猪笼草	猪笼草科	猪笼草属	*Nepenthes mirabilis*	观赏、药用
86	量天尺	仙人掌科	量天尺属	*Hylocereus undatus*	观赏、药用、食用、农林用途
87	香荚兰	兰科	香荚兰属	*Vanilla planifolia*	观赏、食用
88	红纸扇	茜草科	玉叶金花属	*Mussaenda erythrophylla*	观赏
89	玉叶金花	茜草科	玉叶金花属	*Mussaenda pubescens*	观赏
90	云实	豆科	云实属	*Biancaea decapetala*	观赏、药用、农林用途
91	滇南省藤	棕榈科	省藤属	*Calamus henryanus*	观赏
92	异株藤	棕榈科	省藤属	*Calamus dioicus*	观赏
93	短叶省藤	棕榈科	省藤属	*Calamus egregious*	观赏
94	多果省藤	棕榈科	省藤属	*Calamus walkeri*	观赏
95	广西省藤	棕榈科	省藤属	*Calamus dianbaiensis*	观赏
96	黄藤	棕榈科	黄藤属	*Daemonorops jenkinsiana*	观赏
97	南巴省藤	棕榈科	省藤属	*Calamus inermis*	观赏、食用
98	多刺鸡藤	棕榈科	省藤属	*Calamus tetradactyloides*	观赏
99	华南省藤	棕榈科	省藤属	*Calamus rhabdocladus*	观赏、食用
100	白藤	棕榈科	省藤属	*Calamus tetradactylus*	观赏
101	毛鳞省藤	棕榈科	省藤属	*Calamus thysanolepis*	观赏
102	海金沙	海金沙科	海金沙属	*Lygodium japonicum*	观赏、药用

参考文献

陈丽晖,徐呈祥,崔铁成,等,2015. 鼎湖山国家级自然保护区野生观赏藤本植物资源及其园林应用研究[J]. 广东农业科学,16(6):19-26.

景春娅,2016. 西安地区藤本植物资源调查与应用研究[J]. 中国园艺文摘,(7):70-72.

涂淑萍,傅波,1996. 攀缘植物在城市绿化中的应用研究. 江西农业大学学报[J],18(4):464-469.

王灯,苟光前,孙巧玲,等,2017. 贵州黔南野生木质藤本植物资源多样性及开发利用[J]. 草业科学,34(7):1506-1515.

王业社,陈立军,杨贤均,等,2015. 湖南城步野生藤本植物资源及开发利用研究[J]. 草业学报,24(8):11-23.

夏江宝,许景伟,赵艳云,2008. 我国藤本植物的研究进展. 浙江林业科技[J],28(3):69-74.

阎亚辉,2015. 藤本植物的园林应用浅析-以北京地区为例. 园林园艺[J],(5):8-9.

杨期和,杨和生,刘德良,2015. 华南地区常见藤本植物的园林应用浅析[J]. 嘉应学院学报(自然科学版),(2):57-66.

袁吉占,杭夏子,翁殊斐,2014. 广东省木质藤本植物地理成分及园林应用潜力分析[J]. 亚热带植物科学,43(1):79-83.

邹慧思,汪金,于旭东,等,2018. 海南大学儋州校区及周边地区藤本植物调查[J]. 热带农业科学,38(4):68-76.

Schnitzer S A,2018. Testing ecological theory with lianas[J]. New Phytologist,220(2):366-380.

"五育并举"理念下植物园青少年科普教育高质量发展路径探析

Analysis on the High Quality Development of Botanical Garden Adolescents Popular Science Education under the Concept of Five Education Simultaneously

师丽花[1]

（1. 北京教学植物园，北京，100061）

SHI Li-hua[1]

（1. *Beijing Teaching Botanical Garden*，*Beijing*，100061）

摘要：随着科普教育的新要求及教育改革的深入，青少年科普教育高质量发展成为了植物园人的重要使命。本文从"五育并举"的视角，探析了植物园青少年科普教育高质量发展的路径。

关键词："五育并举"，植物园，科普教育

Abstract：With the new requirements of popular science education and the deepening of education reform, the high quality development of popular science education for adolescents has become an important mission of Botanical Garden staff. From the perspective of *Five Education Simultaneously*, this paper analyse the path of high quality development of adolescents popular science education in Botanical Garden.

Keywords：Five education simultaneously, Botanical Garden, Popular science education

2021 年 6 月 25 日，国务院发布了《全民科学素质行动规划纲要（2021—2035年)》(以下简称《纲要》)，《纲要》指导思想中提到"以提高全民科学素质服务高质量发展为目标"，原则中提到"推动科普内容、形式和手段等创新"、提升行动的第一条就是"青少年科学素质提升行动"。青少年是祖国的未来，提升青少年科普教育质量关乎我国未来公民的素养发展。

1 国内植物园青少年科普教育现状

我国植物园的教育工作起步于 20 世纪五六十年代，80 年代至 90 年代末为其成长阶段，21 世纪以来进入了成熟阶段，经过半个多世纪的发展，我国植物园科普教育的内容和形式日趋丰富和多样化。目前，面向青少年开展的活动内容多涵盖植物学、园艺学、生态学、环境科学等；活动的形式主要为参观解说类、科普讲座、科普展览、动手制作、游戏竞赛、冬夏令营、研学旅行等。随着我国植物园事业的发展，植物园在科普教育中的重要作用日益凸显。2015 年认定的全国科普教育基地中有 22家植物园，2016、2017 年教育部认定的"全国中小学生研学实践教育基地"中就有北京教学植物园、上海辰山植物园、广西药用植物园等 10 家植物园。伴随着《关于推进中小学生研学旅行的意见》《中小学综合实践活动课程指导纲要》等一系列文件的颁布，推动了中小学对植物园优质教育资源

的需求。为顺应时代发展趋势、满足社会发展需求,植物园青少年科普教育高质量发展成为了植物园人的重要使命。

2　新时代"五育并举"理念的内涵

2018 年 9 月,习近平总书记在全国教育大会上提出了"培养德智体美劳全面发展的社会主义建设者和接班人"。2019 年 7 月,中共中央、国务院印发的《关于深化教育教学改革全面提高义务教育质量的意见》,明确了"构建德智体美劳全面培养的教育体系",坚持"五育"并举,全面发展素质教育。2021 年 4 月 30 日起实施的《中华人民共和国教育法》由原来的"培养德智体美全面发展的社会主义建设者和接班人"改为"培养德智体美劳全面发展的社会主义建设者和接班人"。

"五育并举"是新时代教育的标志性特征,是新时代健全人格培养、促进学生全面发展的具体路径。"五育"是一个有机整体,各育之间是相互独立、相互影响、相互依存、相互融合的关系。其中德育是各育的灵魂与方向,智育是各育的前提与基础,美育是前两者的桥梁及各育的内在动力,劳动教育是真正实现真、善、美内在统一的现实途径(孟万金,2020)。"五育并举"关键在"并",这里的"并"不是简单的并列,而突出"融通""贯通",实践中要学会在"一育"中发现"五育"、渗透"五育"、落实"五育",同时在"五育"中认识"一育"、把握"一育"、实现"一育"。"

"五育并举"理念下更加重视实践性课程的建设,重视课程与生产劳动、社会实践结合,学校小课堂与社会实践大课堂相互结合、协同育人是推进"五育并举"落实,深化教育供给的有效途径。

3　青少年科普教育高质量发展的路径探析

3.1　深入挖掘资源,发挥德育功能

据中国植物园联盟调查统计,我国现有各类植物园(树木园)162 个,这些植物园覆盖了我国主要气候区(焦阳,2019),拥有丰富的人文和自然资源。纵观我国植物园的发展史,植物园的建设和发展离不开党和国家的关怀,离不开科研人员、相关工作人员的倾心付出。胡先骕、陈封怀、蔡希陶等为中国植物园事业发展做出巨大贡献的老一辈革命家的爱国情怀、当代楷模人物的先进典型事迹、科研工作者的科学精神都是生动的德育素材。通过引导青少年讲先辈故事、看展览听故事、科学人物访谈等形式,引导其形成正确的价值观取向,有助于青少年将社会主义核心价值观内化于心、外化与行。

3.2　依托多样景观,拓展美育功能

"艺术的外貌、科学的内涵"是我国植物园建设的理念,植物园天然具有美育的功能。首先,植物园的环境建筑具有美育功能。不论是传统的中式园林小品,还是现代植物园建筑,都有空间大小、层次构造等变化,这些人造景观如何与植物园的自然景观融合都是值得引导青少年探讨的美学问题。其次,植物园中的文字品题具有美育功能。走进我国各大植物园,不难发现匾额、楹联、书条石等,探寻这些元素背后的美学文化,开展相关的创意创作,是美育实践的具体形式。最后,植物个体或植物群体的自然美具有美育功能。植物个体的线条、结构、色彩,植物群体的高低错落、透视色彩都对青少年审美素养的发展具有重要价值。

3.3　基于植物元素,开展体育活动

早在 1917 年,毛泽东同志就在《新青年》上发表了《体育之研究》,提出体育具有"强筋骨、增知识、调感情、强意志"四大功用。2020 年,中共中央办公厅、国务院办公厅印发了《关于全面加强和改进新时代学

校体育工作的意见》提出了要统筹社会资源，促进学校体育教育。植物园具有丰富的植物资源、多样的生态景观、开阔的空间场地，是开展定向越野等体育项目的理想场地。通过将植物相关的问题引入定向越野点位任务，既能体现体育项目强筋骨的作用，同时还可以增加植物知识学习的趣味性。

3.4 结合生产实践，实施劳动教育

2020年3月，中共中央、国务院印发《关于全面加强新时代大中小学劳动教育的意见》中提到社会要发挥在劳动教育中的支持作用。植物园的日常养护管理中，有一系列的生产实践活动，如播种移苗、苗木扩繁、掐尖修剪、园林垃圾处理、植物标牌、标本信息管理等。而这些生产实践环节，正是学校劳动教育需要的课程资源。对标劳动教育各学段目标，开发设计植物园劳动教育课程，既是植物园科普教育的创新发展，也是对教育与生产劳动和社会实践相结合的落实。

3.5 改进科普模式，提高智育实效

随着教育改革的深入，更加突出青少年学习者的主体地位，提高植物园科普智育实效要做到两个转变：第一，是角色的转变。在开展科普活动中，科普教育者要从知识的传授者转变为教学的组织者、促进者。在教学组织过程中多采用启发式、探究式、讨论式等教学方式。第二，是内容的转变。教学活动的内容的选择，要源于青少年的生活经验，提倡由单一学科向多学科融合转变。比如以某种或某类植物为活动载体，创设相关问题情境，开展植物与工程技术、植物与语言文学等融合的主题活动。

"五育并举"作为撬动植物园青少年科普教育高质量发展的着力点，已经在部分植物园进行了率先尝试，如北京教学植物园的《中小学生传统植物文化实践课程》，以植物园丰富的植物资源为载体，以植物文化为主线，对标中小学现行语文、劳技、道法、生物、美术、历史、地理、音乐课程标准，开发了植物饮食、植物服饰、植物文字、植物习俗、植物文学艺术5个模块27项活动课程；《植物园气候变化教育活动》基于北京教学植物园设施、植物资源，以气候变化为主线，对标小学各学科课标开发了气候变化认知、气候变适应、气候变化减缓3个单元26项主题活动。"五育并举"的植物园科普教育是一种整体的、全面的、系统的教育供给生态，是植物园创新科普内容、形式和手段，寻找植物园科普教育新增长点，推动植物园青少年科普教育高质量发展的路径。

参考文献

孟万金，姚茹，苗小燕，等，2020. 新时代德智体美劳"五育"并举学校课程建设研究[J]. 课程教材教法，40(12):40-45.

焦阳，邵云云，廖景平，等，2019. 中国植物园现状及未来发展策略[J]. 中国科学院院刊，34(12):1351-1357.

新媒体时代下的上海辰山植物园网络直播
Webcast of Shanghai Chenshan Botanical Garden in the Era of New Media

张哲[1]　沈戚懿[1]

（1. 上海辰山植物园，上海，201602）

ZHANG Zhe[1]　SHEN Qi-yi[1]

（1. *Chenshan Botanical Garden*，*Shanghai*，201602）

摘要：为了让市民足不出户感受春的气息，上海辰山植物园首次推出"云赏花"系列科普视频直播活动，基于互联网+背景，借助新媒体将优美春景通过网络传播到千家万户。2020年至今推出科普直播近30场，拍摄各类科普、景观视频38部，全年度视频总点击率1622万，大力推动辰山新媒体建设，形成覆盖全面、功能完善的新媒体传播体系，成为引领行业的标杆。

关键词：新媒体，网络直播，云赏花

Abstract：In order to allow citizens to feel the beauty of spring fully while staying indoors, Shanghai Chenshan Botanical Garden launched the *Flower Viewing Tour on line* for the first time, which is a component of series live events for popular science. Under the Internet plus background, the beautiful spring scenery can be spread to thousands of households through the Internet with the help of new media. Since 2020, nearly 30 popular science live broadcasts have been launched, 38 popular science and landscape videos have been shot. Hit rate of these videos is 16. 22 million overall. Vigorously promotes the construction of Chenshan's new media and forms a comprehensive and fully functional new media communication system will make Chenshan become an industry benchmark.

Keywords：New Media，Webcast，Cloud Viewing Flowers

1　辰山植物园介绍

上海辰山植物园坐落于佘山国家旅游度假区内，于2010年4月初步建成并对外开放，由上海市人民政府、中国科学院和国家林业局（现国家林草局）合作共建，是一座集科研、科普和观赏游览于一体的AAAA级综合性植物园。

园区占地面积达207hm²，为华东地区规模最大的植物园，同时也是上海市第二座植物园。经过一段时间的快速成长，目前已经成为上海市的一张城市名片，是公众认知植物、贴近自然的文化阵地，为上海2500万居民提供了一个理想的休憩场所，年游客量超过100万人次。

2　新媒体时代下网络直播特色介绍

2.1　网络直播概念

网络技术的发展改变了传统信息的交互理念和方式，新媒体的发展也正在重塑人们的社交生活和网络行为（韩京航，等，2017）。在此背景下，不用受到时间、空间和地点的限制的网络直播应运而生。网络直播是利用多种新媒体的技术和平台，将原本只能线下参与的事件，通过网络展示传播给市民并参与互动的手段（乔剑，2019）。

2.2　网络直播特点

网络直播的主体多元化、传播的题材和内容广泛化，传播方式轻便小屏化，互动参与人员双向化（喻国明，2017）。通过网络直播可以突破时间空间的局限，实现实

时的互动交流,创设新型参与模式,扩大受众群体规模。特别在后疫情化的新媒体时代背景下,线上、线下的协作运营与深度融合,网络直播的发展为文化活动宣传以及日常科普宣传提供了新的发展模式和方向,将持续发展打开新的业态局面(麦尚文、杨朝露等,2020)。

网络直播传播与传统媒体在运营中的互动也非常重要,可以进一步增强平台的交互性和社交性功能,以此为基础推动整个传播质量与传播效果的提升,实现网络直播的发展目标。

3　网络直播的实施构思

3.1　直播平台的选择

综合选取受众群里最合适的直播平台,首先要了解平台的分类和定位,最好以同属性、流量大为基础,然后再做进一步选择。比如官方抖音、腾讯、新华社、移动等。

3.2　直播间的自我定位

在策划方案时,主要从人物—环境—内容等角度思考:一是思考辰山植物园的粉丝喜欢看什么;二是思考直播哪些高质量的内容粉丝易接受;三是直播播放在室内还是室外大自然开展。

3.3　直播人员的确认

直播人员的质量也对一场直播起到了举足轻重的作用。辰山植物园的直播人员一般包括主播、科普老师、助理、灯光师和摄影师。

3.4　直播设备准备

直播设备直接会影响到一场直播是否成功,所以直播前要反复确认手机、充电宝、补光灯、收音防抖的无线耳收麦、手机三脚架等直播设备的有效性和完整性。一般直播不需要播放音乐,如果一定要,声音大小不能超过主播说话声音。

3.5　网络环境的维护

网络环境会影响粉丝在看直播时候的愉悦度,所以稳定的网络环境对于直播来说是必不可少的。一般我们使用Wi-Fi,并

开启手机飞行模式,以免打扰导致网络不稳定。若实在Wi-Fi网络不方便时则使用手机信号直播。

3.6　预热活动的策划

直播前的预热也需要静心策划,一般提前1~2天过通过官方微信、官方网站、朋友圈、社交平台、其它公众号推文等进行预告,主要宣传直播时间和内容。宣传时主义文案和标题的创新,在正式开播前,还要提前设置吸引眼球的开播封面,以吸引粉丝兴趣从而进入直播间。

4　辰山植物园网络直播实施方案

4.1　网络直播推进方案

通过网络直播可以挖掘与市民内心深处的人性联结,形成辰山品牌的影响力和忠诚度,提高辰山海外影响力与美誉度。辰山植物园通过开通各类直播平台账号,并持续更新维护,建设了线上新媒体矩阵,包括微信、微信视频号、微博、官网、哔哩哔哩、抖音、爱奇艺、腾讯和优酷视频等。持续打造"云赏花"传播品牌,已形成"云赏花2.0版本""云赏花3.0版本"。拍摄《花开的声音》《走进植物王国》等视频和科普动画片。结合平台直播、抖音带货等形式,孵化辰山"IP",传播内容符合"00后"思维和新发展视角,增加粉丝黏性。

在新媒体的介入下,网络直播的推进让上海的公园文化活动逐渐数字化、科技化、全国化,扩大了宣传窗口,将海派文化的气息带到全国观众的生活中去。在网络直播的建设中不断探寻新一轮的宣传体验模式,将新老宣传方式有效结合,在全国层面打响上海园艺文化活动品牌。

4.2　网络直播基本情况

辰山植物园受疫情影响,自2020年全面闭园后,为了让市民足不出户就能赏花,首次独家开启了云赏花模式,通过抖音直播平台、微博、一直播、微信平台、网站视频等形式,与市民共赏花。同时辰山植物园携手"经典947"、百视通联合出品"云直播

音乐会"VR 直播带你徜徉花海,享受音乐。 具体场次和主题见表1。

表1 网络直播基本情况

时间	主题	数量	直播平台
2020 年至今	科普类赏花直播(樱花、玉兰、梅花、海棠等)包括最特色的夜赏樱	一年 20 场	抖音直播、微博、一直播
2020 年至今	各类花展	一年 5 场	新华社、腾讯、澎湃新闻(官媒)
2020 年至今	各类活动(55 购物节、夏令营、药用园开园)	一年 5 场	抖音直播、微博、一直播
2020 年至今	大型花展(月季、兰花)	一年 2 场	小红书、大众、美团达人
2021 年至今	樱花、建党百年花海、展览温室、月季岛	4 个点位,24 小时慢直播	官方微信公众号菜单栏进入
2021 年至今	月季展期间,与上海戏剧学院的师生合作,将剧情类舞台剧融入直播	一年 1 场	微博直播

4.3 网络直播主要亮点

辰山植物园网络直播的亮点主要有 6 点:一是作为新媒体的直播活动,平台通道开放扫码即可观看,方便快捷;二是观众参与度高,抽奖环节激发观众的积极性,发弹幕加强了观众互动性;三是直播活动从策划到实施,内容输出便捷,去中心化碎片化落实到实处;四是户外直播的真实性和内容板块的丰富性,为观众提供了实地游览的参考价值;五是顺应用户习惯,直播已经普及到人们生活的方方面面,是一种新型业态;六是全绿化行业首创 24 小时赏花慢直播,成为引领行业标杆。

5 辰山植物园网络直播成效

辰山植物园的"云赏花"系列以优美的景观、新颖的模式吸引了中央电视台、新华社等主流媒体来园采访和拍摄。2020 年 2 月,中央电视台以"上海梅樱齐争春"为题,面向全国观众"云赏花",受到广泛关注,150 万人次在线收看。随后,新华社所拍摄的辰山樱花视频内容引起全国网民热烈反响,以"上海的樱花开了"为话题登上微博全国热搜榜第六名,微博阅读量更是达到 3.2 亿人次,创下了辰山热榜的"历史之最"。辰山"云赏花"话题,继 2 月份被上海大调研新媒体榜单作为 2 月热点排名后,3月荣登"月度正能量文章创博影响力十佳"榜。

5.1 "辰光三月 樱你而来"——赏樱 24 小时慢直播

2021 年 3~4 月,辰山植物园中染井吉野樱花盛放,为了让市民体验"不入园林,也知春色如许",植物园通过技术手段安装了摄像装置,让市民以"慢直播"形式观赏 24 小时不间断的 1500m 的樱花大道。本次慢直播共获实时线上观看量 65.5 万人次,并登上学习强国 APP 首页"实播中国之花开中国"栏目也是绿化园林系统内的首个赏樱慢直播。

5.2 "月季花开 百年圆梦"——2021 年上海月季展

2021 年 4~5 月,为了让不能亲赴游园的市民一睹花展,辰山植物园继续在"云"上开启赏花模式。月季展精心布置了大爱起航、同心筑梦、花开盛世、生生不息四大展区,展示近 1000 种月季,展出面积 42000余平方米。市民通过广角摄像头,以"慢直播"的形式全天候 24 小时感受花色品种众多、姹紫嫣红月季花海带来的视觉盛宴。上海慢直播月季展周期从月季含苞待放持续到满园群芳盛开,不间断呈现生机盎然、百花争艳的景象,身临其境地领略了一场精美绝伦的视觉盛宴,感受别样的辰山植物园。

在慢直播的基础上,辰山植物园联合各类媒体开展网络互动直播。在新华社现场云平台开展 2021 年上海月季展的网络直播活动。4 月 30 日全程直播时长 70 分钟,现场云直播平台浏览量达到 11000 次,点赞百余人全程互动热烈,直播活动结束后的总结发布在新华社客户端上海频道上,获 14.5 万次浏览量。

5 月 8 日由园艺师亲临直播间与主持人一起带领市民了解月季花的种种故事,通过游戏等内容分享专业知识,传递在生活中塑造花艺审美的小技巧,全程直播 120 分钟,微博直播、一直播共观看次数达近 200 万次,点赞数超 104 万次。具体数据见表 2。

表 2　月季展直播数据明细

访问平台	观看次数	互动数	点赞数
微博直播	250000	1219	
一直播	1582000		1045429

5.3 "品质生活直播周"宣介活动

6 月 1 日,辰山植物园在美团、大众点评、辰山微博、一直播上开展宣介直播,持续打响"辰山品牌",点燃了全民出游热情。通过直播,观众领略了别样的仲夏景,感受了迷人的辰山美,一个半小时的直播,累计观看人数 3.2 万余人次,直播间点赞、评论、互动频繁。在主播的热情呼吁下,辰山限时限量推出的半价票销售火爆。

6　困难及改进方向

6.1　技术困难

技术困难主要体现在网络稳定性,一般大型花展期间的直播期间,园内来赏花的游客也非常多,信号因为入网人数的增加,而变成不稳定。另外,24 小时慢直播类,会遇到恶劣天气和人为破坏等因素影响画面质量。

6.2　内容困难

内容困难主要体现在内容的创新,除

了特色 24 小时慢直播之外,每个月都需要有带不同科普主题的直播内容,怎么创新内容以吸引更多的粉丝关注还是比较困难的。

6.3　改进方向

改进技术困难和内容困难的解决方案主要有:一是自备随身流量包,作为 Wi-Fi 信号不畅的后备方案;二是提前和信息技术部沟通,在园区多个点位设置固定摄像头;三是谨慎选择摄像头安置点,保证不会被游客打扰也不会因为淋到雨而损坏;四是科普直播中进行双主播配置,其中一位是资深主播,另一位是植物园专业科普老师,做到既可以活跃气氛又可以传播知识,从而达成完美的直播效果。

7　结论

在"后疫情化"的时代背景下,线上、线下的协作运营与深度融合,为植物园文化活动宣传以及日常科普宣传提供了新的发展模式和方向,将持续发展打开新的业态局面。辰山植物园通过多元化的网络直播展示了上海形象,通过在网络直播的成效分析,我们深刻认识到在直播的方式方法中需要注入更多的新鲜元素,来满足市民的需求,不断完善互动反馈机制,发挥处新媒体所具有的作用,不断提高网络传播的效果,提升社会影响力。

在新媒体的介入下,让上海的植物园文化活动数字化科技化全国化,扩大宣传窗口,将海派文化的气息带到全国观众的生活中去。可持续的探寻新一轮的宣传体验模式。

参考文献

韩京航,王树硕,吴振冲, 等, 2017. 浅析网络直播及其影响力[J]. 西部广播电视,26 (24):44-45.
麦尚文,杨朝露, 2020. 从议题互动到"场景融合":网络直播的舆论功能与生态重构[J].

福建师范大学学报(哲学社会科学版),(3):83-92. 乔剑, 2019. 从网络直播的发展看新媒体的发展[J]. 传播力研究,(20):282.
喻国明, 2017. 从技术逻辑到社交平台:视频直播新形态的价值探讨[J]. 新闻与写作,(2):51-54.

树池及覆盖物对园林树木养护及景观的影响
The Influence of Tree Cycle and Mulch Used in Garden Tree Maintenance and Landscape

肖云学[1]　何开红[1]　刘勐[1]

（1. 中国科学院西双版纳热带植物园，勐仑，666303）

XIAO Yun-xue[1]　HE Kai-hong[1]　LIU Meng[1]

（1. *Xishuangbanna Tropical Botanical Garden*，*Chinese Academy of Sciences*，*Menglun*，666303）

摘要：本文以中国科学院西双版纳热带植物园树木养护过程中树池营建以及覆盖物的使用成效为例，介绍园林树木养护中树池营建的目的、对象、工具、技术以及覆盖物的类型及使用方法。并设置了树池+覆盖物、树池无覆盖物、无树池无覆盖（CK）3 个处理，分析了树池及覆盖物的应用对植物生长、杂草的生长速率、人工管理时间投入及有花植物花量的影响。结果表明，树池及覆盖物使用具有促进植物生长、抑制杂草生长、减少人工管理成本。标准、规范的树池营建及覆盖物使用还能提升园区的景观效果。本研究结果可为植物园、树木园、森林公园、公园等单位的树木养护提供科学依据。

关键词：树池，覆盖物，树木养护

Abstract：The study introduces the purpose, objects, tools and techniques of the construction of tree cycle in the process of garden tree maintenance, as well as the types and use methods of mulch in Xishuangbanna Tropical Botanical Garden of Chinese Academy of Sciences as a case. Three treatments, tree pool + mulch, tree cycle without mulch, and no tree cycle and mulch (CK), were set up to analyze the effects of tree cycle and mulch on plant growth, management time investment and the effect on the flower plants. The results showed that the tree cycle and mulch could promote the growth of plants, inhibit weed growth, reduce the cost of management. Besides, the standard of tree pool construction and mulch use also can improve the landscape. The result could provide scientific basis for garden tree maintenance in botanical garden, arboretum, forest park, park and other places.

Keywords：Tree cycle, Mulch, Tree maintenance

　　树池是人工的构筑物，是城市道路广场树木生长所需的最基本的空间，承担着保护植物的功能（王文哲等，2010）。树池在我国的应用历史悠久，《长安志》（宋）中记载位于太液池西，池中有洲，洲上有一株杉树得名孤树池，这是目前文献中出现的关于树池的最早记载。树池实则为植物根际养护的一个重要方面，其前身可追溯为中耕松土，即对土壤进行浅层倒翻、疏松表层土壤，通常结合除草一起进行。土壤疏松有利于植物根系生长，促使植物形成良好的根系组织，可增加植物的抗旱抗涝抗倒伏的能力，增加植物对恶劣环境的抵抗力。树池不仅有保护树体的功能，使树体根部免受践踏及主根附近的土壤被压实，还有艺术性和观赏性，在我国的各大公园中，树池是最常见的园林小品之一。通常，树池和覆盖物的使用同步，树池营建后使用腐殖质覆盖，不仅对土壤起到保温保湿，还能抑制杂草生长，改善土壤结构等作用

（薛勇，1996；魏钰，2007；Greenly & Rakow，1995；施正华，2018）。

在现代景观中，树池得到了越来越广泛的应用，很多学者对树池的相关营造技术及功能也开展了一些较为深入的研究（田利颖，2006；于方玲，2017；李泓岈等，2019；崔金玉等，2019）。然而，这些研究更多的是关注城市行道树树池艺术性设计、树池营建的硬质材料等，对于植物园、森林公园等这些区域的树池营建研究较少。国外对树池的理论研究报道的文献也不多，主要集中在行道树的树池研究，如 Greenly 等（1995）研究了树池内土的体积对行道树的影响，通过定量分析来确定树池的大小，《纽约街道设计手册》对树池的功能、应用中注意的问题等进行了介绍。但树池及覆盖物在英国皇家植物园爱丁堡、邱园等世界一流植物园的园林树木养护中得到了广泛的应用，优美的树池与树体相得益彰，成了园区一道风景线。纵观国内的植物园及公园等场所，也有将树池应用于植物养护。然而，树池的形状各异，与树体或周边环境不协调，不规范的树池还会引起植物长势衰退，诸如此类在国内随处可见。

树池营建及覆盖物的使用是园林树木养护精细化管理的重要体现，通过这一工作，可以减少植物根际周围的杂草，疏松土壤，增加植物根际的通透性，为植物的生长创造良好的生长环境。树池本身具有艺术性，结合植物生长的地形地势，营建与之相称的树池，不仅可以使幼树或小树免受割草机的伤害，还可提升景观效果，是提升物种保育水平和景观效果的重要方式。中国科学院西双版纳热带植物园（以下称"版纳植物园"）历来重视物种保育及景观营造与提升工作，在提升植物保育质量的同时展现植物的美。近年来，版纳植物园开展了树池营建及覆盖物在树木养护及园林景观提升的探索工作，并取得积极的效果。这些成果可为我国植物园、森林公园等机构的树木养护、景观提升以及资源的可持续利用提供参考。

1 材料和方法

1.1 试验地概况

版纳植物园地处云南省勐仑镇，全年无四季之分，根据降雨量可分为旱季（11月至次年4月）和雨季（5~9月），旱季又可分为雾凉季（11月至翌年2月）和干热季（3~4月）。干热季气候干燥，降水量少，日温差较大；雾凉季降水量虽少，但从夜间到次日中午，都会存在大量的浓雾，对旱季植物的水分需求有一定补偿作用。雨季（5~10月），气候湿热，水分充足，降雨量 1 256 mm，占全年的84%（西双版纳热带森林生态研究组，2000）。

1.2 试验方法

1.2.1 试验树种及分组

选取热带树种红光树（*Knema tenuinervia*）、葱臭木（*Dysoxylum excelsum*）、越北巴豆（*Croton kongensis*）、叶轮木（*Ostodes paniculata*）、大苞藤黄（*Garcinia bracteata*）、藤黄（*Garcinia hanburyi*）、巴西红厚壳（*Calophyllum brasiliense*）、福木（*Garcinia spicata*）8种，每种15株，且长势、株高基本一致。每树种设置树池+覆盖物、树池无覆盖物、无树池无覆盖物3个处理，每处理5株。所选树种的栽培环境相同，树池的大小、规格基本一致，期间不做修剪、施肥等处理，采取相同的管理模式。

1.2.2 观测时间

于2017年1月开始，到2018年连续两年，每半年测量1次植物的株高和胸径，共4次。研究树池及覆盖物对植物长势的影响。此外，在2年的试验间，观察并记录所有树种的树池+覆盖物及树池无覆盖物2个处理的杂草的类型、清除杂草的周期、清除杂草（树池维护）耗时，分析树池及覆盖物对人工管理时间的影响。

1.3　树池营建工具

树池营建工具常用的有半月铲、圆形模板、铎铲、小铲以及修边剪。

1.4　覆盖物使用方法

本研究使用的有机覆盖物为园林工作中修剪产生的枯枝、落叶、枯树倒木等园林废弃物，经粉碎、发酵腐熟后的成品，覆盖厚度约为7cm，且树干的基部不能堆积。

1.5　数据分析

所有数据使用 Excel 2003 及 SPSS 17.0 分析。

2　结果与分析

2.1　树池营建的相关内容

2.1.1　树池营建的对象

版纳植物园经过2年的摸索，明确了树池营建的对象，主要包括以下几种类型：(1)小树、幼树或新定植的植物；(2)花坛、草坪边界的修整；(3)古树名木、珍稀濒危等重点保护的植物；(4)其他需要开展的类型。通过营建树池，形成独立的空间，为植物的生长创造良好的条件。通常，需做树池的乔木直径通常在1~20cm，超过15cm的需视情况而定。树池的大小与树干胸径的关系如表1所示。

表1　树干的胸径与树池大小的关系

树干胸径大小(cm)	树池直径大小(m)
1~5	0.8
5~10	1.2
10~15	1.4
15~20	1.6

2.1.2　树池营建技术及覆盖物使用

树池营建是将植物树根周围的杂草清除，营建前需了解植物根系的形态和生长特性，如是深根系还是浅根系，需深耕还是浅翻，此外，还需考虑植物的生长环境及地形地势，否则，不当的营建会伤害植物的根系，进而影响植物的生长。树池营建过程中，首先要确定树池的大小，植物的根系与冠幅成正比，树池的大小一般为冠幅的2/3至3/4，也可以树干的胸径按表1为参考操作。确定树池的大小后，以树干为圆心放置圆形模板，用半月铲沿着边沿修整，确定边界；边界修整后，将边界以内的杂草清除，并适当翻耕松土，若为深根系或有主根的树木可深翻10~15cm，若是浅根系则将表层的杂草清除即可；树池内的杂草清除后，即可将覆盖物置于树池内，深度为7cm，切忌树干基部不能堆积覆盖物；最后，修复树池边缘使其规整，覆盖物略高于树池边缘，且树池与覆盖物间有平缓过渡。技术熟练后，可不用模板，确定好树池大小即可用铎铲进行边界操作。另外，需注意的是在斜坡营建树池，须沿着坡面保持上下面树池的深度一致，否则会出现坡面上部较深下部较浅，导致树池形状不协调，失去美感。

2.2　树池营建及覆盖物使用对园林树木生长及景观提升的影响

2.2.1　树池及覆盖物对植物长势的影响

树池及覆盖物使用是否会对植物生长造成不利影响，甚至死亡，是树木养护中必须关注的问题。调查结果表明，树池及覆盖物的使用不会引起植物死亡，在一定程度上促进植物生长，树木的株高和胸径都有所增长，但不同植物间的增长程度有所差异。详见表2。

2.2.2　树池及覆盖物对树木根际杂草生长的影响

分析不同处理间杂草的组成、杂草密度定量分析树池及覆盖物抑制杂草的程度，结果表明树池无覆盖物的处理其杂草密度约是树池加覆盖物的10倍，杂草的组成种类也多于树池及覆盖物的处理，详见表3。结果表明，树池与覆盖物的使用能有效的抑制杂草的生长。

表2 各处理组植物地径、株高的年增长量

类别	处理	红光树 *Knema tenuinervia*	葱臭木 *Dysoxylum excelsum*	越北巴豆 *Croton kongensis*	叶轮木 *Ostodes paniculata*	大苞藤黄 *Garcinia bracteata*	藤黄 *Garcinia hanburyi*	巴西红厚壳 *Calophyllum brasiliense*	福木 *Garcinia spicata*
地径	A	3.50a	0.50a	1.43a	5.00a	1.00a	1.90a	3.00a	0.50a
	B	2.61b	0.47a	0.66b	0.71b	0.67b	1.65b	2.52b	0.43b
	CK	2.50b	0.50a	1.15a	1.02b	1.00a	1.60b	2.33b	0.45b
树高	A	0.94a	0.52a	0.26a	0.62a	3.50a	2.90a	1.23a	0.47a
	B	0.54b	0.50a	0.27a	0.30b	0.21b	0.301b	0.68b	0.35b
	CK	0.23c	0.52a	0.30a	0.35b	0.11c	0.30b	0.57b	0.27bc

注:A代表树池+覆盖物,B代表树池无覆盖物。小写字母代表各处理在 $p<0.05$ 水平的显著性差异。

表3 不同处理的杂草情况

处理	杂草组成	杂草密度(株/m²)
树池+覆盖物	藿香蓟 *Ageratum conyzoides*、积雪草 *Centella asiatica*、酢浆草 *Oxalis corniculata*、蓝猪耳 *Torenia fournieri*	120
树池无覆盖物	藿香蓟、野茼蒿 *Crassocephalum crepidioides*、二萼丰花草 *Spermacoce exilis*、飞扬草 *Euphorbia hirta*、乌敛梅 *Cayratia japonica*、羊胡子草 *Eriophorum scheuchzeri*	1202

2.2.3 树池及覆盖物对人工管护投入

树池及覆盖物使用后,分析不同处理间杂草的生长速度和清除杂草的耗时,结果表明,无论是雨季还是旱季,树池与覆盖物能有效减缓杂草的生长速度,清除周期比无树池覆盖物的长,并且清除杂草的耗时大大的缩短,从而减少管理成本,详见表4。说明,树池及覆盖物使用能有效减缓杂草的生长周期,清除杂草耗时减少,省管护成本。

表4 不同处理的人工投入

处理	杂草生长速度(天)	清除杂草用时(分钟)
树池+覆盖物	20(雨季) 35(旱季)	4.5
树池无覆盖物	15(雨季) 21(旱季)	9.5

2.2.4 树池及覆盖物的使用对园林景观

树池本身就是一个园林小品,具有观赏性和艺术性,铺上一层颗粒均匀的覆盖物后与周围环境相应,成了园区一道漂亮的景观。版纳植物园通过这项工作的开展,园区的景观得到了较大的提升。

图1 版纳植物园树池及覆盖物营造的景观

2 结论与讨论

调查结果表明,树池及覆盖物的使用具有促进植物生长、抑制杂草生长、减缓杂草的生长速度,这与已有的研究结果相符(Duryea *et al.*, 1999),因此,在园林树木养护中是值得推广应用。本研究所介绍的树池是区别于城市园林中需要特定材料营建的树池,而是直接在树根基部清除杂草,形成特定区域且具有美感的生态树池,其所需工具简单,操作技术易于掌握,营建中所需的工具可结合各地的劳作习惯进行适当的改进。但须注意,树池营建的首要目的是为植物的生长创造良好的环境,在操作时,切忌伤害植物的根。

树池营建好后,需要使用覆盖物加以处理,不处理的树池就如道路缺少井盖一样缺乏安全(田利颖,2006)。覆盖物的类型很多,包括碎树皮、木片、粉碎枝条、堆肥、松针、锯木屑、麦秆、稻草及果壳等,据统计,国外应用于城市绿化中的有机覆盖物多达15种,但主要的是树皮块和碎木片2种(时连辉,2010)。本研究中主要是应用植物粉碎物,来源于植物园树木修剪产生的大量枝条等植物残体,这些植物残体粉碎腐熟后作为覆盖物使用。过去对园林废弃物的处理主要采取焚烧或填埋,如此不仅浪费资源而且污染空气,通过回收再利用不仅实现资源的可持续利用,还有利于环境保护。此外,覆盖物使用后杂草的密度和种类降低,减少病虫害的寄主,从而减少农药的使用,是园林管理中实现低碳管理的一个重要方面。

版纳植物园在园区中将树池及覆盖物广泛应用于园区植物养护,除了本研究的试验树种植物,园区中的很多植物也有使用树池及覆盖物,并且也有积极的效果,如三角梅、木芙蓉等有花植物使用树池及覆盖物后的花量增多,观赏性增强,提升园区景观,但影响的程度如何还需深入的调查和研究。在调查中还发现,油料作物南美油藤(*Plukenetia volubilis*)种植中根腐病及线虫病较为严重,药物防治效果甚微,严重影响其产量和推广种植,但使用树池及覆盖物之后,南美油藤的长势明显增强,发病率大大降低,这得益于覆盖物的使用,其原因可能是覆盖物堆积在一起产生的热量将土壤中的有害病菌杀死,亦可能是覆盖物中的有机质利于植物吸收,植物生长健壮进而提高其抗病性,在已有的研究中也表明腐熟的基质作为覆盖物可作为土壤病害的抑制剂(Duryea *et al.*, 1999;Pickering & Shepherd, 2000),但不同基质的类型抑制效果如何等问题有待于进一步的研究。

参考文献

崔金玉,蒋雪晶,李泓岍,2019. 树池适用性综合评价体系构建[J]. 住宅与房地产,4:20,64.

李泓岍,崔金玉,蒋雪晶,等,2019. 树池设计的艺术性探讨[J]. 现代园艺,15:20, 60.

施正华,2018. 有机覆盖物对城市绿地土壤含水量的影响[J]. 科技创新与应用,(6):184 -185.

时连辉,韩国华,张志国,等,2010. 秸秆腐解物覆盖对园林土壤理化性质的影响[J]. 化学工程学报,26(1):113-117.

田利颖,2006. 浅析园林树池处理技术及生态景观中的作用[J]. 现代园林,(3):14-15.

王文哲,朱文倩,梁清,2010. 树池在园林中的应用[J]. 农技服务,27(12):1624,1634.

魏钰,2007. 有机覆盖物在植物园的应用[J]. 一言之家,22-23.

西双版纳热带森林生态研究组,2000. 西双版纳勐仑地区气候特征[J]. 热带植物研究,(47):62~65.

薛勇,1996. 旱土中耕的作用[J]. 农民致富之友,(5):7.

于方玲,2017. 石景山地区行道树树池联通初探[J]. 南方农业,11(32):28-30.

Duryea M L, English R J, Hermansen L A, 1999. Acomparison of landscape mulches:chemical, alleoopathic, and decomposition proper ties[J] Journal of Arboriculture, 25(2):88~97.

Greenly K M, Rakow D A, 1995. The effect of wood mulch type and depth on weed and tree growth and certain soil para meters[J]. Journal of Arboriculture, 21(5):225-232..

Geldem E V, Fossey A, Robbertse P J, 1994. The crite-ria of measuement of the inorganic acid test of pollen viability south Africa [J] Journal of Botany, 61:253-259.

Pickering J S, Shepherd A, 2000. Evaluation of organic landscape mulches:composition and nutrient release characteristics[J]. Journal of Arboriculture, 23(2-3):175-187.

植物园线上教育活动实践与思考

——以北京教学植物园为例

Online Educational Activities in Botanical Gardens: Practice and Thought

——Taking Beijing Teaching Botanical Garden as an Example

李朝霞[1]　刘鹏进[1]　李广旺[1]

（1. 北京教学植物园,北京,100061）

LI Zhao-xia[1]　LIU Peng-jin[1]　LI Guang-wang[1]

（1. *Beijing Teaching Botanical Garden*，*Beijing*，100061）

摘要:随着信息化技术快速发展和网络的普及,北京教学植物园开展多年的"北京市中小学生植物栽培大赛"搭建网络平台,发展为线上学生实践活动,同年参加人数比2014年增加64%,活动覆盖到北京市远郊区。2020年新冠肺炎疫情背景下,北京教学植物园开展"神奇的中草药""自然笔记征集"等线上活动,将参加活动者的学习成果在线上展示,通过网络进行线上指导;录制20余节微视频课程利用互联网进行教育教学。通过这些具有特色的教育活动实践案例,分析北京教学植物园线上活动实践带来的启示,为植物园线上教育活动的发展提供一些思路。

关键词:植物园,线上教育活动,信息化技术,新冠肺炎疫情

Abstract: With the rapid development of information technology and network popularization, the brand activity of Beijing Teaching Botanical Garden carrying out many years of *Beijing Primary and Secondary School Students Plant Cultivation Competition* had the dedicated network platform in 2015. It was developed into the online educational activity. In the same year the number of participants increased by 64% compared to 2014, and the activity covered the outer suburbs district of Beijing. Under the background of Novel Coronavirus pneumonia in 2020, Beijing Teaching Botanical Garden carried out online activities such as *Magical Chinese medicinal herb* and *Natural notes collection*. The participants' learning achievements were displayed online, and online guidance will be conducted through the network. More than 20 micro video courses were recorded through the Internet for education and teaching. Through these characteristic educational practice cases, this paper analyzes the enlightenment of online activities in Beijing Teaching Botanical Garden, and provides some ideas for the development of the online educational activities of botanical garden.

Keywords: Botanical garden, Online educational activities, Information technology, Novel Coronavirus pneumonia

随着信息化技术的快速发展和网络的普及,科普活动借助信息化技术和网络平台进行实施,科学普及的速度更快、受众面更广泛。北京教学植物园的品牌活动"北京市中小学生植物栽培大赛"搭建专用网络平台,解决限制活动大规模进行的瓶颈,

利用网络进行活动培训、作品收集、作品展示和评选等,实现植物栽培实践活动的线上线下大规模开展。2020 年新冠肺炎疫情期间,为了公众健康,避免因不必要的接触引发的感染,北京教学植物园取消线下活动,依据实际情况改变教育活动的方式,积极利用园区植物资源和人才优势录制微课,利用互联网的便利资源推送课程,受教育者在家就可以进行学习。利用网络进行线上作品征集、线上作品展示和指导点评等方式,拓展了北京教学植物园教育活动开展的新模式,也避免了疫情背景下的人员接触。

1　植物园开展线上教育活动的意义

1.1　利用互联网的便利性,扩大北京教学植物园教育活动的受众面

北京教学植物园是专门为中小学相关学科教学实习、科学普及环境教育、中小学师资培训、生物实验和劳技实习材料繁育供应、校园绿化美化提供服务的教育教学单位,以科学普及教育为主,自 1957 年建园以来,策划设计多种教育活动,其中包括以观察植物动物为主的观察体验类活动、以科学实践为主的探究活动和植物种植栽培活动、以植物文化为主的体验活动、以对话交流为主的科普讲座以及综合实践的冬夏令营等。将部分课程转化成微课,利用互联网进行传播,微课的教育受众更广。植物文化、自然笔记等活动可以利用网络进行作品征集活动,并利用网络进行培训,有效扩大教育受众群体,2019 年参加自然笔记的人数比 2018 年增加 36%。学生作品通过网络进行展示,教师点评学生作品,有效带动更多的中小学生参加活动。另一方面,也让北京远郊县的学生利用微课和网上培训资料进行学习,在缩小城乡间资源差异、促进教育公平方面开辟一条有效途径。

1.2　为学生提供便捷的学习机会

北京教学植物园大部分时间是学校团体预约后才能到园里进行活动,不接受散客和未预约的团体到园中进行活动,周末的教育活动由于受到场地、年龄以及时间等限制,只有少数学生可以参加活动。线上教育活动具有内容丰富,规模大,受众广,不受时间、空间限制等优点,也没有名额和年龄的限制。参加活动者可以在有网络覆盖的条件下随时进行学习,不用驱车劳顿到园中活动。北京市中小学生植物栽培大赛的报名、评选和展示活动在网上进行,学生不用携带植物到现场展示评选,方便更多的学生参与学习。

1.3　线上线下有机结合,大规模进行植物栽培种植活动成为现实

传统的数据统计、评选和展示交流形式限制活动大规模进行,想参加活动的学生由于数据统计以及展示交流等限制不能参加,2012—2014 年活动规模维持在三万多人不能大规模增加。2015 年搭建专用网络平台,有效利用网络对数据统计的快捷准确等特点,方便学生展示交流活动成果,参加的学生大幅度增加,覆盖面也更广,更有利于活动的进行。利用专用网络平台可以展示栽培种植的进展,增强活动的互动性。网络平台上的培训和展示交流,体现线上活动的便捷、互动感强和时效性强、普及面广等优点,学生在线下动手进行植物栽培种植实践活动,线上线下有机结合,让植物栽培种植实践活动更有活力。

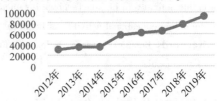

图 1　北京市中小学生植物栽培大赛年参加人数增长趋势

2 北京教学植物园的线上教育活动

2.1 "神奇的中草药"线上活动

2020 年 3 月"神奇的中草药"作品征集通知在北京教学植物园微信公众号上发布，以激发中小学生主动关注中草药知识为目的，利用北京教学植物园、北京学生活动管理中心微信公众号和网站平台，中小学生主动分享自己与中草药之间的故事，收到视频、图片和文字作品共 353 份，优秀作品在公众号上展示 18 期，教师点评 30 余份优秀作品，科普药用植物枇杷、莲、仙鹤草（龙牙草）、杜仲、菟丝子、茅、马齿苋、葱、姜、蒲公英、蒜、短尾铁线莲、金银花、地黄、茵陈蒿、枸杞、白及、艾、苍耳、丁香、银杏、藿香、黄芩、薄荷等 50 余种。

"神奇的中草药"线上活动是在新冠肺炎疫情背景下利用互联网进行中草药科普的探索，整个活动发挥了北京教学植物园的平台以及学校师生还有家长的积极能动性，学生主动分享自己与中草药的小故事。活动中征集的作品形式多样，可以是视频也可以是文字、图片等，充分发挥网络传播的灵活多样性。

2.2 "金蕊自然笔记征集与培训"线上教育活动

新冠肺炎疫情期间，学生的大部分时间在家里，为了丰富学生的生活，北京教学植物园开启了自然笔记征集活动，鼓励学生观察家里的盆栽植物，或者在安全的情况下走出户外观察小区或者公园里的动植物，利用图片、文字或者实物等方式记录形成自然笔记。活动利用网络进行 6 次自然笔记培训，分别是"什么是自然笔记""准备篇""如何观察自然""绘制篇""布局篇""收获篇"，就自然笔记创作给予指导培训，并利用网络展示学生优秀自然笔记作品，利用网络颁发电子奖状对优秀作品进行奖励。

2.3 围绕植物的微视频科普课程

新冠肺炎疫情期间，录制了 20 余个微视频课程并通过北京教学植物园和北京学生活动管理中心的微信公众号进行展示 10 多个课程，其中包括"药用植物菘蓝""怎样观察一朵花""云赏花""话粽""穿越千年的消夏神器——荷叶吸杯""打造阳台微菜园""葵宝宝搬家"等，内容包括植物形态结构、栽培种植、植物文化等方面，课程生动有趣。学生随时随地可以通过网络观看微课进行植物科学和植物传统文化等方面的学习，课程的累计阅读量超过五千。

2.4 "北京市中小学生植物栽培大赛"线上教育活动

"北京市中小学生植物栽培大赛"是面向北京市中小学生开展的植物种植实践活动，活动融实践体验和生命教育于一体，以提升学生核心素养、发展学生综合能力为核心目标，是北京教学植物园的品牌活动。活动利用网络展示学生种植的每一个阶段，学生在线下进行动手种植实践，学校教师和学生可以通过"北京市中小学生植物栽培大赛"官方网站下载培训资料、主办方通过网络对作品进行评价，对数据进行统计，利用网络发放电子奖状等。

表 1 北京市中小学生植物栽培大赛 2012—2019 年参加人数

年份	覆盖范围（区县数量）	参加学校数	参加人数
2012 年	8	305	30000
2013 年	10	347	34700
2014 年	13	351	35100
2015 年	16	445	57566
2016 年	16	465	61718
2017 年	16	505	65084
2018 年	16	539	77560
2019 年	16	563	92568

3 北京教学植物园线上教育活动实践的启示

3.1 紧扣时代脉搏,突出植物园特色

"北京市中小学生栽培大赛"活动围绕党中央发布的教育文件为指导思想开展,将实际的栽培劳动与课堂上的植物知识相结合,在学习基本科学知识和栽培技能中,强化学生的自主学习,培养学生的劳动意识、实践、创新和探究能力等,利用北京教学植物园的优势人力资源和植物资源把握时代脉搏,2015 年以来利用线上活动优势覆盖到北京市远郊县,促进远郊县学生发展、缩小城乡间的资源差异方面效果显著。

"神奇的中草药"线上活动是在新冠肺炎疫情背景下进行的,在国家卫健委发布的新冠肺炎诊疗方案中,每一版都有中草药的身影,中医药在新冠肺炎疫情防控中发挥了重要作用,开展"神奇的中草药"线上征集活动,科普中草药知识,立足北京教学植物园的教育特色,充分利用教学植物园的 500 多种药用植物资源。疫情期间关注学生身心健康,鼓励学生观察身边的动植物进行自然笔记,开展"金蕊自然笔记线上征集活动"并利用网络进行 6 次培训。微视频课程也具有鲜明的时代特色,围绕以德育人传播有社会主义新时代特色的植物文化和植物科学。

3.2 遵循学生发展规律,关注学生健康成长

习近平总书记强调"孩子们成长得更好是我们最大的心愿"。北京教学植物园面对中小学生的线上活动,遵循学生身心发展规律,培养学生核心素养。"北京市中小学生植物栽培大赛"活动依据学生发展目标不同而设计。小学低年级以栽培体验为目标,学生通过观察、绘画和拍照等形式记录植物成长;小学高年级以学科知识的实践为目标,通过简单的术语描述植物成

长和情感体验;中学生以栽培体验中的探究式学习为目标,学生通过栽培体验发现和解决问题。"神奇的中草药"线上活动小学低年级以了解一种中草药为目标,小学高年级段以知道身边的中草药、简单描述其特征为目标。中学生以了解中医药历史,结合已有知识探究中草药方面的科学。"金蕊自然笔记"线上活动小学低年级以观察身边的动植物,对周围事物产生兴趣为目标,小学高年级以认真观察动植物、拍照或者绘画记录,能用文字描述生物的特点为目标,中学生以仔细观察动植物以及周围环境并记录,用文字描述生物的特点以及与周围环境的联系为目标。针对学生不同的生长阶段有不同的目标任务,充分遵循学生发展规律。活动以德育人,旨在提高学生的核心素养,培养学生的观察能力、劳动能力、独立学习能力和探究能力等,利用活动增加学生与自然的接触,关注学生健康成长。微视频课程也遵循学生认知规律进行教育教学。

3.3 充分利用多渠道传播线上活动

大部分植物园都在利用网络进行线上教育活动,但是收效却不是很好。虽然有活动质量或者内容等方面的原因,但是传播渠道非常重要。大部分植物园是仅利用自己的官方微信公众号进行科普教育,传播渠道窄、科普效果不显著。北京教学植物园线上教育活动不仅利用自己的官方微信公众号,还利用北京学生活动管理中心、北京市教育委员会、首都绿色委员会办公室等官方网站进行传播。还利用社会影响力大的媒体,如新京报、北京晚报、北京青年报、中国教育新闻网、北京校外教育网、首都校外教育杂志、新浪、网易等多家主流媒体对活动的报道宣传活动。"北京市中小学生植物栽培大赛"有专用网络平台和手机 APP。线上活动充分利用多渠道网络形式开展和宣传。

4　植物园线上教育活动未来发展方向

植物园现有线上教育活动多为视频、线上作品征集和展示活动等,视频以单向输出为主,基本没有互动;线上作品征集和展示活动虽然有学生的互动,但是主办方展示的只是作为成果的作品,学生创作过程无法显示,而这些活动中对学生的过程性评价非常重要。

随着 5G 网络的普及,植物园应该加大投入网络平台建设新技术以及线上教育活动策划设计等方面,利用新技术提升线上教育活动中与教育受众的实时互动、实践过程追踪等。通过网络分析受众的行为,在满足线上教育活动普及的情况下考虑受众的个性化发展,实现线上教育活动智能化和多元化。

参考文献

王青,王丽娟,张卫哲,2019. 自媒体视域下的自然教育实践——以植物科普教育为例[J]. 农业开发与装备,(02):62-63.

王艳丽,钟琦,2020. 新媒体环境下科学传播中的受众行为研究[J]. 科技传播,12(15):5-11.

张然,2021. 科技馆线上教育活动实践与思考——以中国科技馆为例[J]. 学会,(01):51-55.

张迎辉,连巧霞,庄莉彬,2018. 福州植物园环境教育的实施现状及发展对策[J]. 福建农业科技,(03):54-58.

植物园的文化景观研究
——以杭州植物园为例
Research on the Cultural Landscape Features of Botanical Garden
——Taking Hangzhou Botanical Garden as an Example

刘玲萍[1]　宋虹[1]

(1. 杭州植物园(杭州西湖园林科学研究院),杭州,310013)

LIU Ling-ping[1]　SONG Hong[1]

(1. Hangzhou Botanical Garden(Hangzhou West Lake Academy of landscape Science),Hangzhou,310013)

摘要:植物园是收集和栽培大量植物并展示模拟自然景观,供科学研究、物种保育、科学普及和资源开发的场所。植物园的设计展示既要注重科学性专业性,又要与当地的历史文化有机融合,更好服务游客。杭州植物园身处西湖世界文化遗产地,融合了西湖的山水景观之美、历史人文之美,在大师孙筱祥的精心设计下,赋予了其别具一格的景观特色与文化底蕴,使其与杭州的历史沉淀相得益彰,在西湖人文与科普教育的意蕴中交相辉映。

关键词:西湖美学,文化底蕴,杭州植物园,继承与融合,科普教育

Abstract: The botanical garden is a place to collect and cultivate a large number of plants and display simulated natural landscapes for scientific research,species conservation,scientific popularization and resource development. The design of botanical gardens should not only focus on scientific and professionalism,but also integrate with the local history,which could serve tourists. Hangzhou Botanical Garden is located in the World Cultural Heritage Protection Area of Hangzhou West Lake,which integrates the beauty of the West Lake's landscape,history and culture. Due to the elaborate design of Sun Xiaoxiang,it is endowed with unique landscape characteristics and cultural background,which make it complement the historical precipitation of Hangzhou,as well as,present the humanities of the West Lake and the meaning of popular science education.

Keywords: West Lake aesthetics,Cultural landscape,Hangzhou Botanical Garden,Inheritance and integration,Popular science education.

植物园是现代城市文明的重要标志,是收集和栽培大量植物并展示模拟自然景观,供科学研究、物种保育、科学普及和资源开发的场所(任海,2006)。我国最早是关于植物园的定义源于陈植的《造园学概论》:"植物园乃胪列各种植物聚植一处,以供学术上之研究及考证者也。"(陈植,2009)植物园的英文 Botanical Garden 原意是"植物学的园地",植物园不仅展现优美的园林景观、供人休憩,提高民众文化素养,还通过收集、保育众多植物资源,成为植物多样性研究、开发、利用的重要基地,是集科学、科普、生态、艺术、文化、旅游休憩于一体的综合场所。植物园的植物一般按其不同种类有规划地种植,以科学性为重,不同于一般的公园。

1 植物园的特点

植物园系统地收集专类植物,以科学研究为建园主要目的,不同于一般的公园。

1.1　植物园的类型

《植物园保护国际议程》中将全世界的植物园归纳成以下 12 个类型:"经典的"多功能植物园、观赏植物园、历史植物园、保护性植物园、大学植物园、动植物园、经济植物及种质保存植物园、高山或山地植物园、自然或野生植物园、园艺植物园、主题植物园和社区植物园 12 个类型 (BGCI, 2000);本文将以"经典的"多功能植物园杭州植物园为例进行研究。

1.2　植物园的景观特色

植物园的景观特色受到自然因素和社会因素的影响。植物园所在地区的气候、地形和水文条件,以及植物区系和植被类型等因素都会影响植物园的景观特点。植物园需要满足多种植物对环境的需求,因此往往选择自然环境好、地形变化多的场地,巧借真山真水,使植物配置与自然环境、人文景观融合,达到"虽由人作,宛自天开"的境界。植物园的定位、当地的人文历史、社会的进步程度、人类的行为和心理需求等方面是影响植物园景观特色的社会因素。植物园的植物景观要符合生物多样性保护、科研、科普及休憩游览等功能,文化景观则需要重视文化内涵的挖掘和展示,力求科学内容与艺术形式的恰当结合。

1.3　特色植物园案例分析

北京植物园由植物展览区、名胜古迹人文景观、自然保护区和科研区组成,因拥有卧佛寺、曹雪芹纪念馆、樱桃沟等众多文保单位而体现深厚文化内涵。青岛植物园因法国楼风格自由浪漫,与周围相映成趣,而深受游人青睐。邱园(英国皇家植物园)有数十座造型各异的大型温室,还有 26 个专业花园。园内有与植物学科密切相关的建筑,如标本馆、经济植物博物馆和进行生理、生化、形态研究的实验室。美国密苏里植物园内不仅有一个丰富多彩的园艺展览,还有世界各沙漠地区、地中海型气候区域和潮湿热带的典型植物的收集,所有这些展出使得参观者有机会看到世界上不同地区的植物区系。

2　杭州植物园及其特色

杭州植物园是一所具有"科学内容、公园外貌、文化内涵"的以植物收集保育、科学研究为主,并向大众开放,进行植物和自然生态知识普及的综合性植物园。坐落在美丽的西湖风景区北侧,它背倚群山,东接岳王庙,西近灵隐寺,毗邻浙江大学玉泉校区,占地 248.46hm²,由园林大师孙筱祥先生进行规划设计,园内多处景观已成为行业内的设计典范。得天独厚的地理位置加上园林植物专家的精心设计规划,赋予了杭州植物园别具一格的文化底蕴与功能属性,使其与杭州的历史沉淀相得益彰,在西湖人文与科普教育的意蕴中交相辉映。

2.1　历久弥新的胜迹景点

杭州西湖作为中国人数千年追求的理想代表之一,无数文人墨客吟唱传颂的东方美学典范,充满了中国文化的底蕴。杭州植物园身处杭州西湖世界文化遗产地之中,继承融合了西湖的山水形态之美、景观格局之美、景观意境之美、历史人文之美、植物景观之美[4]。这使杭州植物园不仅拥有旖旎的自然风光,还积淀了丰厚的历史底蕴。西湖三大赏梅胜地之一的"灵峰探梅"和清代西湖十八景之一的"玉泉鱼跃"便是植物园内具有代表性的两大著名胜迹景点。

灵峰探梅位于灵峰山下青芝坞,后晋开运年间建有灵峰寺,有翠微阁、眠云堂、妙高台、洗钵池等。清道光年间,浙江地方官固庆主持"植梅百株"。宣统年间"灵峰补梅翁"周庆云依山补梅数百株,建补梅庵,汇编《灵峰志》,此地遂成为赏梅胜地。民国后寺毁梅颓,新中国成立后,杭州人民重新修茸把古老的景观恢复起来。1988 年灵峰探梅重新开放,主景建立在灵峰寺旧址,植梅五千余株,修整了"洗钵池""掬月泉"等古迹,被发掘出的灵峰寺经幢如今依

图 1　杭州植物园内的灵峰寺经幢

玉　泉

在西湖西北玉泉山下之清涟寺内。相传南齐南建元间(公元479～482年)，僧沿涧说法于此，龙王化作老人来听，为之激岩出泉。泉成品如玉，因名玉泉。池以泉名。玉泉池为矩形，清澈见底。池旁湖廊曲栏，有屋三椽，中悬明代董其昌所书"鱼乐国"四字，池中五色大鱼，浮沉上下，悠然自得，右数以馆饼，群鱼则怡葬鼓鬐，潘剔跃起，颇谓奇观。

图 2　玉泉老照片

旧保存于杭州博物馆。2009 年灵峰探梅进一步整合提升，完善园林景观，丰富科学内涵，提升文化品味，优化游览线路和空间组织营造，新建"品梅园""百亩罗浮田"等，形成灵峰十景(胡中等，2012)，成为深受游客喜爱的赏梅胜地。

玉泉鱼跃位于杭州植物园北侧，是西湖的三大名泉之一。景点原有寺庙，称玉泉寺，又名净空寺、清涟寺，建于南齐建元

年间。1965 年，玉泉景点进行了全面改建，新建"古珍珠泉""晴空细雨池"，2000 年，玉泉景点又扩建改造成南园、北园两个区域，是一座具有江南园林特色的庭院。粉墙漏窗，回廊环接，景中有景，园中有园，巧妙的布局给人以一种幽深宁静的感受。由放生池改造而成的"鱼乐国"，饲养的大青鱼身长米许，是杭城独具特色的赏鱼景点。

百年来除了文人墨客在此留下的许多诗句，这里也为平民百姓们津津乐道。年初去灵峰看梅花，闲暇去玉泉观大鱼仿佛已经成为"老杭州"们的约定俗成，也是父辈们带给孩子们的"童年仪式感"。

杭州文化的底色是雅俗共赏的，她有着"岳母刺字"的风骨气节，也容得下"何处结同心，西陵松柏下"的苏小小；西湖的底色是婉约温润的，是林和靖"梅妻鹤子"的恬淡隐逸，也是断桥之上的缠绵悱恻。于杭州植物园来说，这底色是清冷冬日的一抹梅花香，是桂色掩映下一尾游曳的玉泉鱼，是大到身处世界文化遗产地之内放眼便能寻着静静矗立 500 余年的古树名木，小到一块石碑一副楹联就能道出一段往事典故。杭州植物园对于杭州文化、西湖美学是继承也是缩影，有融合却也不断创新。

2.2　秀外慧中的园林建筑

中国的园林建筑历史悠久，影响深远，将人工美与自然美巧妙地融为一体(王园园，2010)。杭州植物园的造园手法遵循与生态和谐共处，与自然相辅相成的原则，在保留江南韵味的同时，有着鲜明的时代特征与独特的文化烙印。

1986 年版的电视剧《西游记》，女儿国国王送别唐僧长亭处的取景地，就是杭州植物园分类区的标志性建筑——红亭子。除此之外，在植物园中还隐藏着杭州第六批历史保护建筑之一的杭州植物园办公楼旧址和建于 20 世纪 80 年代的老温室。秉持着保持特色，修旧如旧的原则，如今这里成为了极具时代风格的教学院和精品园，

具有科普培训、会议接待等功能。

2.3 意蕴深远的楹联匾额

楹联匾额是"造园家赖以传神的点睛之笔",成为空间意境塑造的重要手段(阎宏武,2001)。杭州植物园内的亭台楼阁皆循古制配有楹联匾额,园区内共有匾额 62 块,楹联 55 对,主要分布在灵峰探梅、玉泉鱼跃、盆栽园、水生植物区和云松书舍五个区域。匾额楹联属于园林中的文学样式,在风景园林中的审美价值主要体现在点景美上,不但能点缀堂榭,装饰门墙,还能借助语言艺术表达造园者的精神境界和思想感情,唤起游赏者的联想,引起共鸣,起着画龙点睛的作用,是中国传统园林的一个特色。

西子湖畔的杭州,古时的临安城,至今依旧延续着江南山水骨子里的清新与雅致,这一份灵秀从植物园中亭台的匾额中便可略窥一二。灵峰景区的"瑶台香云",槭树杜鹃园的"霜园红叶""眠云堂""瘤仙馆""漱碧亭"每一个名字都带着含蓄而婉转的诗意,使人吟之忘俗。而植物园内的楹联也有着许多名家之作。灵峰景区大门的楹联"漫空翠竹扶山住;数点红梅补屋疏"为中国民主革命家沈钧儒所撰。玉泉鱼乐国的楹联"鱼乐人亦乐;泉清心共清"则是明朝书画大家董其昌撰的手笔。

图3　灵峰景区大门楹联匾额

流连在植物园的草木之间,心随景动,在亭台小憩时念一念、品一品,这些文字仿

图4　玉泉鱼池楹联匾额

佛也带有引人共情的能力,为忙碌的现代人与传统文化的融合搭起了一座桥梁。

2.4 独具匠心的植物专类园

园林之美在于山水,明代造园家计成在《园冶》中总结"入奥梳源,就低凿水",杭州植物园作为一所具有 70 年历史的现代化植物园,在园区规划和园林配置中可谓充满巧思,独具匠心。根据不同的功能可分为:植物分类区,经济植物区,观赏植物区(专类园),竹类植物区、水生植物区等。观赏植物区由木兰山茶园、海棠碧桃园、杜鹃槭树园、桂花紫薇园、灵峰梅园、蔷薇园 6 个专类园组成。

水生植物区的规划建设依山就势,师法自然,巧于借景,模拟西湖景区自然山水格局中相互联系的泉、瀑、潭、溪、湖,形成"山光水景相征逐"的迷人画境,又在园区中自东向西依势种植桃花、梨花等蔷薇科植物,以古人智慧,依"桃花灼灼朝阳、梨花融融月光"之意韵,真正做到了园林配置与我国古典文化的无缝链接。

植物园内的植物景观在细节上也"蕴藏玄机",盆栽园景区入园首先映入眼帘的便是黄山松与天目松的造型盆景,两旁栽植龟甲竹并细枝朱砂,身处其中使人立刻感受到"岁寒三友"的清正风骨。正所谓"松竹梅岁寒三友,桃李杏春风一家",随处可见道法自然又赋含诗意的造景手法,在细微处见真章,于草木间得真趣。

图7　盆栽园景区正门

2.5　赋含雅意的植物养护

杭州植物园中的旖旎风光,离不开精细的植物养护。植物园对于不同的种类、植株,采用不同的栽培养护手段,结合区域实际情况进行植株的培育,除了能够保证景观的艺术性,还增强了园林景观的功能性与趣味性。

若想最大程度欣赏到植物自然如画,独立成诗的深远意韵,观赏植物盆景便是不二之选。杭州植物园的盆栽园中设置了树桩盆景、水石盆景和其他流派盆景三个区块,集中展示了盆景这一中国优秀传统艺术。以植物、山石、土、水等为材料,经过艺术创作和栽培养护,将自然之美浓缩与方寸之间,把园艺学、文学、绘画等艺术形式有机结合,达到见微知著、小中见大的艺术效果;以景抒怀、表现深远的意境感受。

2.6　文旅融合的科普教育

杭州植物园是一本自然生态的科普书,也是一所活的博物馆,它承担着生态文明教育、自然科普教育、西湖传统文化教育等功能,每年承担约5万余人次的参观游览接待、举办第二课堂等活动30余场。不同于校园中的科学课堂,杭州植物园的科普教育与文旅相融合,应四季之景,顺自然之势,探秘百草园的中草药知识、体味农耕文化的乐趣、PLANT B自然市集、自然嘉年华、汉服嘉年华等活动深受市民游客的喜爱与欢迎。如今,建筑面积3000余平方米的植物资源馆也将整修开放,改造升级后的资源馆区域将包括华东种质资源科研区、植物资源保护和科普,有效结合研、学、游的方式,为杭州植物园提供一个综合性的科普教育基地。

3　结语

目前全世界共有2600多个植物园,而在中国就有140多个。杭州植物园除了专注于植物保护、科研科普外,还具有其自身特有的美学特质、艺术价值和文化功能与属性,可以利用园内的人文景观挖掘文化内涵,普及传统文化知识,多方位地开展活动,寓教育于游览、娱乐之中。因此,四季皆景、无一不美的杭州植物园也成为许多市民游客的心灵家园,就像宋朝无门慧开禅师所说"春有百花秋有月,夏有凉风冬有雪,若无闲事挂心头,便是人间好时节",随着杭州植物园在科普文创活动方面的优化升级,如今这里也成为越来越多年轻人游赏打卡,寄情休闲的好去处。未来,杭州植物园也将继续在文化建园方面积极探索,以植保科研优势为依托,以传统美学引导为优势,以文化底蕴传承为方向,化虚为实,化小为大,化无形为有形,努力将杭州植物园打造成更多人的心灵归宿与精神桃源。

参考文献

陈植,2009. 造园学概论[M]. 北京:中国建筑工业出版社.

胡中,余金良,卢毅军,2012. 灵峰探梅的整合提升[J]. 北京林业大学学报,34(S1):191-196.

任海,2006. 科学植物园建设的理论与实践[M]. 北京:科学出版社.

王园园,2010. 关于中国古典园林建筑的分析[J]. 园林与绿化,(21):392.

阎宏武,2001. 中国古典园林文化一隅——浅析匾额、楹联的多重涵义[J]. 山西建筑,(05):10-11.

张建庭,2020. 在传承中创新,在创新中传承——风景名胜区保护发展的杭州实践[J]. 杭州风景园林(4).

BGCI,2000. International Agenda for Botanic Gardens in Conservation[M]. UK:BGCI.

沙棶的组织培养快繁技术研究
Study on Tissue Culture and Rapid Propagation of *Swida bretschneideri*

陈陆琴[1]

（1. 太原植物园，太原，030025）

CHEN Lu-qin[1]

（1. *Taiyuan Botanical Garden，Taiyuan，030025*）

摘要：本文以 MS 为基础培养基，带腋芽茎段为外植体，研究不同激素配比对沙棶组织培养不定芽分化和生根的影响。结果表明：不定芽诱导的最佳培养基为 MS+6-BA 0.4mg/L+NAA 0.05mg/L，生根最佳培养基为 1/4MS+IBA 0.5mg/L+NAA 0.3mg/L，生根率可达 76%。生根瓶苗移栽前需炼苗，移栽基质以 $V_{珍珠岩}$ ：$V_{河沙}$ ：$V_{泥炭土}$ ＝1：1：1 为最佳。

关键词：沙棶，组织培养，快繁技术

Abstract：In this paper，the effects of different hormone ratios on adventitious bud differentiation and rooting in tissue culture of *Swida bretschneideri* were studied with MS as basic medium and stem segments with axillary buds as explants. The results showed that the best medium for adventitious bud induction was MS+6-BA 0.4mg/L+NAA 0.05mg/L，the best medium for rooting was 1/4MS+ IBA 0.5mg/L+NAA 0.3mg/L，and the rooting rate could reach 76%. The rooting bottle seedlings need to be refined before transplanting，and the best transplanting medium is $V_{perlite}$ ：$V_{river\ sand}$ ：$V_{peat\ soil}$ ＝ 1：1：1.

Keywords：*Swida bretschneideri*，Tissue culture，Rapid propagation

沙棶（*Swida bretschneideri*）为山茱萸科棶木属落叶灌木或小乔木，树皮紫红色，幼枝带红色，老枝黄绿色。单叶对生，卵圆形至长圆形，上面绿色，被短柔毛，下面灰白色，密被白色贴生的短柔毛。伞房状聚伞花序顶生，花乳白色。核果近球形，蓝黑色。花期6~7月，果期8~9月（山西植物志编辑委员会，2000）。主要分布于辽宁、内蒙古、河北、陕西、宁夏、甘肃、青海、河南、湖北以及四川等省，在山西广为分布。沙棶花、果美丽，抗逆性强，可作为庭院绿化和荒山造林树种；材质坚韧细密，供细木工用材；果实含油量高达 22.4%，是作为制造肥皂和润滑油的原料（李长辉，2003）。目前国内外对棶木属的光皮棶木、毛棶、红瑞木、偃伏棶木等组织培养研究较多，但关于沙棶的研究尤其是组织培养方面的研究鲜有报道。因此，开展沙棶的组织培养快繁体系的研究对促进沙棶产业的发展和应用具有十分重要的现实意义。

1 材料与方法

1.1 试验材料

从山西省中条山引种的沙棶小苗种植在太原植物园珍稀植物引种驯化基地。5月，选择晴朗天气采集沙棶的幼嫩茎段。

1.2 试验方法

1.2.1 外植体消毒与培养

将幼嫩茎段带腋芽部分剪成 2~3cm 小段，洗衣粉水浸泡 10min，流水冲洗 1.5h，超净工作台内用滤纸吸干水分，放入 75%酒精中摇动 45s，取出，无菌水清洗 2 次，放入 0.1% 的氯化汞溶液中，消毒时间分别为 5、6、7、8min，后用无菌水冲洗 5 次，

无菌吸水纸吸干表面水分后接种到初代培养基 MS+6-BA 0.5mg/L+NAA 0.01mg/L,每瓶接种 5 个外植体。

1.2.2 继代培养

外植体经过初代培养后,将诱导形成的幼苗接种到含有生长调节剂 6-BA 和 NAA 不同浓度配比的芽诱导培养基上(表1),琼脂 6g/L,蔗糖 30g/L,pH 值 5.8 ~ 6.2。40d 后观察记录,并统计增殖系数。

表1 不同生长调节剂配比设计

处理编号	6-BA(mg/L)	NAA(mg/L)
1	0.2	0.01
2	0.2	0.03
3	0.2	0.05
4	0.3	0.01
5	0.3	0.03
6	0.3	0.05
7	0.4	0.01
8	0.4	0.03
9	0.4	0.05
10	0.5	0.01
11	0.5	0.03
12	0.5	0.05

1.2.3 生根培养

将高约3cm 的幼苗接种于生根培养基内,基本培养基为 1/4MS,琼脂 6g/L,蔗糖 15g/L,探究不同浓度的 IBA 和 NAA 对试管苗生根的影响(表2),50d 统计生根率。

表2 不同浓度的生长激素对生根的影响

处理编号	IBA(mg/L)	NAA(mg/L)
1	0.3	
2	0.5	
3	1.0	
4		0.1
5		0.3
6		0.5
7	0.5	0.3

1.2.4 生根苗移栽

组培生根苗有 3 条以上不定根,根长

约1cm 时进行移栽。移栽前,先把培养瓶放在温室进行闭瓶炼苗 5d,遮阴度为 50% ~ 70%,后拧松瓶盖自然光下炼苗 2d。移栽时洗净根部培养基,移入到(1)珍珠岩;(2)$V_{珍珠岩}$:$V_{河沙}$:$V_{泥炭土}$ = 1:1:1;(3)$V_{珍珠岩}$:$V_{泥炭土}$ = 1:1 三种不同基质配比的穴盘中,基质事先喷施多菌灵。穴盘苗置于温室内,外搭小拱棚,第一周 50% ~ 70% 遮阴,2 周后逐步打开小拱棚,长出 4 ~ 5 片新叶移栽至大田。

2 结果与分析

2.1 消毒时间对无菌外植体获得的影响

本试验选用氯化汞进行消毒,由表3可以看出,随着消毒时间的增加,外植体的污染率降低,可以达到 9.7%,但存活率仅有 41.6%。随着消毒时间的增长,消毒剂对外植体的损伤严重,在培养过程中出现褐化、甚至死亡等现象。本次试验消毒效果最好的是氯化汞时间 7min,污染率 20%,存活率 80%。

表3 不同消毒时间对外植体污染率和存活率的影响

处理编号	消毒时间(min)	污染率(%)	存活率(%)
1	5	86.7	13.3
2	6	65.4	34.6
3	7	20	80
4	8	9.7	41.6

2.2 不同生长调节剂及配比对腋芽增殖的影响

在 MS 培养基中分别添加不同浓度的 6-BA 和 NAA,均可诱导芽分化,但芽的分化数量及生长情况差异很大。当 NAA 浓度为 0.01mg/L 时,6-BA 浓度由 0.2mg/L 增加到 0.5mg/L 不定芽分化率增加,增殖系数增大,但出现严重玻璃化现象。当 6-BA 浓度一定时,随着 NAA 浓度的增加,分化率增加。通过试验沙棘在 MS + 6 - BA

0.4mg/L+NAA 0.05mg/L 培养基中不定芽分化率和增殖效果较好，增殖系数可达5.3，平均苗高达到 4.52cm，这种分化苗可直接用来作为生根试管苗的材料。

2.3 不同激素对试管苗生根的影响

继代培养中幼苗长至 3cm 时切下接种至生根培养基中，由表4可知随着 IBA 浓度的增加生根率升高，但生根条数不多。当 NAA 的浓度由 0.1mg/L 增加到 0.5mg/L 时，生根率能够达到68%，但在试管苗基部会有愈伤组织产生，这种根比较脆弱，移栽时容易断。将两种激素配合使用，50d 观察记录，沙棘在 1/4MS+ IBA 0.5mg/L+NAA 0.3mg/L 生根率达 76%，平均生根数 5.6条，平均根长约 2.3cm。

表4 不同浓度的生长激素对生根的影响

处理	IBA (mg/L)	NAA (mg/L)	生根率 (%)	平均生根数	根长 (cm)
1	0.3		15.6	1.3	1.6
2	0.5		49.4	2.2	1.9
3	1.0		52.1	2.7	2.1
4		0.1	19.8	1.6	0.8
5		0.3	61.5	4.5	2.2
6		0.5	68	3.8	2.6
7	0.5	0.3	76	5.6	2.3

2.4 移栽

炼苗后的生根苗移栽到 50 穴的穴盘中放入温室内搭设的塑料小拱棚，夏季移栽时注意遮阴，温度控制在 25~30°C，湿度保持在 85%左右。每 5d 喷 1 次多菌灵，7d 后可逐步打开小拱棚通风透气，15d 后完全打开。沙棘在珍珠岩中成活不好，上部叶片出现腐烂现象，其他 2 种基质移栽成活率都可达到 90%以上，在珍珠岩、河沙和泥炭土体积比 1：1：1 的混合基质中生长态势最佳，当长出 4~5 对新叶时，移栽到大田，常规养护管理。

3 结论与讨论

沙棘外植体消毒困难，0.1%的氯化汞溶液消毒时间短灭菌效果差，时间长易对外植体造成损伤甚至死亡，试验研究表明，其最佳的消毒时长为 7min。6-BA 和 NAA 可以有效地诱导不定芽的分化沙棘不定芽诱导的最佳培养基为 MS+6-BA 0.4mg/L+NAA 0.05mg/L。最佳生根培养基为 1/4MS+ IBA 0.5mg/L+NAA 0.3mg/L，生根苗不定根数多，根长较长，长势健壮。不同配比的基质具有不同的保水透气性（刘均利等，2011），本试验中得出沙棘生根瓶苗移栽至 $V_{珍珠岩}：V_{河沙}：V_{泥炭土}$=1：1：1 中，成活率可达 90%，幼苗长势旺盛，利于大田移植。野外引种沙棘数量少、苗小，短期内很难获得大量枝条和种子进行其他繁殖试验，而植物组织培养取材少、获取方便、培养效果好、速度快，对于新品种的推广和良种复壮更新，可以实现大规模的生产（李玲等，2018）。植物园在迁地保护过程中针对数量少的树种、珍稀树种、名贵树种可采用组织培养获得一定的苗木，再开展其他试验。使用组织培养快繁技术获得一批沙棘苗木，3~5 年后即可推向市场，用于园林绿化。

参考文献

李长辉，2003. 野生沙棘人工驯化初探[J]. 青海农林科技，1：63-64.

李玲，肖浪涛，谭伟明，2018. 现代植物生长调节剂技术手册[M]. 北京：化学工业出版社.

刘均利，郭洪英，陈炙，等，2011. 麻疯树组陪苗的生根及移栽技术研究[J]. 四川林业科技，32（2）：38-44.

山西植物志编辑委员会，2000. 山西植物志（第三卷）[M]. 北京：中国科学技术出版社.

"中国杜鹃园"杜鹃花属植物的迁地保育及其研究进展
Progress on *Ex-situ* Conservation and its Study of *Rhododendron* in *Rhododendron* Garden, China

庄平[1]* 王飞[1] 邵慧敏[1] 张超[1]

(1. 中国科学院植物研究所华西亚高山植物园,都江堰,611834)

ZHUANG Ping[1]* WANG Fei[1] SHAO Hui-min[1] ZHANG Chao[1]

(1. *West China Subalpine Botanical Garden*, *Institute of Botany*,
Chinese Academy of Sciences, *Dujiangyan*, 611830)

摘要:32 年来,华西亚高山植物园的"中国杜鹃园"在杜鹃花资源搜集、培育、评价与研究中取得了可喜进展,初步建成了保存 421 种(含 70 亚种与变种)的杜鹃花保育基地。切实健全杜鹃花迁地保育的合作体系,将是实现杜鹃花资源有效保护与可持续利用的关键措施。

关键词:迁地保育,杜鹃花,华西亚高山植物园,"中国杜鹃园"

Abstract:For 32 years, a good progress has been made in the collection, cultivation, assessment and research of the rhododendron resources in "Rhododendron Garden, China" of West China Subalpine Botanical Garden as a base where 421 species of Rhododendron(including 70 subspecies and varieties)were collected preliminarily. It can be a key action for effective conservation and sustainable utilization of the resources which the cooperative system of *ex-situ* conservation is established and perfected.

Keywords:*Ex-situ* conservation, *Rhododendron*, West China Subalpine Botanical Garden, *Rhododendron Garden*, *China*

自 Linnaeus(1753)创建杜鹃花属 *Rhododendron* 后,经 Maximovicz(1870)、Sleumer(1949;1980)、Cull(1978;1979;1982)到 Chamberlian 等(1996)对其系统进行了多次重构和修订(Fang *et al.*, 2005;丁炳扬和金孝锋,2009),有关杜鹃花属的区系与植物地理、细胞生物与繁殖生物学、遗传育种学和栽培学也取得长足进展,分子生物学的研究方兴未艾。人们认识到,广布于北半球的杜鹃花这个木本植物大属,对于人类具有不可忽略的生态、经济、审美和人文价值。而要切实保证这些价值的有效实现,不但需要我们加强该属植物的就地保存和维护,而且也需要迁地保存作为重要的补充(Gibbs *et al.*, 2011)。特别是在

当前全球气候与生态系统日益恶化,物种受威胁程度空前严重的背景下,通过有效迁地保育—回归引种的途径,维护生态系统的正常运行已不容忽视(宋延龄等,1998;薛达元,2011,黄宏文,2018);同时,以英国爱丁堡皇家植物园的工作为代表的、有关杜鹃花属植物搜集与引种历史再次表明,没有长期和扎实的迁地保育的技术与资源积累,就不可能有今天西方发达国家主导的、欣欣向荣的全球杜鹃花产业(张长芹等,2004;吴荭等,2013)。而且,这也正是我们这个杜鹃花资源大国的一项明显的短板。30 多年来,华西亚高山植物园杜鹃花专类园——"中国杜鹃园"的迁地保育工作,或将有助于弥补这一短板。

1 背景与现状

1.1 杜鹃花属的种类与分布概况

杜鹃花属是世界木本植物中罕见的大属,Shrestha 等(2018)认为全属含 931 种及226 亚种和变种,另据 *Flora of China*(*Rhododendron*)的数据统计为 939 种,分布于北半球的欧、亚与北美大陆及岛屿(Cox & Cox, 1997;),并在东亚的横断山—喜马拉雅区域和马来西亚—巴布亚新几内亚热带岛屿附近,分别形成了一个现代分布中心和一个次生分布中心,在北美东部还有一个拥有约 20 个种的羊踯躅亚属的次生分布中心。横断山—喜马拉雅中心涵盖了500 种以上的杜鹃花属最丰富、古老和多样化的类群,马来西亚—巴布亚新几内亚拥有近 300 个左右的越橘杜鹃组(Sect. *Vireya*)的成员(Stevens, 1985;闵天禄和方瑞征, 1979;1990)。杜鹃花属植物遍布于海拔 5000m 以下的几乎所有的垂直地段,尤其常见于气候温和、降水丰沛、常年湿润的中低山常绿阔叶林区到高山灌丛地带,

具有从几厘米的矮小灌木到高达 30m 的大乔木及常绿、半常绿到落叶类等多样化的生活型。

我国杜鹃花属植物计约 565 种、146 个亚种和变种(Fang *et al*., 2005;表1),占全球种的 60.2%、亚种和变种的 54.9%,见于除新疆与宁夏以外的广大区域,尤以川西、滇西北和藏东南所在的青藏高原东部—东南部的区域(闵天禄和方瑞征,1979),正好位于横断山—喜马拉雅现代分布的核心地带,其种类数量高达 400 个以上,并包含了常绿杜鹃亚属(subgen. *Hymenanthes*)中大部分最原始和最有观赏价值的类群与种类(方瑞征和闵天禄,1981;庄平等,2012)。同时,杜鹃花属植物为我国山地和高原植被群落的重要组成成分,形成低山马尾松—映山红林、中高山铁杉—杜鹃林、亚高山冷杉—杜鹃林和亚高山或高山杜鹃灌丛(张长芹等,2004),尤其是后 3 种植被类型,被称为我国山地生态系统不可忽视的"杜鹃花环带"(蒋有绪,1981),具有及其重要的生态学意义。

表1 杜鹃花属植物类群数量表*

亚属(Subgenus)	组(Section)	全球	中国	百分率(%)
常绿杜鹃花亚属 Hymenanthes	常绿杜鹃组 Ponticum	25/270	24/259	96.0/95.9
杜鹃亚属 Rhododendron	杜鹃组 Rhododendron	29/182	26/165	89.7/90.7
	髯花杜鹃组 Pogonanthum	22	20	90.9
	越橘杜鹃组 Vireya	7/300	1/11	14.3/3.7
马银花亚属 Azaleastrum	马银花组 Azaleastrum	9	8	88.9
	长蕊杜鹃组 Choniastrum	20	18	90.0
映山红亚属 Tsutsusi	映山红组 Tsutsusi	85	76	89.4
	轮生叶组 Brachycalyx	23	4	17.4
	假映山红组 Tsusiopsis	1	1	100.0
羊踯躅亚属 Pentanthera	五花药杜鹃组 Pentanthera	18	1	5.6
	十花药杜鹃组 Sciadorhodion	4	1	25.0
叶状苞杜鹃亚属 Therorhodion		3	1	33.3
异蕊杜鹃亚属 Mumeazalea		1	0	0
纯白杜鹃亚属 Candidastrum		1	0	0
合计		939	565	60.2

注:* 按 Chamberlian 等(1996)的 8 亚属系统整理,亚组/种类()

1.2 受威胁与利用概况

2011 年,由植物园保护国际(BGCI)等 7 个国际组织与机构牵头拟定的 *The Red List of Rhododendrons* 显示,在全球 1157 个杜鹃花物种(含 226 亚种和变种)中,受威胁种类为 316 种,其中灭绝 1 种,另有产于巴布亚的 1 种(*R. retrorsipilum*)野外灭绝,极危 36 种,濒危 39 种(Gibbs et al., 2011)。《中国生物多样性红色名录(高等植物卷)》显示,我国杜鹃花受威胁种为 122 种,产于井冈山的小溪洞杜鹃(*R. xiaoxidongense*)已经灭绝,枯鲁杜鹃(*R. adenosum*)和乌来杜鹃(*R. kanehirae*)2 个种被认为在野外灭绝,极危等级的有朱红大杜鹃(*R. griersonianum*)等 9 种,濒危的有圆叶杜鹃(*R. williamsianum*)等 19 种(覃海宁等,2017a;2017b)。但作者注意到,该名录对可能处于极危或濒危状态的一些物种的处理或不够恰当,甚至有所遗漏,如贵州大花杜鹃(*R. magniflorum*)、雷山杜鹃(*R. leishanicum*)、河南杜鹃(*R. henanense*)、灵宝杜鹃(*R. henanense* subsp. *lingbaoense*)、尾叶杜鹃(*R. urophyllum*)、合江杜鹃(*R. hejiangense*)、都支杜鹃(*R. shanii*)、横县杜鹃(*R. linearicupulare*)、墨脱马银花(*R. medoense*)、金平毛柱杜鹃(*R. pilostylum*)等

等。也就是说,我国杜鹃花的受威胁状况可能还是被低估了。

有研究表明,目前全球的杜鹃花人工育成品种数以万计,其中常绿杜鹃品种也超 5000 个,但大都在映山红亚属(subgen. *Tsutsusi*)(如映山红 *R. simsii*、皋月杜鹃 *R. indicum*、岸杜鹃 *R. ripense*、淀川杜鹃 *R. tedoense*、麝香草杜鹃 *R. serpyllifolium* 等)、羊踯躅亚属(subgen. *Pentanthera*)(如羊踯躅 *R. molle*、树形杜鹃 *R. arborescens* 北美杜鹃 *R. calendulaceum* 等)和少量常绿杜鹃亚属(如云锦杜鹃 *R. fortunei*、长序杜鹃 *R. ponticum* 和 *R. macrophyllu* 等)范围;在育种中,所利用的原生杜鹃花种类约 120~150 种,仅占全属植物的 12%~15%(表 2),而我国相关利用率很低,正式注册的新品种仅 400 来个(吴荭等,2013)。最近,中国花卉协会杜鹃花分会(2021)的资料显示,在列的 63 个注册杜鹃花新品种中,映山红亚属品种就占了 44 个,而且二、三代杂交者居多;在 14 个常绿杜鹃新品种中,有 12 个也是"舶来品"的二代杂交或选育后代,仅有"贵妃醉酒"和"粉精灵"来自于野生的大白杜鹃。可见,我国杜鹃花资源的品种选育利用仍在低层次运作。

表 2　杜鹃花种质资源的种类来源与数量分布表

地区	种类数量	利用量	利用率(%)	主要种类
中国	576	50~70	8.7~12.2	映山红 *R. simsii*,羊踯躅 *R. molle*,马缨花 *R. delavayi* 云锦杜鹃 *R. fortunei*,满山红 *R. mariesii*,中原杜鹃 *R. nakaharae*,白杜鹃 *R. mucronatum*,钟花杜鹃 *R. campylocarpum*,
东北亚	54	35~45	64.8~83.3	皋月杜鹃 *R. indicum*,岸杜鹃 *R. ripense*,麝香草杜鹃 *R. serpyllifolium*,淀川杜鹃 *R. tedoense*,莲花杜鹃 *R. japonicum*,糯杜鹃 *R. macrosepalum*,异蕊杜鹃 *R. semibarbatum*
欧洲	9	7~8	77.8~88.9	长序杜鹃 *R. ponticum*,*R. macrophyllu*
北美洲	25	18~20	72.0~80.0	折萼杜鹃 *R. austrinum*,粉红映山红 *R. periclymenoides*,加拿大杜鹃 *R. candense*,大西洋杜鹃 *R. atlanticum*,北美杜鹃 *R. calendulaceum*

(引自吴荭等, 2013)

1.3　国内外迁地保育概况

在 15 世纪到 17 世纪的"地理大发现"期间及其以后,欧洲人在完成本土杜鹃花搜集后,陆续将北美大陆上的 20 多种杜鹃花引入了欧洲花园;1808 年我国的第一个杜鹃种(可能是我国栽培的映山红)被引入英国;接着,J. Hooker(1817—1911)完成了喜马拉雅山南坡其中包括藏东南一隅的考察采集;1859 年,R. Fortune(1812—1880)从我国的浙江山区采到了云锦杜鹃(R. fortunei);大熊猫的发现者法国传教士 A. David 于 1867—1873 年在四川宝兴等地采集,发现植物新种约 110 个,其中包括腺果杜鹃(R. davidii)等多个种类;英国商人 E. Faber 于 1887 年到峨眉山收获了金顶杜鹃(R. faberi);法国天主教神甫 P. M. Delavay 在滇川等采了 20 万号植物标本,其中,就有著名的马缨花(R. delavayi)。19 世纪末到 20 世纪初,随着几位重量级的"植物猎人"出场,最终奠定了欧美国家杜鹃花迁地保育与产业开发的资源基础。一位是被誉为"打开中国西部花园的人"——H. Wilson(1876—1930 年),他在前后长达 12 年的时间里,将 1600 多种植物种子和切根带回了西方,其中所采集的杜鹃花活材料就有 60 余种;另一位 G. Forrest(1873—1932 年)从 1904 年开始,先后在滇藏地区进行了 7 次重大的野外考察采集,共采集活植物材料 1000 多种,其中仅杜鹃花属植物就达 400 余号、200 余种;K. Ward(1885—1958 年)也将 30 多种杜鹃花收入欧洲的花园之中(Fang,2005;耿玉英 2008)。国外的植物园作为迁地保育和植物研发平台的工作已开展多年,并卓有成效。杜鹃花属保育数量较多的植物园为英国的爱丁堡皇家植物园(450 种),其中来自中国的种类约为 340 种,其他著名的搜集保存单位还有美国的杜鹃花植物种植园(300 种)、英国的布鲁迪克城堡园(250 种)、英国的英威园(250 种)和美国的阿诺德树木园(100 种以上)(耿玉英,2008),保育百种以上的植物园在澳大利亚和日本也并不少见(沈荫椿,2004)。

在我国,对杜鹃花的认知始见于 2000 多年前的《神农本草经》中记载的羊踯躅(R. molle)。栽培肇始唐贞观元年(785 年)的镇江鹤林寺,昌盛于宋明,其中《大理府记》所记载的杜鹃花已有 47 个品种,及至清代已有了杜鹃花盆景造型记载,道光年间的《桐桥倚棹》中已提到了舶来的"洋鹃"。1936 年,在我国著名的植物学家胡先骕、秦仁昌和陈封怀等创办庐山植物园时,就有意建立一个收集、研究与保育杜鹃花属植物的专类园。但由于继后 10 余年间时局动荡,终未大成。直到 1982 年,庐山植物园与昆明植物园才获准了一个收集国内野生杜鹃花属植物资源的项目,并分别在两地建立了杜鹃花专类园,一度收集杜鹃花植物种类均超过 300 种,但因地理与气候条件所限,成活的原始种类未超过 100 种。张乐华(2004)对庐山植物园引种的 78 种杜鹃花开展了较系统的适应性评价,从森林植物区系、原产地气候类型、种的生态幅、环境演化方向等视角,对其适应性进行了分析,取得了有关类群在庐山的适应能力从落叶杜鹃亚属、马银花亚属、绿杜鹃亚属、羊踯躅亚属到有鳞杜鹃亚属的排序结果,并指出原产日本、北美地区的杜鹃在庐山生长适应性良好,久经栽培的种类易于引种成功。另外,许明英等(2004)也对华南植物园引种的 12 种低海拔杜鹃花开展了栽培技术研究和适应性评价。最近获悉,江苏省农业科学院保存杜鹃花材料 700 余份,其中较低海拔分布的野生种质资源 59 份,并建立了一套有关资源鉴定、选育、研究与栽培标准化的技术体系(李畅等,2021);另外,丽江高山植物园与香格里拉植物园亦在开展有关方面的工作。

1.4　优势与问题

由全球杜鹃花属植物的种类及其分布

现状可知,我国是原始杜鹃花首屈一指的资源大国,拥有占世界杜鹃花60%以上的资源种类,而且拥有绝大多数亚属、组乃至亚组成分。尤其是我国西南青藏高原东部—东南部区域的高山与亚高山区,气候温润,构成了世界杜鹃花属现代分布中心的大部,加之黔、桂、川东鄂西及陕甘南部亦有多样化的杜鹃花资源富集,因而构成了我国从事杜鹃花迁地保育得天独厚的种质资源条件。

但围绕杜鹃花属植物的有效迁地保育,我们也面临诸多自然与社会经济条件方面的缺陷和问题。简而言之,可归纳为以下4点:(1)我国东部—东北部的中—高纬度区域,不具备西北欧、北美洲东西两侧和澳洲东南部呈地带性分布的温润海洋性气候,因此很难或几乎不可能在我国东部人口聚居区,找到适合杜鹃花属植物迁地保育的理想选址,这样,就不得不将目光投向社会经济不甚发达的中西部山地;(2)我国杜鹃花迁地保育起步晚(张乐华,2004),距西方"植物猎人"们大规模的攫取杜鹃花资源至少已过去了80年,而且仅仅以东部中高海拔的庐山(海拔1300m)和云贵高原上的昆明(1800m)这两个迁地保育点,很难充分满足垂直分布幅高达5000m、物种繁多的杜鹃花属植物的生存需求;(3)迁地保育工作缺乏有效的组织、分工与合作,保育与产业脱节,从而阻碍了原创性新品系和品种的开发(吴荭等,2013);(4)短期任务式的经费资助方式,很难适应迁地保育长期性和持续性的经费需求特点,因而在发展的道路上总是走走停停、磕磕绊绊。

2 迁地保育规划、工作成绩与研究进展

2.1 定位与规划

华西亚高山植物园建立于1988年,由中国科学院植物所与都江堰市人民政府合办,是我国青藏高原东部、广义横断山北段"华西雨屏带"这一具有世界生物多样性意义热点区域内的(庄平和高贤明,2002)、具有明显亚高山性质与特色的山地植物园。该园以高原东部中国—日本与中国—喜玛拉雅森林植物交汇区的亚高山及高山地带的重要植物区系的收集、保育、研发、展示为主要工作任务,兼顾我国西南及其邻近国家亚高山及高山植物。根据2015年的最新规划,杜鹃花专类园——"中国杜鹃园"的目标是,在都江堰龙池海拔1700m的龙池和海拔700m的玉堂基地,分别建成亚高山及高山杜鹃花主园一处(30hm²)和低海拔杜鹃花专类园一处(4.1hm²),计划共收集保存杜鹃花属植物500种(含亚种与变种),使之成为保存杜鹃花种类最多的、具有国际影响力的园地。

2.2 工作进展与业绩

2.2.1 物种搜集与保存

截至目前,搜集保育种类数量合计约421种(含70亚种和变种),其中1988—1995年以引进杜鹃花小苗为主,主要引种区为在我省西部及云南局部地区,同时从英国爱丁堡皇家植物园回归引种约30种,共引进杜鹃花约120种;1996年至今,以搜集杜鹃花种子为主,其引种区域以川西、滇西北、藏东南为主,同时也涉足了华中、黔北、桂北及华东与华南等地区,并少量引进了北美洲的杜鹃花资源,共约2000个编号,新增杜鹃花种类300种左右(表3)。目前,所搜集种类数量尚低于英国爱丁堡皇家植物园(450种),而源自我国的杜鹃花物种已超过该园(340种)。尤其令人鼓舞的是,2020年春我园在四川康定意外发现了枯鲁杜鹃野外居群,该种在红色名录中被列为野外绝灭种,文献记载仅见于四川木里县海拔3500m以上的枯鲁山;而2011年,消失于视线达20多年的睡莲叶杜鹃(R. nymphaeoides),也在原产地四川古蔺县的笋子山上被我们重新发现。另外值得一提的是,"中国杜鹃园"开花的杜鹃种类已达100种以上。

表 3　中国杜鹃园杜鹃花属植物已迁地保育类群数量表

亚属(Subgen.)	组(Sect.)	引种数量* (N_i)	N_i/N_w** (%)	N_i/N_c*** (%)
常绿杜鹃亚属 *Hymenanthes*	常绿杜鹃花组 *Pontica*	190/51	70.4	73.4/59.3
杜鹃花亚属 *Rhododendron*	杜鹃组 *Rhododendron*	114/17	62.6	69.1/40.5
	髯花杜鹃组 *Pogonanthum*	13/2	59.1	65.0/40.0
	类越橘杜鹃组 *Vireya*	1/0	.0.3	9.1/0
马银花亚属 *Azaleastrum*	马银花组 *Azaleastrum*	5/0	55.6	62.5/0
	长蕊杜鹃 *Choniastrum*	4/0	20.0	22.2/0
映山红亚属 *Tsutsusi*	映山红组 *Tsutsusi*	21/0	24.7	27.6/0
	轮生叶组 *Viscidula*	1	4.3	25.0
	假映山红组 *Tsusiopsis*	0	0	0
羊踯躅 *Pentanthera*	五花药杜鹃组 *Pentanthera*	1	5.6	100.0
	十花药杜鹃组 *Sciadorhodion*	1	25	100.0
叶状苞杜鹃亚属 *Therorhodion*		0	0	0
异蕊杜鹃亚属 *Mumeazalea*		0	0	0
纯白杜鹃亚属 *Candidastrum*		0	0	0
合计		351/70	37.4	62.1/47.9

注:*种/亚种和变种,＊＊占世界种的%,＊＊＊分别占国产种/亚种和变种的%。

2.2.2　保育规范与方法

形成了一套从繁殖材料搜集、鉴定、预制、储存、繁殖、培育,到田间观察与数据搜集、整理、分析研究等环节组成的技术规程,尤其是在播种繁殖、袋苗培育、水分控制、地膜覆盖育苗、物候观测及逆境(冻害)适应机制、低海拔引种、大苗移植等方面有较好的技术与经验积累。

2.2.3　建园、科普、合作与应用

初步形成了我国规模最大的原生杜鹃花迁地保育基地规模。华西园现有土地总面积829亩(1亩=1/15hm²),其中龙池园区面积629亩,玉堂基地(震后重建新区)200亩。目前已形成杜鹃花栽培总面积约400亩,资源圃20亩、露地苗圃25亩、保护地苗圃与繁殖苗圃共计3亩,保存各类杜鹃花大小苗木30余万株。

华西园的建立,引领了龙溪-虹口国家森林公园的建设,并有力地带动了龙池景区的开放。在"5.12"地震前,以华西园为支撑举办了"中国—龙池杜鹃节",为该旅游区每年吸引30万人次的观光与科普旅游。震后,在交通等条件尚未全面恢复的情况下,仍在每年3月底至5月中旬举办

"高山杜鹃花科普展",积极参与国际生物多样性日、中科院公众科学日以及全国科技活动周等活动,与当地学校长期合作,开展有关科普教育活动,参与四川省多项科普与扶贫活动,足迹包括四川的石棉、泸定、康定、金阳、雷波、美姑、旺苍以及青海省的海西州等地。并于2018—2019年,在园区内协助《影响世界的中国植物》拍摄,并为摄制组赴四川峨眉山、巴郎山、西岭雪山和云南腾冲及贵州"百里杜鹃"的拍摄,提供了技术支持。

2.3　科研进展与成果

2.3.1　迁地保育适应性评价

我园先后于2004年和2012年,分别对龙池基地(海拔1700m)保育的131种和172种杜鹃花属植物开展了适应性评价。冯正波等(2004)通过半定量评价法,对来自各地的、分属杜鹃属7亚属、35组(或亚组)的131种杜鹃花的适应能力和对各生态因子的耐性进行了研究。结果表明:很适应的占25%,适应的占52%,欠适应的占15%,不适应的占8%。常绿杜鹃亚属、杜鹃亚属的多数种类或主要分布于常绿阔叶林、常绿落叶阔叶混交林、针阔混交林、寒

温性针叶林中的杜鹃类群，表现为很适应或适应当地的生境条件；而主要分布于高山灌丛、高山草甸上和低海拔松—栎林中的杜鹃类群，表现为欠适应或不适应。由此认为，"中国杜鹃园"的选择基本上满足了杜鹃花的迁地保护需要。

庄平等(2012)采用生长发育、抗逆性与繁殖能力指标，再次评价了龙池基地的中国产杜鹃属植物中5亚属7组33亚组172种(含17亚种或变种)、246种次开展了适应性评价，结果表明：(1)杜鹃属植物对于保育地的适应性与其区系地理的同质性、海拔的接近度、类群的进化程度和关键功能性状具有较为密切的联系；(2)中国—日本森林植物亚区分布的杜鹃属植物的适应性优于中国—喜马拉雅森林植物亚区；(3)与保育地海拔愈接近的类群及种类其适应性愈高，由较高海拔向较低海拔的引种适应性高于反向引种；(4)杜鹃属中的原始类群及以我国东部分布为主的中等进化程度类群的适应性明显高于进化类群，尤其高于向西分化的高山杜鹃类群；(5)具有叶片大型化、无毛或少毛、少鳞片等关键功能性状的杜鹃类群及其种类，更适宜阴湿与低辐射环境。

2.3.2　可育性研究

近百年来，虽然有关杜鹃花可育性的研究已有大量的文献报道，而且已深入到细胞生物学及分子水平，但少见多类群、系统性的研究成果，这可能与难以具备必要数量的试材有关。在迁地保育条件下，杜鹃花属的有效保育和新品种开发，在很大程度上，取决于我们对可育性的认知，而有关研究也是迁地保育的应有之题或是其很自然的延伸。因此，我们于2012—2015年，连续开展了4年的相关试验，并以绿苗率为主要指标，绿苗系数、坐果率和单位可育种子数为辅助指标，并将这些指标划分为4个可育性等级，再经综合分析，分别对园区内37种、32种和40种杜鹃花属植物

的自然授粉、自交和种间杂交开展了研究。

2.3.1.1　自然授粉

对受试的5亚属15亚组37种杜鹃花属植物的自然授粉研究结果表明(庄平，2017a)：(1)除黄花杜鹃(*R. lutescens*)未形成种子外，其他36个杜鹃花种类均能在其保育地点上不同程度地完成从种子(幼苗)到种子的生命循环，其中高可育型24种、可育型11种、弱育型1种；(2)上述4项指标，尤其是有关绿苗率、绿苗系数和单位能育种子数比较，均能不同程度地反映育性适合度的差异情况；(3)在可育的36种杜鹃花中，24种有不同程度的败育现象，其成因可能为不同程度的自交和花期重叠的同亚组到不同亚组的异种间自然交配所引起的遗传不适，由于遗传选择的限制或胁迫，这种现象在一些开花个体有限的种类中尤为突出，因此保证最小存活种群(the minimum viable population，MVP)对于该属植物迁地保育至关重要(Richard *et al.*，2003)。

2.3.1.2　自交

对5亚属13亚组32种杜鹃花属植物的自交进行了研究，结果表明(庄平，2017b)：(1)自交可育与不育是杜鹃花属植物有性生殖中的两个并存现象，自交能育型种类或多于不育型，自交不育型10种、弱可育型5种、可育型7种、高可育型10种，其中27种的自交育性为首次报道；(2)通过与自然授粉的有关育性指标的比较，发现不同种类的自交可育性指标有大幅度降低及增高这两类截然不同的现象(刘晓青等，2010)，并认为自交可能是部分杜鹃花属植物的适应策略，或者对不利环境及其媒介条件的主动响应；(3)在云锦杜鹃亚组(subsect. *Fortunea*)这个被认为最原始的杜鹃花类群中，具备从自交不育到高可育的所有类型，并可能由此奠定了整个杜鹃花属的遗传基础，而类群与种类分布的不同区域气候环境长期、直接的或通过影响传粉媒介间接的作用，则可能是最终

塑造该属植物自交育性多样化的外部动力;(4)研究还还认为后合子期败育的理论(Williams *et al.*,1990)不能完美地解释自交不能坐果的现象,而多倍体似不会导致杜鹃花的自交不育。

2.3.1.3 种间杂交

分别对常绿杜鹃亚属的 12 亚组 23 种的 64 个杂交组合,杜鹃花亚属 4 亚组 10 种的 18 个组合,与上述 2 亚属、马银花亚属、映山红亚属和羊踯躅亚属等 5 亚属、15 亚组、32 种的 118 个属间杂交组合开展了试验研究,结果表明(庄平,2018a;2018b;2018c;2018d;2018e;2019a;2019b):(1)杜鹃花属内种间杂交的平均可育率为45.1%,其中常绿杜鹃亚属种间杂交87.5%,杜鹃亚属 40.0%,5 亚属间 20.0%,其中,常绿杜鹃亚属种间杂交,无弱可育等级,甚至有"超亲和"现象,而上述 5 亚属间杂交,高可育比率仅占可育组合数的5.6%,弱可育占 22.2%。(2)种间可交配性排序结果为:a. 亚属级,常绿杜鹃亚属内杂交>杜鹃亚属内杂交>常绿杜鹃亚属×杜鹃亚属>杜鹃亚属×映山红亚属>常绿杜鹃亚属×映山红亚属>常绿杜鹃亚属×羊踯躅亚属>常绿杜鹃亚属×马银花亚属>杜鹃亚属×羊踯躅亚属;b. 亚组级,银叶杜鹃亚组×同亚属的其他亚组>云锦杜鹃亚组内杂交>云锦杜鹃亚组×银叶杜鹃亚属>银叶杜鹃亚组×杜鹃亚属各组>三花杜鹃亚组内杂交>云锦杜鹃亚组×同亚属其他亚组>云锦杜鹃亚组×杜鹃亚属各组>常绿杜鹃亚属的其他亚组×杜鹃亚属各组。(3)不亲和与败育包括不能坐果(Cab)、能坐果但不能形成种子(Sab)和能形成种子但不能发芽(Sng)3种情况;在 109 个不亲和与败育组合中,依次占 74.3%、11.9%、13.8%;从同一亚组内、同一亚属内到不同亚属间杂交的不育类型的分布呈 Sng 型→Sab 型→Cab 型增加的趋势,而"杂种不活(hybridweakness)"也显现了相似的加强趋势;由此可见,杜鹃花属植物杂交应同时存在前、后合子期败育的情况。(4)上述有关杂交可育率大小、排序、不亲和与败育类型分布的现象表明,亲缘关系的远近对于杂交可育性具有决定性意义,同时,也与类群与种类间的系统分类关系非常契合。(5)种间杂交由双向可育→单向不育→双向不育的比率变化与其亲本的系统位置由原始→进化以及双亲间的亲缘关系由密切→疏远同向;种间杂交可育性与自交特性不同的亲本搭配方式相关,可育性大小的总倾向是 SC×SC>SI×SC≥SC×SI>SI×SI;从而判断其生殖进化方向是从自交亲和(SC)到自交不亲和(SI),并伴随异交生殖隔离的加强。(6)杜鹃亚属三花杜鹃亚组中的多倍体种类,在同亚属内和与其他亚属间的杂交中,对于可育性均有不同程度的负面作用,尤其是多倍体作为母本时其作用尤为明显(Kenji *et al.*,2006;Tom *et al.*,2007),这也是导致单向不育及不对称渗透的一个重要原因(张敬丽等,2007;Zha *et al.*,2010);(7)研究中也出现了一些意外或有待解释的情形,如在亚属间杂交种,映山红分别与百合花杜鹃(*R. liliiflorum*)和毛肋杜鹃(*R. augustinii*)的杂交后代未出现败育苗;再如常绿杜鹃亚属与杜鹃亚属,尤其是与后者中的二倍体植物的正反交,也表现了单向不育或不对称现象,这或也同胞质不育有关。

以上可育性试验,还获得了数十个杂交 F1 代苗木,常绿杜鹃亚属内的大白杜鹃×马缨花和大白杜鹃×粘毛杜鹃及杜鹃亚属三花杜鹃亚组内的多鳞杜鹃×黄花杜鹃的杂交 F1 代已经开花,均表现了趋中变异的基本特征。另外,围绕迁地保育工作,还开展了有关中国杜鹃花属植物地理分布型、川西与藏东南地区杜鹃花属植物及其分布的比较、杜鹃花属植物开花—展叶物候节律等多项研究(庄平,2012;2014;庄平等,2013)。首次建立了杜鹃花属组与亚组级的地理分布型体系;揭示了川西与藏东南两个重要区域间杜鹃花属植物类群及其分布格局的异同;并尝试探讨了杜鹃花开花—展叶模式的生态学与进化学意义。

3 结语

杜鹃花是人类不可忽略的植物资源,该属植物对于支撑地球生态系统和人类社会福祉,具有不可替代的意义(蒋有绪,1981;张长芹等,2004;吴莼等,2013)。我国是首屈一指的杜鹃花资源大国,理应充分关注和承担其资源保育和可持续利用的义务,尤其是在当前正经受全球环境退化和生物资源正遭受空前威胁的严峻形势下,寻求杜鹃花资源的有效保护并实现其可持续利用,理为当务之急(Gibbs et al.,2011)。尽管近40年来,我国的杜鹃花事业有了可喜的进步,但由于迁地保育和研究工作起步远晚于西方发达国家,因此整体水平和实际效用均尚有待提高。

华西亚高山植物园的杜鹃花专类园——"中国杜鹃园",通过30多年、两代人矢志不渝的努力,在杜鹃花原始资源种类的搜集、保存、培育、研究及知识传播和服务等方面有所收获,特别是在四川的亚高山区,初步建成了亚洲地区保存种类最多的杜鹃花专类园地,并在引种、物种抢救、适应性评价和可育性研究等领域,取得了一些值得称道的业绩和成果,为利用杜鹃花原始物种的生态修复和从源头上创制观赏杜鹃新品种及推动区域性特色旅游项目,奠定了良好的物质与技术基础。但在人才队伍、基础设施与保育条件建设方面,尚有待提升和加强。

面对类群庞杂,对生境要求千差万别的近千种杜鹃花属植物(Cox & Cox,1997),任何一个堪称条件优越的杜鹃花专类园,都不可能囊括该属植物的所有物种,因此要充分实现杜鹃花属植物的迁地保育的目标,就必须健全有效分工与合作机制;同时,变短期任务式的资助方式为适当而持续的资助方式,并通过一个较长时期的耐心积累,才可能彻底弥合我国杜鹃花属植物迁地保育这块短板。

致敬:向华西亚高山植物园的开创者陈明洪先生和为杜鹃花事业奉献宝贵生命的冯正波先生致敬!

参考文献

方瑞征,闵天禄,1981. 喜玛拉雅山脉的隆升对杜鹃属区系形成的影响[J]. 云南植物研究.3:147-157.
冯正波,庄平,张超,等,2004. 野生杜鹃花迁地保护适应性评价[J]. 云南植物研究.26:497-506.
耿兴敏,赵红娟,吴影倩,等,2017. 野生杜鹃杂交亲和性及适宜的评价指标[J]. 广西植物,37:979-988.
耿玉英,2008. 中国杜鹃花解读[M]. 北京:中国林业出版社.
黄宏文,2018. 植物迁地保育原理与实践[M]. 北京:科学出版社.
蒋有绪,1981. 川西亚高山冷杉林枯枝落叶层的群落学作用[J]. 植物生态与地植物学丛刊,5:89-98.
刘晓青,苏家乐,李畅,等,2010. 杜鹃花自交、杂交及开放授粉结实性研究[J]. 上海农业学报,26:145-148.
闵天禄,方瑞征,1979. 杜鹃属 Rhododendron L. 的地理分布及起源问题的探讨[J]. 云南植物研究,1:121-127.
闵天禄,方瑞征,1990. 杜鹃属的系统发育与进化[J]. 云南植物研究,12:353-365.
沈荫椿. 2004. 世界名贵杜鹃花图鉴. 北京:建筑出版社
宋延龄,杨亲二,黄永青,1998. 物种多样性研究与保护[M]. 杭州:浙江科技出版社
覃海宁,杨永,董仕勇,等,2017b. 中国高等植物受威胁物种名录[J]. 生物多样性,25:696-744.
覃海宁,赵莉娜,于胜祥,等,2017a. 中国被子植物濒危等级的评估[J]. 生物多样性,25:745-757.
吴莼,杨雪梅,邵慧敏,等,2013. 杜鹃花产业的种质资源基础:现状、问题与对策[J]. 生物多样性,21:628-634.

许明英, 李跃林, 任海, 2004. 杜鹃花在华南植物园引种栽培的初步研究[J]. 华南林业科技, 31:53-56.

薛达元, 2011.《中国生物多样性保护战略与行动计划》的核心内容与实施战略[J]. 生物多样性, 19:387-388.

张长芹, 高连明, 薛润光, 等, 2004. 中国杜鹃花的保育现状和展望[J]. 广西科学, 11, 354-359,362.

张乐华, 2004. 庐山植物园杜鹃花引种与适应性研究[J]. 南京林业大学学报, 28:92-96

中国花卉协会杜鹃花分会, 2021. 杜鹃花——发展创新40年[M]. 北京:中国林业出版社.

庄平, 2012. 中国杜鹃花属植物地理分布型及其成因的探讨[J]. 广西植物, 32:150-156.

庄平, 2014. 四川都江堰迁地保育的42种杜鹃花属植物的开花-展叶物候节律[J]. 生物多样性, 22:458-466

庄平, 2017a. 37种杜鹃花属植物在迁地保育下的自然授粉研究[J]. 广西植物, 37:947-958.

庄平, 2017b. 32种杜鹃花属植物在迁地保育条件下的自交研究[J]. 广西植物. 37:959-968.

庄平, 2018a. 23种常绿杜鹃亚属植物种间杂交的可育性研究[J]. 广西植物, 38:1545-1557.

庄平, 2018b. 10种杜鹃亚属植物种间杂交的可育性研究[J]. 广西植物, 38:1558-1565.

庄平, 2018c. 32种杜鹃花属植物亚属间杂交的可育性研究[J]. 广西植物, 38:1566-1580.

庄平, 2018d. 杜鹃花属植物杂交不亲和与败育分布研究[J]. 广西植物, 38:1581-1587.

庄平, 2018e. 杜鹃花属植物种间可交配性及其特点[J]. 广西植物, 38:1588-1594.

庄平, 2019a. 杜鹃花属植物种间杂交向性的初步研究[J]. 广西植物, 39:1281-1286.

庄平, 2019b. 杜鹃花属植物的可育性研究进展[J]. 生物多样性, 27:327-338

庄平, 王飞, 邵慧敏, 2013. 川西与藏东南地区杜鹃花属植物及其分布的比较研究[J]. 广西植物, 33:791-797.

庄平, 高贤明, 2002. 华西雨屏带及其对于我国生物多样性保育的意义[J]. 生物多样性, 10:339-344.

庄平, 郑元润, 邵慧敏, 等, 2012. 杜鹃花属植物迁地保育适应性评价[J]. 生物多样性, 20:665-675.

Chamberlain D F, Hyam R, Argent G, Fairweather G, et al., 1996. The Genus Rhododendron, its classification and synonymy[M]. Edinburgh: RoyalBotanic Garden Edinburgh.

Cullen J, Chamberlain DF(1978) A preliminary synopsis of the genus Rhododendron[J]. Notes from the Royal Botanic Garden Edinburgh, 36, 105-126.

Cox N E, Cox A, 1997. Encyclopedia of Rhododendron species[M]. Glendoick Publishing.

Fang M Y, Fang R Z, He M Y, et al., 2005. Rhododendron[M]//Wu Z Y, Raven P H, Hong D Y. Flora of China. Beijing: Science Press, St. Louis: Missouri Botanical Garden.

Gibbs D, Chamberlain D, Argent G, 2011. The Red list of rhododendrons[M]. Richmond: Botanic Gardens Conservation International.

Kenji U, Yoshiko T, Yuka T, et al., 2006. Cross compatibility of inter-subgeneric hybrids of azaleas on backcross with several evergreen species[J]. Journal of the Japanese Society for Horticultural Science, 75, 403-409.

Oetsch L G, Eckert A J, Hall B D. 2005. The molecular systematics of Rhododendron (Ericaceae): A phylogeny based upon RPB2 gene sequences[J]. Systematic Botany, 30, 616-626.

Richard J A, Juliet K J, Richard I M, et al., 2003. Plant introduction, hybridization and gene flow[J]. Philosophical Transactions of the Royal Society B: Biological Sciences, 358, 1123-1132.

Shrestha N, Wang Z H, Su X Y, et al., 2018. Global patterns of Rhododendron diversity: The role of evolutionary time and diversification rates[J]. Global Ecology and Biogeography, 27, 913-924.

Stevens P F, 1985. Malesian Vireya rhododendrons-Towards an understanding of their evolution[M]. Edinburgh: the Royal Botanic Garden Edinburgh.

Tom E, Ellen D K, Johan V H, et al., 2007. Application of embryo rescue after interspecific crosses in the genus Rhododendron[J]. Plant Cell, Tissue and Organ Culture, 89, 29-35.

Zhang J L, Zhang C Q, Gao L M, et al., 2007. Natural hybridization origin of Rhododendron agastum (Ericaceae) in Yunnan, China: Inferred from morphological and molecular evidence[J]. Journal of Plant Research, 120, 457-463.

Zha H G, Milne R I, Sun H, 2010. Asymmetric hybridization in Rhododendron agastum: A hybrid taxon comprising mainly F(1)s in Yunnan, China[J]. Annals of Botany, 105, 89-100.

槲蕨孢子的组织培养研究
Study on Tissue Culture of Spores of *Drynaria roosii* Nakaike

赵玉琳[1]　　陈陆琴[1]

(1. 太原植物园,太原,030025)

ZHAO Yu-lin[1]　　CHEN Lu-qin[1]

(1. *Taiyuan Botanical Garden*,*Taiyuan*,030025)

摘要:本试验以槲蕨(*Drynaria roosii* Nakaike)孢子为外植体材料,利用植物组织培养的方法,研究孢子灭菌时间、基本培养基、植物生长调节剂、暗处理等因素对孢子离体快繁的影响,筛选出适宜培养条件,进行槲蕨孢子离体培养快繁技术研究,以期建立槲蕨组织培养快速繁殖技术体系。

关键词:槲蕨,孢子,组培

Abstract: In this experiment,*Drynaria roosii* Nakaike spores were used as explant materials,and the method of plant tissue culture was used to study the effects of spore sterilization time,basic medium, plant growth regulator,dark treatment and other factors on tissue culture of spores of *Drynaria roosii* Nakaike,screening out suitable culture conditions,and carrying out research on the fast-breeding technique of *Drynaria roosii* Nakaike spores,with a view to establishing a rapid reproduction technology system for the cultivation of *Drynaria roosii* Nakaike tissue.

Keywords:*Drynaria roosii* Nakaike,Spores,Tissue culture

槲蕨(*Drynaria roosii* Nakaike)是水龙骨科槲蕨属蕨类植物,通常附生岩石上,匍匐生长,或附生树干上,螺旋状攀缘。其具有较高的医用价值和观赏价值。此外,国内外对槲蕨的研究主要集中在化学成分、药理以及生药鉴定等方面,对其根茎总黄酮和柚皮甙的含量测定及生药鉴定等,在生物学特性和栽培繁殖学特性上研究较少,所以研究槲蕨的组织培养技术是一项非常有意义的工作。

目前,蕨类植物的常规繁殖主要有孢子繁殖、分株繁殖、扦插繁殖、分栽不定芽等(齐新萍,2014),这些方法容易受到自然环境的干涉并且增殖效率较低。植物组织培养是一种可保持植物遗传性状相对稳定、繁殖速度快、生长过程可控的快速繁殖手段。通过组织培养方式进行繁殖可解决孢子繁殖困难的问题,同时对种质资源进行保存。

1　材料和方法

1.1　试验材料

1.1.1　试验材料来源

山西省太原市太原植物园生产温室的盆栽槲蕨。

将具有成熟孢子的槲蕨叶片剪下,放入洁净的硫酸纸袋中密封,置于干燥通风处,4~6d 后孢子自然散落,去除杂质,收集于离心管中4℃保存备用。

1.1.2　基本培养基

MS 培养基,蔗糖 30g/L,琼脂 6g/L,pH值 5.8~6.2。培养条件:温度控制在 25±

2℃,光照时间为12h/d,光照强度为2000Lx。

1.2 试验方法

1.2.1 孢子萌发灭菌时间试验

取成熟槲蕨孢子置于1.5mL离心管内,加5% NaClO分别消毒2min、4min和6min。再用无菌水冲洗4~5遍,将最后获得的孢子悬浊液接种于MS基本培养基,15d后统计槲蕨孢子是否萌发。

1.2.2 孢子萌发最佳培养基质筛选试验

草炭土:珍珠岩=3:1、水苔放于组培瓶中,加水湿润到瓶倾斜刚好有水流出状态,高温高压灭菌备用于无菌培养。另一组不灭菌用于自然培养。

将灭菌处理好的槲蕨孢子分别接种于水苔(无菌培养和自然培养)、草炭土:珍珠岩=3:1(无菌培养和自然培养)、MS固体培养基(无菌培养)中,30d后观察孢子在各类基质中萌发情况。

1.2.3 无机盐、蔗糖对孢子萌发及配子体的影响

设置无机盐MS,1/2MS,1/4MS三个水平,3%蔗糖和无蔗糖的双因素实验,共6个处理,每个处理重复3次。15d后统计孢子萌发情况,30d天后观察配子体的生长情况。

1.2.4 暗处理、激素处理对孢子萌发的影响

设置4个处理,培养基F1:MS+3%蔗糖+1mg/L GA3,培养基F2:MS+3%蔗糖,培养条件A:4℃暗培养48h,培养条件B:不暗培养。每个处理重复3次,以培养基上可见到零星的绿色小点为准,记录孢子萌发时间。

1.2.5 蕨类配子体的增殖试验

将槲蕨配子体分别置于不同激素T1(MS + 6-BA 0.5 mg/L+ NAA 0.5 mg/L)、T2(MS + 6-BA 1.0 mg/L+ NAA 0.1 mg/L)和T3(MS + 6-BA 1.0 mg/L+ NAA 0.5 mg/L)培养基中培养,30d天后观察配子体的生长情况。

2 结果与分析

2.1 孢子萌发灭菌时间试验

5% NaClO消毒6min,槲蕨孢子未萌发。消毒4min,槲蕨孢子部分萌发。由此推测消毒时间超过4min可对孢子造成损伤;5% NaClO消毒2min时槲蕨孢子萌发率均达90%以上。由此得出NaClO消毒最佳灭菌时间为2min。

2.2 孢子萌发最佳培养基质筛选试验

表1 孢子在各类基质中萌发情况

培养基质	培养方式	萌发情况
水苔	无菌培养	不萌发
水苔	自然培养	不萌发
草炭土:珍珠岩=3:1	无菌培养	萌发
草炭土:珍珠岩=3:1	自然培养	不萌发
MS固体培养基	无菌培养	萌发

自然培养条件下,水苔、草炭土:珍珠岩=3:1基质中均不利于孢子萌发。水苔湿度较难掌握,含水量高时,易长真菌且湿度大,这直接影响蕨类孢子致使其不萌发。含水量低时,水苔极易变干,孢子死亡不萌发。草炭土:珍珠岩=3:1基质中湿度大,易长真菌直接影响孢子,致使其不萌发;无菌培养条件下,水苔湿度大,槲蕨未萌发;草炭土:珍珠岩=3:1基质中槲蕨孢子萌发且萌发率达50%。其中草炭土:珍珠岩=3:1基质中长真菌的槲蕨配子体长势明优于基质未长真菌的槲蕨配子体。MS固体培养基中槲蕨萌发且萌发率为95%以上。由此得出,孢子萌发最佳培养基质为MS固体培养基。

2.3 无机盐、蔗糖对孢子萌发及配子体的影响

以孢子体为外植体的培养大多采用MS作为基本培养基,培养基中的无机盐的浓度很重要,它对蕨类的组培效率及试管苗的正常发育均有影响。在肾蕨属(Neph-

roleasis)中 1/4 MS 浓度效果好,而对鸟巢蕨(*Aslenium nidus*)全量 MS 的浓度更合适(Higuchi, *et al.*, 1987)。Dykeman 等发现 1/2 MS 对荚果蕨(*Matteuccia struthiopteris*)的增殖最佳,而 1/4 MS 对单个芽的生长最有利(Dykemam & Cumming, 1985)。

蕨类植物的孢子萌发,一般在无糖培养基上萌发快,加入高浓度的糖会抑制孢子萌发。但是加入适量的糖会有利于萌发孢子及配子体的进一步生长发育,故常采用无糖培养基(Camloh & Gogala, 1992)或 20~30g/L 的有糖培养基(Steeves, *et al.*, 1955)。

表 2 无机盐、蔗糖对孢子萌发及配子体的影响

实验处理	培养基	蔗糖含量	孢子萌发率	配子体生长情况
1	MS	3%	98.6%	翠绿,较大
2	1/2MS	3%	95.4%	翠绿,中等
3	1/4MS	3%	60.8%	黄绿,小
4	MS	0	63.5%	枯黄死掉,小
5	1/2MS	0	56.1%	枯黄死掉,小
6	1/4MS	0	23.5%	枯黄死掉,小

3%蔗糖条件下,槲蕨的萌发率较高其中 MS 培养基萌发率最高达 98.6%;1/2 MS 培养基萌发率为 95.4%比 MS 培养基条件下略低且后期配子体生长均比 MS 培养基条件下小些;1/4 MS 培养基上孢子萌发率明显降低,后期配子体黄绿长势差,明显营养不良。无糖条件下槲蕨萌发时间短但萌发率较低。

由此可知 MS 培养基中大量元素的浓

度和 3%的蔗糖对槲蕨孢子的萌发和后期配子体的生长都有重要影响。因此后期孢子萌发选用 MS+3%蔗糖培养基。

2.4 暗处理、激素处理对孢子萌发的影响

研究发现鹿角蕨和铁线蕨的孢子在含有 GA3 的培养基中萌发时间有所缩短(查文涛,2003)。因此选用 GA3 研究激素对孢子萌发的影响。孢子一般在黑暗条件下不萌发,但黑暗预处理能够提高红光对孢子萌发的促进效应(Perez-Garcia, 1994)。由此设置实验暗处理。

表 3 暗处理、激素处理孢子萌发时间试验

实验处理	培养基	培养条件	孢子萌发时间
F1-A	MS+3%蔗糖+1 mg/L GA3	4℃ 暗培养 48h	6d
F1-B	MS+3%蔗糖+1 mg/L GA3	不暗培养	9d
F2-A	MS+3%蔗糖	4℃ 暗培养 48h	13d
F2-B	MS+3%蔗糖	不暗培养	15d

由实验结果可知孢子萌发时间 F1-A < F1-B < F2-A < F2-B(如图 1)。含 1mg/L GA3 的培养基中 F1-A、F1-B 孢子萌发时间均短于不含 GA3 的培养基 F2-A、F2-B,由此推测槲蕨孢子组织培养中加入 1mg/L GA3 可缩短孢子萌发时间。在相同培养基的条件下孢子萌发时间 F1-A < F1-B,F2-A < F2-B 故而推测暗培养条件也可缩短孢子萌发时间。

综上实验结果,槲蕨孢子萌发最佳培养条件为 MS+3%蔗糖+1 mg/L GA3,4℃暗培养 48h。

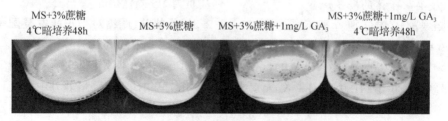

MS+3%蔗糖 4℃暗培养48h　　MS+3%蔗糖　　MS+3%蔗糖+1mg/L GA₃　　MS+3%蔗糖+1mg/L GA₃ 4℃暗培养48h

图 1 暗处理、激素处理对孢子萌发的影响

2.5 配子体的增殖试验

选用不同浓度的植物生长调节剂对槲蕨配子体的增殖进行试验,在 T2:MS + 6-BA1.0mg/L+ NAA 0.1mg/L 培养条件下,配子体翠绿,长势较好,配子体形状为球状利于大量扩繁。

表4 不同激素条件下配子体的生长情况

培养基编号	配子体颜色	配子体长势	配子体形状
T1	翠绿	好	部分叶状,部分球状
T2	翠绿	较好	球状
T3	墨绿	几乎不生长	球状

3 讨论

用5% NaClO 灭菌槲蕨孢子的最佳处理时间2min,孢子萌发最佳培养基质为 MS 固体培养基无菌培养。水苔容易湿度过大,较难掌控。草炭土:珍珠岩=3:1基质易长菌影响孢子萌发;孢子在 MS+3%蔗糖+1mg/L GA3,4℃暗培养48h 处理下可大大提高孢子萌发率,缩短孢子萌发时间;MS+6-BA1.0mg/L+ NAA 0.1mg/L 培养基有利于配子体的增殖。

无菌保存(配子体或孢子体)可以在不受自然条件影响下,在有限空间保存大量蕨类种质资源。通过研究槲蕨孢子的灭菌时间、暗处理、激素处理、无机盐不同水平、蔗糖等因素对蕨类孢子的萌发,萌发率及萌发时间的影响;不同激素及无机物的添加对配子体增殖的影响,对后续其他蕨类组培快繁体系研究可奠定一定的基础。

影响蕨类植物的环境因子较多,需进一步掌握温度、湿度、光照等各项因子对槲蕨孢子影响。

参考文献

查文涛,2003. 三种蕨类植物的离体保存技术研究[D]. 武汉:华中农业大学. 齐新萍,2014. 蕨类植物的常用孢子繁殖技术[J]. 园林,(3): 30-31.

Camloh M,Gogala N,1992. *In vitro* culture of *Platucerium bifurcatum* gametophytes[J]. Scientia horticulturae,51(3-4): 343-346.

Dykemam B W,Cumming B G,1985. *In vitro* propagation of the ostrich fern (*Matteuccia struthiopteris*)[J]. Canadian journal of plant science,65(4): 1025-1032.

Higuchi H,Amaki W,Suzuki S,1987. *In vitro* propagation of *Nephrolepis cordifolia* Prsel[J]. Scientia horticulturae,32(1-2): 105-113.

Perez-Garcia B,1994. The effects of white fluorescent light,far-red light,darkness,and moisture on spore germination of *Lygodium heterodoxum* (Schizaeaceae)[J]. American Journal of Botany,81(11):1367-1369.

Steeves T A,Sussex I M,Partanen C R,1955. In vitro studies on abnormal growth of prothalli of the bracken fern[J]. American Journal of Botany,42(3): 232-245.

机械昆虫:植物园科普教育的新探索

Mechanical Insects: a New Exploration of Popular Science Education in Botanical Gardens

王鹏[1,2]　赵志清[2]

(1. 妙萱工坊工作室,太原,030002;2. 太原植物园,太原,030001)

WANG Peng[1,2]　ZHAO Zhi-qing[2]

(1. *Miaoxuan Studio*, *Taiyuan*,030002; 2. *Taiyuan Botanical Garden*,*Taiyuan*,030001)

摘要:本文以太原植物园引入"蒸汽朋克"机械昆虫科普新模式,不仅为植物园的科普工作增添了极大的魅力和吸引力,还在向公众普及动植物多样性知识的同时,提高公众的环境保护意识,唤起全社会重视支持和参与保护地球等方面进行了探讨。希望通过这种新模式能够进一步增强植物园与社会的互动性和黏性,为植物园的良好发展提供方向与借鉴。

关键词:植物园,机械昆虫,蒸汽朋克,科普教育,研学基地

Abstract:In this paper, the introduction of the new model of "Steam Punk" mechanical insect popular science model in Taiyuan Botanical Garden not only adds great charm and attraction to popular science work in Botanical Garden, but also popularizes biodiversity knowledge to the public, raises public awareness of environmental protection and arouses the whole society's attention to support and participate in protecting the earth. It is hoped that this new model can further enhance the interaction and stickiness between the botanical garden and the society, and provide direction and reference for the good development of the botanical garden.

Keywords:Botanical gardens, Mechanical insects, Steampunk, Popular science education and research bases

1　当代植物园的科普教育功能

根据国际植物园保护联盟(Botanic Gardens Conservation International, BGCI)给植物园下的定义,植物园是这样的一种机构:拥有活植物的收集区;在活植物收集区进行记录管理,使之用于科学研究、保护、展示和教育;收集区的植物有适当的植物名牌和一定科学依据;与其他植物园、组织、机构和公众进行信息交流、种子或其他材料(在国际公约、国内法律和海关规定的法规之内)交换;开展植物监测等科学研究、对公众开放、推广和促进环境教育活动等(梁琼等,2007)。从定义中可看出科普教育功能作为现代植物园应具备的重要功能之一,植物园的教育功能也从18世纪中期至20世纪中期向少量人群普及简单植物学知识发展到20世纪中期以后侧重环境科学教育,注重培养游客保护意识(黄宏文等,2018)。作为研究和保护生物多样性的机构,植物园有义务向公众普及生物多样性知识,提高公众的环境保护意识,唤起全社会重视支持和参与保护地球(严海等,2009)。

同时随着城市工业化进程的加快,生态环境问题也逐渐凸显,而人类对环境的

干扰和破坏是导致生态环境恶化的主要原因,因此,提高公众的科学素质和环保意识,促进社会可持续发展,科普教育显得尤为重要,尤其是对青少年的科普教育(何祖霞等,2013)。青少年因为心理上和生理上还处于成长阶段,易于接受新事物和新观念,可引导性强,是人一生中可塑性最强的阶段,是接受教育的关键时期(刘若懿等,2017)。加强他们的科普教育,不仅仅是学校和家庭的责任,更是全社会的责任。作为校外的科普教育基地,植物园密切结合植物科学,开展面向青少年的科普教育,不但可以提高青少年的科学文化知识,还可以使其学习尊重生命与自然,普及生态环境教育。

2 青少年科普教育特点

人类喜欢追求新奇与特异,青少年尤其如此,在他们的心里,无拘无束,动手参与和集体活动才是最快乐的事。青少年的身心发展处于人生中最活跃、最敏感的阶段,有其独特的特点。一方面,青少年的思维方式与成年人大不相同,他们渴求打破传统思想的束缚,以形式灵活多样的校外学习和体验的方式接受新鲜事物。另一方面,文化多元的现代社会条件下,各种文化和价值观念对青少年教育产生重要影响,青少年在价值观整合过程中容易出现价值混乱、无所适从的感受,只好盲目跟着感觉走(张云龙等,2013)。

在互联网蓬勃发展的今天,青少年已成为网络的主要使用群体。中国互联网络信息中心(CNNIC)发布的《2015年中国青少年上网行为研究报告》显示,截至2015年12月,中国青少年网民规模达到2.87亿,整体对互联网信任度高,依赖性强,安全意识较弱。作为二次元文化传播载体的网络小说、视频、游戏的青少年用户规模已达到1.9亿,由于主要表现的世界观、人生观与现实生活存在差异,青少年如果过于沉迷二次元内容,将会严重影响青少年的成长。因此,营造和优化青少年的学习、生活环境,树立和激发符合青少年需求的科学理念,显得尤为重要。

曾经上海市科教团工委就上海市青少年科学素养进行过广泛的调查,并且公布了《当代上海市青少年科学素养调查报告》显示,仅有37.46%的被调查者去过各类科普场馆1次,并且多数是以集体组织的形式前往。21世纪是人类进入知识经济的世纪,"科教兴国"战略正是培养创新型高素质人才的伟大举措。实施"科教兴国"战略,广大青少年的科普教育工作是重点。除了学校教育承担着培养和选拔新世纪需要的创新型高素质人才的重担外,校外科普教育开展形式多样的活动,在丰富多彩的实践中培养青少年的科普意识和实践能力,是把这项工作推向纵深的重要举措。如何以青少年易于理解、喜闻乐见的方式,通过适当的载体让学生接受科学思想、科学方法和科学精神,才是适合青少年成长的科普教育,这需要基础教育观念和理念的更新,以及校内外多种科普教育资源的整合和利用。

3 植物园面向青少年的科普教育策略

作为青少年重要的校外科普教育场所,各地植物园都在努力探索和实践,无论是园区的布局风格、活植物的分类展示、科普标牌的环境解说、科普展馆的设计以及科普活动的组织和实施等方面,力争创造一个符合青少年心理特点,且有利于他们轻松学习的环境,激发青少年的主观能动性,鼓励他们积极参与、亲身体验和大胆实践,以逐渐提高科学素质和环保意识。具体有以下五方面特点:(1)资源展示分类化,(2)科普形式多样化,(3)科普场馆科技化,(4)科教内容时代化,(5)环境解说人文化(何祖霞等,2013)。

那么如何将植物园这样一个非常大的、空洞的环境教育话题,通过有效的手段转化为具体的、能与青少年生活息息相关的、可以动手参与的、具有相当吸引力的科普教育方式是大家都在探索努力的主要工作(胡永红等,2005)。

2012 年,厦门大学在借鉴美国部分大学开设爬树课的经验上开设了"爬树课",旨在让同学们近距离了解树木的同时还能学会一些特殊逃生技能。厦大开设"爬树课",是学生了解树木、增强学生身体素质的良好途径,同时也是一种精神上的敢为人先、突破常规、打破以往重书本而轻实践的教学模式,是一种教育体制的创新。

无独有偶,2018 年,广州市大朗一小学开设耕田课,组织全校师生在水稻田里开展拔苗插秧的劳作体验,填补学生食农和田园教育上的匮乏,并借此对学生进行生活、思想教育。教学重点包括观察、认识、记录校园资源,学习做自然笔记;按节气学习种植农作物,获得劳动技能;研究各种农作物与自然、与人的关系;研究校园自然环境与人的关系;寻求拓展孩子们的烹饪视野。收到良好的社会反响和知识收获。

目前,太原植物园引入"蒸汽朋克"机械昆虫这种形式新颖、品种丰富、蕴含地球千百万年来沧海桑田的神秘历史和跨学科融合教学为一体的科普教育活动,对尤为稀缺幻彩自然的北方城市来说,以这样一种与昆虫零距离接触的奇特互动形式,为太原植物园的科普工作增添了极大的魅力和吸引力。

该科普教育的主题有两个,一是植物、昆虫和动物是相互依赖的;二是植物、动物和人类的相互作用对三者的生存都是至关重要的。以不同于平常、具有突破性的表现方式,吸引青少年的兴趣,另外,也通过一些板报宣传、介绍因为一些为植物授粉的灭绝,植物无法授粉而导致该类植物的逐渐消失。所以,保护植物和其生长的环境,能为动物提供食物和生存的空间,体现出植物与动物之间的相互依赖的关系,这样就宣传科普了保护植物与环境的重要性。

4　蒸汽朋克的定义

蒸汽朋克是一种科幻艺术的表现形式,蒸汽朋克起源于维多利亚女王时代,那时候英国工业发展迅速,科学、文化、艺术空前繁荣,由此而产生了蒸汽朋克艺术,蒸汽朋克是在人们充分的发挥想象的基础之上,构造出的一个远超于现实的虚拟世界,它体现了人们通过蒸汽相关的机械所带来美好生活的畅想(于露等,2013)。

爱因斯坦曾经说过,想象力比知识更重要。蒸汽朋克真正价值就在于给制作者提供了广阔的想象空间,激发并触动每个人的想象力,并给予这方面的熏陶。自然、虚构和怀旧是蒸汽朋克艺术的显著特点。例如从著名的俄罗斯蒸汽朋克艺术家弗拉基米尔·格沃兹达里奇的作品中,我们可以明显的看到是如何将动物与机械联系在一起,画面中除了动物,还有齿轮、螺丝和各种小零件等等,就像一张详细的技术图纸,非常的精致有趣。

蒸汽朋克文化在中国的影响逐渐增加,承袭蒸汽朋克的精神,自由而充满活力,不拘泥于现状,创作中不断融合新的元素与风格的蒸汽朋克昆虫制作,令新一代的年轻人痴迷。越来越多的蒸汽朋克昆虫研究者开始制作具有唯一设计权的蒸汽朋克作品,其中曾获得多项发明创新专利者王鹏就是最有代表性的一位,他是昆虫振动总成蝴蝶扑翼发明人,主要研发方向为昆虫艺术动态标本与新型可动创意模型,他拥有独立自主的创新能力,开发出了属于自己的系列风格,如图 1 图 2 中蒸汽朋克机械昆虫作品均为其代表作,在业界引起广泛关注,并受到多方好评,激发起中国一大批喜欢蒸汽朋克昆虫制作者的学习热情。

图 1 王鹏蒸汽朋克机械昆虫代表作之一,机械齿轮转动的同时,昆虫翅膀能够如真实扇动,具有非常震撼的视觉冲击

图 2 王鹏蒸汽朋克机械昆虫代表作之二,作品结合 3D 打印、机械结构设计、编程、造景、美学等方面很好地融合为一体

5 机械昆虫的亮点

目前国内的蒸汽朋克昆虫领域已经逐渐走入主流文化的大潮,这些不乏科幻概念的工艺品、金属饰品、装饰品以及生活用品恰恰迎合了现在青年人对科技的热爱与对自然的向往。从第一眼看到会动的机械昆虫所带来的视觉震撼,再到对于创意和科学技术进步的启迪,让青少年的自然与科技兴趣的培养,形成了一个无缝衔接的科普路线。

5.1 亮点 1 昆虫文化蕴含着丰富的科普教化资源

昆虫是地球上最古老的动物之一,全世界已知的昆虫有 100 多万种。昆虫与人类关系十分密切,直接食用、药用、观赏、饲养宠物则更为彰显近代人、虫的亲近;而昆虫对农、林、蔬、果等的侵食或直接攻击人体、传播疾病又使人、虫之战不可忽视。小小昆虫构成世界生物体系最大的食物链网。没有昆虫在自然界里的这些服务,生态系统和它所支撑的生命(包括人类)将不复存在。生活在城市里的孩子,很少有机会了解昆虫。让他们认识昆虫、喜欢昆虫、爱护昆虫,从而能够激发出爱护自然环境,保护美丽的地球家园的意识。

5.2　亮点 2 机械制作可充分释放青少年的好奇心与创造力

机械制作是一项集物理、科学、工程等综合能力培养的科普实践活动，可实现青少年从启蒙、学习到实践的科普教育闭环，为他们打开了眼界，充分释放好奇心与创造力，提高了动手操作和逻辑思维能力，激发出了探索前沿科技的浓厚兴趣，以及对未来的科技生活的向往。

所以说蒸汽朋克昆虫是一项走进大自然与科技启蒙的科普教育课程，设计、造型、科学原理方面都新颖独特、富有童趣，同时也具有科学性和操作性，既满足了孩子们对于大自然昆虫的好奇，又启蒙了孩子对于科学科技类技术的兴趣。以践行"生态育人、育生态人"为理念，针对中小学生开发的"蒸汽朋克昆虫制作"科普课程体系，通过知识与实践的结合，已经在全国上海、南京、扬州、太原等多个城市举办了几十场"昆虫科普进校园"活动，受到广大青少年及老师家长的欢迎，共计有近万名学生聆听过这种新颖别致的科普教育课程。科普活动通过讲解昆虫的进化与演变，昆虫与人类生活的关系，蒸汽朋克昆虫的制作以及昆虫与科技等方面，为广大青少年普及了五彩缤纷的昆虫世界的同时，让他们与各种昆虫零距离接触，让他们认识了昆虫分类学，了解了昆虫的生存智慧，深深地激发起对自然界的探索，以及保护生态环境的意识。蒸汽朋克昆虫制作课堂上(图 3)，孩子们可以亲手制作个自己喜欢的"蒸汽朋克机械昆虫"作品并带回家。这样形式新颖、互动性强的科普活动，可以很好地培养广大青少年的动手能力，引导他们以更加饱满的热情投身科学发展，落实技能强国，科技兴国战略，为培养未来的大国工匠、能工巧匠打下了很好的基础。

图 3　科普课程上，孩子们可以亲手制作一个自己喜欢的"蒸汽朋克"机械昆虫带回家

6　机械昆虫所带来的收获

青少年是人生的起始阶段，也是梦想开始的地方，他们正处于对世界充满好奇，积极探索的认知高峰期，像这样生动有趣的科普讲座，有益于孩子们在理解基本概念的基础上，把知识与实际相结合，养成爱科学、学科学、用科学的良好习惯，形成科学的态度，掌握科学的方法，培养独立思考、自主探索的创新精神和创新意识，这样才能做一个既具有科学理念，又具有科学实践能力的接班人。

蒸汽朋克昆虫制作是一个综合性很高的制作工艺过程，它集手工、编程、美学、机械设计等多种学科的实践应用，将普通的昆虫标本融入机械仿生，3D 打印以及创新思维于一身。当青少年在制作一个"蒸汽朋克"机械昆虫作品时，会让他们用视、闻、摸等方法去观察与体验，这样驱动了其自发观察与实践的能力，拓展了他们对大自然的喜爱与认知，满足了与自然本能亲近的天性，培养了他们勇敢探索新事物的精神。

植物园最吸引人的除了科普内容还有优美动人的景观风貌，它载了地域性文化展示、生态科普和新型园林的功能。在植物园景观风貌营造中，植物造景占有首要位置。而在蒸汽朋克昆虫制作中就会应用到造景的园林知识，造景制作有利于培养青少年的想象力、创造力，提高精细动作的能力。在植物园内边看边学，用植物的自然形态和质感为作品营造出一个绿色的生态氛围，将昆虫与植物、科技很好的结合在一起，这种沉浸式科普制作体验可谓独一无二，这不仅仅是动手制作大自然的艺术手作，青少年还将通过探秘了解、促进探索与思考，激发和提升青少年创新思维和动手的各项能力。在激发青少年探索生态知识与科技知识方面，起到了很好的促进作用。

7 讨论：机械昆虫未来的发展方向

太原植物园被评为山西省科普教育基地，引入"蒸汽朋克"机械昆虫科普新模式，致力于开展具有特色的昆虫标本制作科普活动，以互动体验式探索自然奥秘的创新科教手段，成为全国一个展示多样生物、探求科学新知的"自然高地"，并为植物园的发展奠定了权威及专业的基础。新模式能够让植物园通过学校资源，使科普教育影响力在区域内形成辐射效应，与此同时，中小学也越来越多的将研学旅行、暑期社会实践地点必然会选择在植物园，学校通过植物园资源营造更好的教育场域，从而使学生感受到原生态的科学魅力，这样才能让植物园更好的发挥起科普效应，肩负起自身应有的责任和使命，让更多的青少年了解自然、认知自然、热爱自然。

植物园通过自然科普教育、研学教育课程体系开发等一系列形态，提供更多满足青少年需求的服务，让更多人走进植物园，共同来探索有关植物、生物与人类的科学、文化和艺术的空间。未来植物园还可以与科学院、研究所等科研机构开展深度合作，把前沿科学落到适合普通大众的实际互动中来，用科普的语言让青少年了解植物科学、生物科学以及世界研究现状，通过"蒸汽朋克"机械昆虫科普教育这类新颖的、互动性强的、具有特色的活动，不断提高青少年的学习兴趣，为培育未来生物学人才做出贡献。

参考文献

黄宏文,2018."艺术的外貌、科学的内涵、使命的担当"——植物园500年来的科研与社会功能变迁(二)：科学的内涵[J]. 生物多样性,(3)：304-314.

何祖霞,2013. 面向青少年的植物园科普教育策略[J]. 农业科技与信息(现代园林),(8)：12-15.

胡永红,2007. 攀爬架——植物园科普教育的新思维[J]. 园林,(6)：26-27.

梁琼,黄宏文,2007. 构建可持续发展的未来：植物园的作用——第三届世界植物园大会综述及启示[J]. 中国科学院院刊,22(3)：255-257.

刘若懿,2017. 浅论新形势下青少年的心理特点及教育[J]. 科学大众：科学教育,(001)：49-50.

严海,2009. 公众对植物园的形象认知和游览动机调查[D]. 北京：中国科学院研究生院.

于露,朱琳,2013."蒸汽朋克"的源流[J]. 公共艺术,(002)：49-54.

张云龙,2013. 如何做好新形势下青少年科普教育工作[J]. 科普研究,(03)：32.

山西大戟科铁苋菜属植物新记录
New Distribution of the Species of *Acalypha* L. (Euphorbiaceae) in Shanxi

任保青[1]　张锋林[2]　赵玉琳[1]　陈陆琴[1]

(1. 太原植物园,太原,030025;2. 山西阳城蟒河猕猴国家级自然保护区管理局,阳城,048119)

REN Bao-qing[1]　ZHANG Feng-lin[2]　ZHAO Yu-lin[1]　CHEN Lu-qin[1]

(1. *Taiyuan Botanical Garden*, *Taiyuan*, 030025;2. *Manghe Macaque National Nature Reserve Administration of Yangcheng in Shanxi*, *Yangcheng*, 048119)

摘要:近年来作者在中条山蟒河自然保护区进行植物考察时,采集到大戟科(Euphorbiaceae)铁苋菜属(*Acalypha*)野生木本植物尾叶铁苋菜(*Acalypha acmophylla*)。这为山西大戟科铁苋菜属植物增加了种级水平的新记录。迄今为止山西省已记录自然分布的铁苋菜属植物有2种。

关键词:铁苋菜属,尾叶铁苋菜,新记录,山西

Abstract:*Acalypha acmophylla* is belong to the genus *Acalypha* of Euphorbiaceae, which was found during the recent field investigations, from the Manghe National Natural Reserve of Zhongtiao Mountain around Yangcheng County in Shanxi province. This new distribution was first reported of the species in Euphorbiaceae from Shanxi. There are two species in *Acalypha* in Shanxi now.

Keywords:*Acalypha*. , *Acalypha acmophylla*, New distribution, Shanxi

铁苋菜属(*Acalypha*)植物为一年生或多年生草本,灌木或小乔木。叶互生,叶缘具齿或近全缘,具基出脉3~5条或为羽状脉;叶柄长或短;雌雄同株,稀异株,花序腋生或顶生,雌雄花同序或异序;雄花序穗状;雌花序总状或穗状花序,雌花的苞片花后通常增大;雌花和雄花同序(两性的),通常雄花生于花序的上部,呈穗状,雌花1~3朵,位于花序下部;花无花瓣和花盘;花萼裂片雄花4枚,雌花3~5枚;雄花:雄蕊通常8枚,花丝离生;不育雌蕊缺;雌花:子房3或2室,每室具胚珠1颗,花柱离生或基部合生,撕裂为多条线状的花柱枝。蒴果,通常具3个分果爿,果皮具毛或软刺;种子近球形或卵圆形,种皮壳质,有时具明显种脐或种阜。

本属全球有约450种,广布于世界热带、亚热带地区。我国约18种,其中7种为我国特有种,栽培2种,除西北部外,各省区均有分布(中科院中国植物志编委会,1996; Editorial Committee for FOC,2008)。

模式种:北美铁苋菜 *Acalypha virginica* L.

本属植物一些物种由于含有没食子酸和黄酮类物质等次生代谢物,以全草入药,有清热、利湿、止血、消肿解毒之功效,是治疗腹泻药苋菜黄连素胶囊的主要成分。该属植物在亚洲、非洲和拉丁美洲民间广泛运用于治疗痢疾、皮肤病、肺炎和女性不孕症(詹济华,等,2017;赖昕和梁敬钰,2012)。

此前山西的地方植物志记载的自然分布铁苋菜属植物有1种(刘天蔚和岳建英,2000;刘天蔚,1992.),即一年生草本植物铁苋菜 *A. australis*,栽培1种即红桑 *A.*

wilkesiana。2021年4月作者在山西蟒河自然保护区及其周边进行植物考察时发现铁苋菜属 *Acalypha* 野生木本植物植物尾叶铁苋菜 *Acalypha acmophylla*，迄今山西铁苋菜属植物自然分布的应该有2种。

图1　尾叶铁苋菜 *Acalypha acmophylla*

山西铁苋菜属植物分种检索表

1. 一年生草本；两性的花序，具雌花的部分明显长于具雄花的部分 ……………
…………………… 铁苋菜 *A. australis*

1. 灌木；两性的花序，具雄花的部分明显长于具雌花的部分 …………………
…………… 尾叶铁苋菜 *A. acmophylla*

1. 尾叶铁苋菜

Acalypha acmophylla Hemsl. in Journ. Linn. Soc. Bet. 26：436. 1894；——*A. szechuanensis* Hutch. in Sargent, Pl. Wils. 2：524. 1916

生物学特征：落叶灌木，高1～1.5m；嫩枝被白色柔毛，小枝细长，暗红色，具散生皮孔。叶膜质，卵形、长卵形或菱状卵形，长（2.5～）4.5～8（～10）cm，宽（1.2～）1.8～3.5cm，顶端渐尖或尾状渐尖，基部楔形至圆钝，上半部边缘具长腺齿，两面沿叶脉具柔毛或疏毛；基出脉3条，侧脉2～3对；叶柄长1～3.5（～5）cm，具柔毛；托叶长三角形，具疏柔毛。雌雄同株，通常雌雄花

同序，花序腋生，长4～6cm，花序梗长3～10mm，雌花1朵，生于花序基部，其余为雄花，有的花序无雌花或雌花单朵腋生（目前山西发现的居群多为此类型）；雌花苞片贝壳状，花后增大，边缘具长尖齿11枚，外面沿脉具疏生短毛；雄花苞片近卵形，散生，外面具疏毛，苞腋具雄花3～9朵，簇生；子房球形，被毛，花柱3枚，撕裂7条；蒴果，具3个分果爿，果皮具短柔毛和散生的小瘤状毛。花果期4～8月。

生境及分布：产于阳城蟒河自然保护区窟窿山阳坡，周边伴生物种有蕨类植物贯众（*Cyrtomium fortunei*），被子植物荨麻科（Urticaceae）的悬铃叶苎麻（*Boehmeria tricuspis*），大戟科（Euphorbiaceae）的京大戟（*Euphorbia pekinensis*），菊科（Asteraceae）的黄瓜菜（*Paraixeris denticulata*），茄科（Solanaceae）的漏斗泡囊草（*Physochlaina infundibularis*），壳斗科（Fagaceae）的橿子栎（*Quercus baronii*），葡萄科（Vitaceae）的三叶地锦（*Parthenocissus semicordata*），桑科（Moraceae）的柘树（*Maclura tricuspidata*），豆科（Fabaceae）的锦鸡儿属植物（*Caragana* sp.），蔷薇科（Rosaceae）的鸡麻（*Rhodotypos scandens*）等物种。

凭证标本：阳城 E 112°28′24.995″，N35°14′30.52″，海拔424m，采集号：任保青2021042503（太原植物园植物标本馆 TYH）。

在全国范围内还分布于陕西南部、甘肃南部、四川东北部、东部和西南部、河南（济源 http://www.cfh.ac.cn/171c47dd - 4491-43c2-88c5-a4d3a2ea030a.photo）、云南东北部和中部、贵州、广西、湖北西部。生于海拔150～1750m山谷、沟旁坡地灌木丛中。模式标本采自湖北宜昌（Editorial Committee for FOC，2008）。本种为山西新记录。

此种为木本，易与山西自然分布的其

他物种进行区分。

　　此种为中国特有种,在山西而言是其目前为止发现分布的最北界,具有一定的生物地理学研究价值,应列为省级保护植物的行列,并在相似生境详细调查研究,以期发现更多的种群资源,另外其作为药用植物和园林观赏植物的应用尚需进一步的研究。

参考文献

赖昕,梁敬钰,2012. 铁苋菜属药用植物的研究进展[J]. 海峡药学,24(12):1-6.

刘天慰,1992. 太原植物志(第二卷)[M]. 北京:中国科学技术出版社.

刘天慰,岳建英,2000. 山西植物志(第三卷)[M]. 北京:中国科学技术出版社.

詹济华,谭洋,张雨林,等,2017. 铁苋菜属植物化学成分及其药理活性研究进展[J]. 中南药学,15(08):1092-1099.

中科院中国植物志编委会,1996. 中国植物志(第44卷)[M]. 北京:科学出版社.

Li B T, Qiu H X, Kiu H S, et al, 2008. Flora of China (Vol. 11 Euphobriaceae)[M]//Wu Z Y, Raven P H, Wu Z, et al. Flora of China. Beijing:Science Press, St. Louis:Missouri Botanical Garden.

自然教育理念下公共绿地儿童活动区景观设计分析
——以郑州植物园儿童探索园为例

Landscape Design Analysis of Children's Activity Area in Public Green Space under the Concept of Natural Education
——Taking Zhengzhou Botanical Garden Children's Exploration Park as an Example

郭欢欢[1]　赵建霞[1]　付夏楠[1]　侯少沛[1]

（1. 郑州植物园,郑州,450042）

GUO Huan-huan[1]　ZHAO Jian-xia[1]　FU Xia-nan[1]　HOU Shao-pei[1]

（1. Zhengzhou Botanical Garden,Zhengzhou，450042）

摘要:自然教育是以自然环境为背景,以人类为媒介,利用科学有效的方法,实现儿童与大自然的有效联结,从而维护儿童智慧成长、身心健康发展。本文以郑州植物园为例,通过对自然教育活动场地的现状分析,提出具有针对性的方法,探讨自然教育理念下公共绿地儿童活动区的景观设计。

关键词:自然教育,儿童活动区,景观设计,空间构成,景观要素

Abstract：Natural education takes the natural environment as the background and human as the medium,and uses scientific and effective methods to realize the effective connection between children and nature,so as to maintain children's wisdom growth and healthy development of body and mind. Taking Zhengzhou Botanical Garden as an example,this paper analyzes the content of nature education activities and the current situation of the site,puts forward targeted methods,and discusses the landscape design of children's activity area in public green space under the concept of nature education.

Keywords：Natural education,Children's Activity Area,The landscape design,Space composition,Landscape elements

自然教育是以自然环境为背景,以人类为媒介,利用科学有效的方法,使儿童融入大自然,通过系统的手段,实现儿童对自然信息的有效采集、整理、编织,形成社会生活有效逻辑思维的教育过程。"大自然教育应该有明确的教育目的、合理的教育过程、可测评的教育结果,实现儿童与大自然的有效联结,从而维护儿童智慧成长、身心健康发展。"(钱佳怡,2018)随着我国城市化进程的不断发展,儿童接触自然环境的机会越来越少。如何让孩子回归自然,接触自然,一直是教育界不断思考的问题。伴随着国家对环境保护和可持续发展进程的推进,社会逐渐重视儿童的教育培养,以自然教育或者环境教育等方式让儿童走进自然变得越来越重要。

2010 年以来,自然教育理念逐渐在我国得到传播与发展,越来越多的家长认识到自然教育的重要性,社会上也涌现出大量的培训机构和基地。郑州植物园作为科普教育基地,一直致力于青少年科普服务工作的推进。随着自然教育工作的深入开

展,我园自然教育环境设施方面存在不足之处。本文通过对郑州植物园儿童探索园场地的现状分析,提出具有针对性的建议,以满足开展儿童自然教育工作的需求。

1　自然教育理念下儿童活动区设计背景

1.1　自然教育

自然教育的目标是提高儿童的适应能力、身体素质与自信自强的坚毅性格。同时关注环境责任感的培养及针对环境问题采取的相关行为,注重环境保护相关理念的树立、知识和技能的获得。最重要的是释放自然天性,找回人的自然属性(杨凯东,2006)。

自然教育注重户外体验,开展的活动注重探索人与自然、人与社会、人与自我的关系。通过走进自然,参与体验,引导儿童观察自然、融入自然并发现自然真我。

1.2　儿童活动区

儿童活动区主要是指儿童可以随意进入并具有交往、休憩、锻炼以及游戏等活动功能的开放性的环境空间(陈妍,2007;黄紫艺,2011)。包括校园或者居住区中的儿童乐园,综合公园及公共绿地中的儿童活动场地,以及其他为儿童提供游戏活动、科普教育、文化活动等的专类空间(韩燕,2009)。

儿童活动区是公共绿地的重要组成部分。由于儿童的特殊性,活动区的用地、空间组织、活动设施、景观及功能有其特殊的要求(李阳洋,2016)。儿童活动区作为儿童成长与活动的重要场所,不仅为其提供游戏空间,还为其提供科普教育、社交活动、文化学习等活动的场地。

2　儿童探索园景观设计分析

儿童探索园是植物园内专门为孩子们设置的专题园区。园内有植物迷宫、沙坑、

休息区、活动区、植物栽植展示区等不同区域,让孩子们在体验与玩耍中感受自然。

2.1　设计原则

2.1.1　生态性

为满足公共绿地生态保护的需要,避免对自然环境的破坏,儿童活动区的规划设计应遵循生态性原则。景观设计应尽量保持自然的面貌,将植被、地形等自然因素与儿童自然教育活动需求结合起来。

2.1.2　以儿童的特性为本

自然教育的本质是在自然中学习,以自然为师,让儿童在自然中嬉笑玩耍、探索发现、释放自然的天性。因此设计应遵循儿童为本的原则,满足儿童的心理、行为需求,打造贴近自然又分区合理的儿童活动区域。

2.1.3　安全性原则

活动场地的设施、铺装、器械等,从材料的使用、颜色的选择等都需要符合儿童的使用需求,避免出现因材料、尺度不合理所导致的安全问题。

2.2　景观设计分析

2.2.1　空间构成

公共绿地内儿童活动空间主要有静态休息空间和动态游戏空间(范长喜,2013)。静态休息空间主要为家长、儿童提供休息、观看、倾听、交流的场地;动态游戏空间主要包括游戏空间、运动空间、自由活动空间等,为儿童体用游戏活动的场地。入口空间作为外界进入儿童活动区的必经区域,也是儿童活动空间的重要组成部分。

儿童探索园的空间有静态休息区,也有动态游戏区。入口空间作为一个过渡区域,门口增加了2个儿童的铁艺剪影,并标出"儿童探索园"文字,明显地标识出场地性质,也起到吸引儿童的作用。园内的静态休息区,以"人"字形对接的彩色坐凳,为孩子们和家长提供了一个休息场地;园内动态游戏区,由白色1.5m高围墙与木质坐

凳相呼应,形成半包围式封闭区域,地面采用彩色塑胶软铺装,整个提高了活动区的安全性。

2.2.2 景观要素

地形是园林景观设计的重点部分,不同地形可以打造不同特点的空间体验,开展不同的游戏活动,使空间活动更具有趣味性。儿童探索园暂时没有明显的地形变化,因此缺少地形打造的多变活动空间,不利于全面启发孩子们好奇、探索、玩耍的天性。

水体是景观的重要组成部分,且儿童具有天然的亲水性,设置水体的活动场所更具有吸引力。园内虽然没有设置明显的喷泉、溪流等水体,但是有一个砌好的缓坡小水池,最深处有20cm,并留有一个出水口,满足亲水性与安全性的双重要求,为后期打造动态水体景观做准备。小水池周围并没有完全硬化,种植部分低矮地被植物,与周围景观相融合。

植物是最为丰富的自然景观要素之一,也是自然教育的必要元素之一。植物资源在儿童探索园是比较丰富的,从观赏角度来分析,有观花的郁金香;观花观秋色叶的樱花;观果观秋色叶的柿树;观果的核桃、白蜡树;观叶的三角枫、金边黄杨;观花观干的紫薇;观花观果的望春玉兰;芳香类植物有迷迭香、香茅草等等。这些植物均保留初期建园设计,多年来未移动,且不存在不能触摸的现象,对儿童来说是安全的。不同观赏价值的植物资源,可满足3至7岁儿童观察比较描述类活动的需要,又可满足8至12岁儿童调查分析归纳类活动的需要。

2.2.3 硬件设施

针对儿童开展自然教育活动,需要有一定的硬件设施,如主题教具、游戏设施、文字解说牌等。其中主题教具是根据一定的自然教育主题设置的自然观察活动相应配套的教学用品。而游戏设施是公共绿地儿童活动场地的重要组成部分,是儿童使用最多、接触最频繁的元素,也是儿童获得快乐的主要途径之一(王兰等,2015)。

儿童探索园内目前有沙坑、植物迷宫等游戏设施,能满足3至7岁儿童的冒险探索需求;有植物进化树、芳香植物解说牌、植物叶脉图等解说牌,能满足8至12岁儿童植物知识的探求,且设施的材质、图形的设置、位置的选择都是安全的。但孩子们的天性是在自然中嬉笑玩耍、探索发现,而园内暂时没有供8至12岁儿童玩耍的冒险类游戏设施。同时,园内缺乏开展自然教育活动的辅助教具,以树干为例,缺少年轮、木材等实物或者仿真教具用于开展相应的延伸课程。

3 讨论与建议

根据对儿童探索园的景观设计分析来看,基本满足开展自然教育工作的需要。但是也存在一定的提升空间。

从空间角度分析,儿童探索园有沙坑、迷宫、休息区、游戏区等空间分隔,且每个空间相对独立,组织活动或者家庭游玩互不打扰。在每个活动区,孩子们时刻在家长的视线范围内,游玩起来放心又安全。但整体面积小,组织自然教育活动一次容纳的人数有限。

从地形的因素分析,园内地形变化不明显,没有从空间的变化上形成满足儿童探索需求的特色景观。可根据园区实际,拓展出地洞、草坡等地形,满足3至7岁儿童的游戏活动需要,也可以增加自然教育活动的趣味性和体验性。

从水体的因素分析,可以将预留的小水池投入使用,给孩子提供一个亲水的活动场地。同时可以利用临近儿童探索园的镜池水体,借助观景平台和戏水池,开展湿地环境主题活动、水生植物主题活动等。

从植物的因素分析,园内植物资源丰富,可开展观花类、观干类、观叶类以及植物多样性调查等探索类、发现类的自然教育活动,帮助儿童理解植物结构、植物群落等知识,了解植物与自然、人与自然的关系。

从设施的角度分析,现有活动空间的铺装、座椅等颜色鲜艳、安全环保,符合儿童的审美需求,也减少活动中可能出现的跌倒等安全隐患。园内已有部分游戏设施和解说牌,可开展一定的自然教育活动,但仍有提升空间。如,在安全的前提下,增加秋千、攀爬架、轮胎爬梯等游戏设施,满足 8 至 12 岁儿童的冒险需求;同时结合小学科学课程的教学大纲,结合儿童园实际,增加部分教学用设施及教具,便于开展主题教育活动。

总之,郑州植物园儿童探索园的景观设计充分考虑到儿童的行为特征,基本满足儿童参与自然教育活动的需要,但在地形、水体、设施等方面仍然存在不足之处。植物园将会基于儿童的生理及心理特点,在生态性、以儿童为本、安全性等基础上,改造提升儿童探索园,为儿童搭建与大自然相通的平台,从而更好地开展青少年自然教育活动。

参考文献

陈妍,2007. 基于游戏发生原理的儿童户外活动空间研究[D]. 南京:南京林业大学.

范长喜,2013. 北京城市公园儿童游戏场地空间布局研究[D]. 哈尔滨:东北林业大学.

韩燕,2009. 对综合公园儿童活动区场地设计的研析[D]. 南京:南京林业大学.

黄紫艺,2011. 公园绿地儿童活动区环境色彩设计研究[D]. 长沙:中南林业科技大学.

李阳洋,2016. 成都市城市公园儿童活动空间研究[D]. 成都:四川农业大学.

钱佳怡,2018. 自然教育在现代园林设计中的体现研究[D]. 杭州:浙江农林大学.

王兰,霍雨佳,崔岳,2015.“自然教育”儿童生态道德教育模式探索项目 2014 年度工作报告[J]. 中国校外教育,(07):1-4.

杨凯东,2006. 中国环境教育的理念及模式研究[D]. 哈尔滨:东北林业大学.

丁香新品种'瑛霞'的选育
Breeding of a New Variety *Syringa oblata* 'Yingxia'

郁永英[1]　翟晓鸥[1*]　李洪林[1]　宋莹莹[1]　张少琳[1]　姜远翮[1]

(1. 黑龙江省森林植物园,哈尔滨,150040)

YU Yong-ying[1]　ZHAI Xiao-ou[1*]　LI Hong-lin[1]

SONG Ying-ying[1]　ZHANG Shao-lin[1]　JIANG Yuan-he[1]

(1. *Heilongjiang Forest Botanical Garden*, *Harbin*, 150040)

摘要:'瑛霞'丁香是 2008 年春末从播种繁殖的紫丁香 2 年生苗木中选育而来。叶色紫红、花亮紫红色,具有较高的观赏价值。经多年植物学、生物学、生态学等方面的研究,证明其叶色春夏之际由暗橙红色至紫红色最后变为绿色,观赏性强,抗逆性强,易繁殖,适宜北方园林绿化应用,推广前景广阔。

关键词:'瑛霞'丁香,新品种选育,扦插繁殖

Abstract:*Syringa oblata* 'Yingxia' was bred from 2-year-old *Syringa oblata* seedlings in late spring 2008. The leaf color is purple and the flower is bright purple, which has high ornamental value. After years of research in botany, biology, ecology, etc., it has been proved that its leaf color changes from dark orange red to purple red and finally green in spring and summer. It is highly ornamental, resistant to stress, easy to reproduce, and suitable for northern gardens. Landscape application has broad prospects for promotion.

Keywords:*Syringa oblata* 'Yingxia', Breeding, Cutting propagation

丁香属(*Syringa*)是世界著名观赏花灌木和香化树种,是黑龙江省和哈尔滨市的省花与市花,栽植量为黑龙江省灌木栽植数量之首,在我国北方园林绿化中也得到了普遍广泛的应用(周以良等,1986)。我国在丁香新品种选育方面起步较晚,多以花为突出观赏特性,彩叶丁香新品种相对空白,黑龙江地处高寒地区,彩叶绿化树种种类较少,无法满足多元化绿化市场的需求,故黑龙江省森林植物园科研人员十数年来一直致力于彩叶丁香新品种选育研究,并取得了一定的成绩,多个彩叶丁香获得新品种权。

1　新品种选育

实生选种是在天然授粉所产生的种子播种后形成的实生群体中,反复评选,即经单株选择而育成新品种(季孔庶,2004)。在 2008 年春末,在播种繁殖的紫丁香 2 年生苗木中,发现了一株新生幼枝的叶色呈现暗橙红色和紫红色、花为亮紫红色,叶、花均独特亮丽、醒目,具有较高的观赏性,于是开始逐年扦插繁殖。其无性系苗木均保持其叶色独特等观赏特性,根据《国际植物命名法规》,将其命名为将其定名'瑛霞'(*Syringa oblata* 'Yingxia'),并获得植物新品种权(20180330)。'瑛霞'丁香春夏之际叶色是由暗橙红色—紫红色—紫褐色—深绿色的变色过程,叶略小,质薄,花期 5 月中旬,而紫丁香为叶深绿色,叶大,质厚,花期略早(见表1)。

表 1　'瑛霞'丁香与紫丁香观赏特性对比表

品种	幼叶色	叶片质地	叶变色期	叶片大小	幼枝	花蕾	花色
'瑛霞'丁香	暗橙红色、紫红色	薄;纸质	初夏为暗橙红色至紫褐色变化,夏末后深绿	长 3~8cm,宽 4~7cm	紫红色或红褐色	亮紫红色	背面亮紫红色、上面浅紫白色
紫丁香	绿色	厚;近革质	5月初—9月中旬绿色	长 4~9cm,宽 4~10cm	绿色	深紫色	紫白色

图 1　'瑛霞'丁香

图 2　'瑛霞'丁香与紫丁香形态对比

2　形态学特征

落叶灌木,高可达 3~4m,树皮暗褐灰色,有浅沟裂;幼枝紫红色或红褐色,无毛,2 年生枝褐色或灰褐色,有散生皮孔;冬芽球形,紫褐色,芽鳞多数,无毛;单叶对生,全缘,纸质,深绿色,宽卵形至长圆状卵形,长 3~8cm,宽 4~7cm,先端短渐尖,基部圆形或浅心形;新生幼叶的叶色为暗橙红色(183A~178B),光滑明亮,叶柄黄绿,叶片心形、基部近圆形、先端渐尖或尾尖;圆锥花序自侧芽生出,顶芽缺,长可达 20cm,宽可达 10cm,无毛,花蕾亮紫红色(75A),花

瓣背面亮紫红色(75A)、花瓣的上面浅紫白色(76B),花萼 4 浅裂,长约 2mm,裂片三角形,无毛;花冠长 11~13mm,直径 15~18mm,裂片大、广椭圆形至卵圆形,外展,花冠筒细长呈管状;雄蕊 2,着生于花冠筒的中上部;子房卵球形,花柱细长,达花冠筒的中下部;花柄长 2~5mm,无毛;蒴果长圆形,长 1~1.5cm,粗约 7mm,先端渐尖,呈长嘴状,光滑,无疣状凸起;花期 5 月上中旬;果熟期 9 月中下旬。

3　生物学特征

3.1　物候期

对选育的'瑛霞'丁香和同期播种繁殖的紫丁香苗木进行同步物候观测。结果表明:'瑛霞'丁香于 4 上旬叶芽开始膨大,4 月下旬叶芽开放,5 月初开始展叶,5 月中旬进入展叶盛期,每年 4 月末花蕾出现,5 月上旬开花,花期 15 天左右;果熟期 9 月下旬。叶子 7 月初开始变色。10 月末落叶结束。由此可见,'瑛霞'丁香和紫丁香的物候期稍有差别:'瑛霞'丁香春季展叶始期、开花期均晚 5~7d,果实成熟期晚 4~10d。(见表 2)

3.2　生长节律

随机选取 3 年生'瑛霞'丁香 5 株,每周进行一次高生长测量,直到高生长停止,即 2~3 次测量高生长量为零,利用 Excel 进行分析,结果表明:5 月 5 日开始进入快速高生长阶段,到 5 月 21 日左右进入缓慢生长期,到 6 月 14 日停止生长,整个生长期大约 40d 左右,平均生长高度为 27.2m 左右。也就是说,从 3 年生苗木开始每年

表2　'瑛霞'丁香物候观测表

树种名称	年份	萌动期（日/月）		展叶期（日/月）		开花期（日/月）				果实成熟期（日/月）	叶变色期（日/月）		落叶期（日/月）	
		芽开始膨大期	芽开放期	展叶始期	展叶盛期	花序或花蕾出现期	始花期	盛花期	末花期		叶开始变色期	叶全部变色期	开始落叶期	落叶末期
瑛霞	2016	12/4	20/4	3/5	12/5	27/4	11/5	13/5	5/6	2/10	29/6	13/9	15/10	25/10
	2017	3/4	19/4	2/5	9/5	28/4	11/5	16/5	4/6	30/9	25/6	16/9	17/10	28/10
	2018	6/4	25/4	3/5	10/5	30/4	10/5	20/5	5/6	27/9	28/6	12/9	8/10	6/11
紫丁香	2016	10/4	25/4	29/4	10/5	16/4	3/5	10/5	26/5	26/9	6/10	13/10	8/10	5/11
	2017	3/4	15/4	28/4	16/5	12/4	2/5	10/5	22/5	26/9	21/10	14/10	26/9	28/10
	2018	6/4	22/4	27/4	5/5	20/4	25/4	2/5	19/5	12/9	18/10	2/10	29/9	30/10

的高生长量,将以侧生枝的生长高度决定,以27.2cm的速度增长。依据'瑛霞'丁香高生长特性,可适期浇水施肥促进其生长;亦可适期修剪促其侧枝发育;还可整形修枝促进二次生长,延长幼枝嫩叶的观赏期(见图3)。

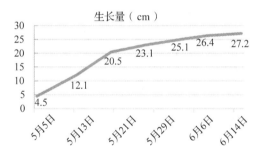

生长量（cm）

4.5　12.1　20.5　23.1　25.1　26.4　27.2

5月5日　5月13日　5月21日　5月29日　6月6日　6月14日

图3　'瑛霞'丁香的生长节律

4　抗寒性及生态适应性

　　根据多年研究'瑛霞'丁香在生物学及生态学方面和紫丁香基本相同,抗寒性强,在黑龙江省过冬从未发生冻害。适宜的种植区域为东北、华北、西北地区。在昼夜温差大,光照充足的地区表现更为良好。

　　'瑛霞'丁香喜光,要求种植在阳光充足的环境,在荫蔽处则长势弱,开花稀少、叶色浅绿。抗寒性强;耐旱性强;对土壤要求不严且能耐瘠薄,除重盐碱土壤外,几乎各类土壤上均能正常生长,但以排水良好、疏松,含腐殖质较多的中性土壤为佳,忌在低洼地栽植。

5　扦插繁殖

　　经多年试验研究,该品种适宜嫩枝扦插繁殖,扦插苗性状同母本一致。'瑛霞'丁香生根速度较快,7~10d产生愈伤组织,15d开始大部分生根,45d两侧通风炼苗,55d去掉塑料膜,隔周去掉遮阴,80d后可换床移苗。最佳嫩枝扦插繁殖技术为1000mg/L、GGR6#溶液速蘸30s处理插穗,最佳扦插基质为河沙,生根率可达88.2%。

6　园林应用

　　'瑛霞'丁香易于种植,观赏效果甚佳,在园林中可以得到普遍的应用,可丛植于路边、草坪或向阳坡地,或与其他花木搭配栽植在林缘,也可在庭前、窗外孤植,或将各种丁香穿插配植,布置成丁香专类园,还宜盆栽,并是切花插瓶的良好材料。

参考文献

季孔庶,2004. 园林植物育种方法及其应用[J]. 林业科技开发,01:70.

周以良,董世林,聂绍荃,1986. 黑龙江树木志[M]. 哈尔滨:黑龙江科技出版社,

彩叶风箱果新品种'幻紫'
'Huanzi'——a New Colorful Variety of
Physocarpus（Cambess.）Maxim

翟晓鸥[1]　郁永英[1]　李洪林[1]　宋莹莹[1]　张少琳[1]　姜远翮[1]

（1. 黑龙江省森林植物园,哈尔滨,150040）

ZHAI Xiao-ou[1]　YU Yong-ying[1]　LI Hong-lin[1]　SONG Ying-ying[1]

ZHANG Shao-lin[1]　JIANG Yuan-he[1]

（1. *Heilongjiang Forest Botanical Garden,Harbin*,150040）

摘要：'幻紫'风箱果为风箱果×'紫叶'风箱果杂交后代中选育出的新品种,对其进行生物学特性、生态习性及繁殖栽培研究。结果表明:该品种叶色深紫褐色,花期早,观赏期长,抗寒、抗旱。嫩枝扦插繁殖容易,栽培养护简单,是我国北方地区的难得彩叶树种,适宜推广应用。

关键词：'幻紫'风箱果,新品种,杂交育种

Abstract：*Physocarpus* 'Huanzi' is a new hybrid variety which breeding from *Physocarpus amurensis* ×*Ph. Opulifolius* 'Diabolo'. The research has been conducted on the biology,ecology and cultivation and propagation techniques. The results showed that *Physocarpus* 'Huanzi' was an excellent landscaping colorful leaves tree,and it had dark brown purple leaves,early flowering,long ornamental period, cold resistance and drought-defying,easy to propagation of shoot cutting and cultivation and conservation. It is suitable for popularization and application in the cold area of northern China.

Keywords：*Physocarpus* 'Huanzi',New variety,Crossing-breeding

风箱果属植物世界有 20 种,分布于北美和亚洲东北部。风箱果（*Physocarpus amurensis*）是我国乡土树种,仅在黑龙江省的尚志市帽儿山及河北雾灵山有分布,因其种群小,繁殖困难,20 世纪 80 年代被列为珍稀濒危树种（秦瑞明等,1993）。'紫叶'风箱果（*Ph. Opulifolius* 'Diabolo'）是黑龙江省森林植物园于 2006 年从加拿大温哥华引种栽培,经多年观察,该品种在哈尔滨地区耐寒性较差,有抽条现象。为提高其耐低温、抗严寒、春旱的能力（郁永英等,2010）,2007 年我们开展风箱果杂交育种工作,以本土风箱果为母本,'紫叶'风箱果为父本,培育出抗寒性强、观赏价值高、适应性更广的新品种'幻紫'风箱果（*Physocarpus* 'Huanzi'）,弥补了高寒地区彩叶树种贫乏的缺陷。

1　试验地概况

试验地位于哈尔滨市香坊区,地理坐标 N45°42′,E126°28′,该地区属温带大陆性季风气候。夏季受太平洋季风影响炎热多雨,冬季受西伯利亚高气压影响严寒漫长,无霜期 135d。年平均气温 3.6℃,≥10℃ 年积温为 2700℃,极端最高气温为 36.4℃,极端最低气温为-38.1℃。年平均降水量为 523mm,大部分集中在 7、8 月期间,相对湿度为 68%。土壤为团状和团粒状中性黑钙土,pH 值 7.0。

2　杂交育种

乡土树种风箱果抗寒性强、观赏效果

一般，而'紫叶'风箱果观赏性优良，但抗寒性弱，特殊年份有冻干梢现象。因此，自2007年起开展杂交育种实验，以期获得兼具抗寒性和观赏性的新品种。

2.1　花粉采集

风箱果盛花期为5月中下旬，而'紫叶'风箱果为7月上中旬，对'紫叶'风箱果采用温室强化栽培方法，促使其花期与风箱果接近。采集极度膨大、萼片裂开、露白的花蕾采集回来，收集花粉于指形管内，注明品种名、采集时间，用棉花塞住管口，放入干燥器内密封，于冰箱中贮存（0~5℃）。杂交授粉前对花粉生活力进行测定，采用培养基萌发法。花粉萌发率大于40%的用于杂交授粉。

2.2　授粉

将母树向阳面的极度膨大、已露白的花蕾去雄，套袋隔离，标明日期。待雌蕊柱头发亮时进行授粉，用毛笔尖或棉球蘸取花粉，轻蘸柱头，后套袋封紧，注明杂交组合编号、日期。第二天重复授粉，提高成功率。

2.3　种子采集与贮藏

10d后，柱头萎蔫，子房膨大，去除套袋，蓇葖果即将开裂时采收。阴干后去除外种皮，装入种子袋封，注明杂交组合、种子粒数、贮藏日期等。保存在通风干燥处或置于冰箱冷藏室内。

2.4　播种

3月上旬，进行温室播种育苗，采用点播法。每个杂交组合插好标签，注明组合、粒数及播种时间。7~10d后开始出苗，15~25d为出苗盛期，30d后出苗结束。

2.5　露地栽培管理

5月末，将播种苗移至室外炼苗7~10d后，移栽至露地苗床。苗床为露地高床，规格为5m×1m×0.3m，移栽株行距为20cm×20cm。10月中旬测量生长量。F1代当年不采取防寒措施直接露地越冬。次年4月中旬，观察幼苗越冬情况。4月中下旬定植，株距为50cm，10月中旬测量二年生苗的生长量。

3　新品种选育

实验共获得F1代杂交苗木83株，筛选出1株叶色深紫褐色、花期早、观赏期延长、枝条粗壮的杂交苗，逐年扦插繁殖，其无性系后代均稳定保持母株的性状。多年来对其生物学特性及生态习性进行研究，结果表明该品种适应黑龙江省寒冷的气候环境，色彩靓丽，园林效果突出，根据《国际植物命名法规》附录1"杂种的名称"命名规定（第H.1~H.12条），将其命名为：'幻紫'风箱果 Physocarpus 'Huanzi'（Ph. Amurensis × opulifolius 'Diabolo'）见表1。

表1　'幻紫'风箱果与亲本观赏特性对比表

品种	叶色	花	果实	枝条
'幻紫'	幼叶暗紫红褐色，春夏深紫褐，秋季深紫红褐色；叶背叶脉有疏毛；11月初落叶	花序有小分叉，花梗有微毛；花蕾被紫红晕；盛花期5月下旬~6月中旬	2~3角形蓇葖果略膨大，初果红色。花萼较大、明显、有微毛	幼枝及叶柄暗紫红色，枝干粗壮，直立性强
风箱果（母本）	春夏初秋均深绿色，叶背有毛；10月中旬落叶	花序有小分叉，花梗密被毛；花蕾绿白色；盛花期5月中下旬	2个子房卵形微膨大，外面密被柔毛；花萼明显、两面密被毛、包被果实2/3以上	稍弯曲；幼时紫红色，老时灰褐色
'紫叶'风箱果（父本）	暗紫红色，秋季为深紫红色；叶背无毛；冬季枯叶宿存，翌年4月上旬落叶	花序无小分叉，花梗无毛；花蕾深紫褐色；盛花期6月末~7月上旬	膨大、五角灯笼形，无毛。初果期鲜红色。花萼小、不明显	新生枝条是暗紫红色，老枝褐色，较硬直立性强

4　生物学特性及生态习性的研究

4.1　形态特征

‘幻紫’风箱果为落叶灌木，高可达3m，分枝角小于60°，幼枝及叶柄紫红色，枝干粗壮，冬芽、幼枝微有柔毛；老枝粗壮挺拔；叶互生，幼叶暗紫红褐色，成熟叶深紫褐色，有托叶，叶片卵圆形，长5~9cm，宽4~8cm，先端渐尖，基部圆形或心形，边缘常3~7浅裂，有重锯齿，上面无毛，背面叶脉上有疏毛；花蕾被紫红晕；花生于小枝的顶端，一般由20~30朵小花组成复伞房花序；花序直径3~5cm，单朵花径为0.6~1.2cm，花瓣白色，萼管杯状，裂片5；近圆形；雄蕊20~40；雄蕊多数长于雌蕊，柱头2，花药紫红色；蓇葖果，子房2室，每室具1~2枚胚珠，授粉10d后，子房发育膨大，心皮2~3；基部合生，幼果期呈现红色。盛花期5月下旬~6中旬，8月下旬果实成熟，单果直径为0.3cm；种子卵圆形，黄色，有光泽。

4.2　物候期观测

2013—2015年对‘幻紫’风箱果及其亲本风箱果和‘紫叶’风箱果的同龄扦插繁殖苗木进行物候观测，结果见表2。

‘幻紫’风箱果芽萌动期为4月16日左右(风箱果4月10左右)，叶芽开放期4月26左右，展叶期5月8日左右；5月下旬~6月中旬进入盛花期，花期比父本提前20d，比母本晚7d左右；果期为6月末~9月下旬，11月初开始落叶。

表2　新品种物候观测统计表

树种名称	年	萌动期(日/月)		展叶期(日/月)		开花期果熟期(日/月)					叶变色期(日/月)		落叶期(日/月)	
		芽开始膨大期	芽开放期	展叶始期	展叶盛期	花序或花蕾出现期	始花期	盛花期	末花期	果实成熟期	叶开始变色期	叶全部变色期	开始落叶期	落叶末期
‘幻紫’风箱果	2013	8/4	23/4	4/5	7/5	6/5	17/5	25/5	7/6	27/8	21/9	3/10	2/11	30/11
	2014	13/4	3/5	8/5	11/5	8/5	21/5	31/5	15/6	2/9	26/9	5/10	3/11	28/11
	2015	6/4	30/4	7/5	13/5	11/5	22/5	4/6	14/6	10/9	23/9	8/10	5/11	29/11
风箱果	2013	2/4	9/4	20/4	28/4	19/4	18/4	22/5	18/6	16/7	10/9	1/10	10/9	20/10
	2014	28/3	8/4	29/4	5/5	4/5	18/5	22/5	4/6	12/8	18/9	30/9	24/9	15/10
	2015	24/4	3/5	7/5	15/5	25/5	25/5	27/5	6/6	无种子	16/9	1/10	18/9	15/10
‘紫叶’风箱果	2013	30/4	12/5	24/5	31/5	29/6	1/7	15/7	27/7	20/9	6/10	23/10		翌年春
	2014	10/5	18/5	24/5	2/6	1/6	18/6	28/6	10/7	15/9	8/10	22/10		翌年春
	2015	3/5	11/5	20/5	4/6	2/6	13/6	24/6	4/7	10/9	11/10	25/10		翌年春

4.3　生长节律

对‘幻紫’、风箱果和‘紫叶’3种风箱果的枝条生长节律进行测量。随机选取三年生样株各5株，每株选取东、西、南、北各1枝条；从芽萌动开始，每7d测量一次，直到生长停止见图1。

由图可见：3种风箱果新枝生长规律呈S形曲线；即萌芽初期生长缓慢，到5月下旬至6月中旬快速生长，6月中至7月上旬生长缓慢，7月上旬至下旬再次为快速生长阶段，7月末进入缓慢生长期，8月末9月初停止生长。‘幻紫’的枝条生长量为30.7cm，介于父母本之间。

4.4　生态习性

通过多年栽培观察，‘幻紫’风箱果喜光、耐寒、抗旱、稍耐阴、耐贫瘠，适宜我国北方风箱果适栽的气候条件地区栽培。在光照充足的条件下生长更加旺盛，叶色更

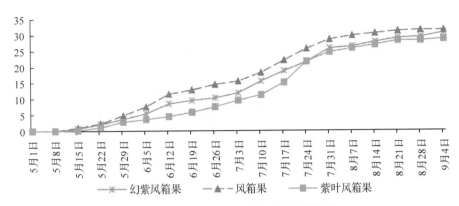

图1 '幻紫'风箱果及其亲本生长进程图

加鲜艳,花序、果序更为繁茂。'幻紫'风箱果历经 10 余年的栽培应用,未见病害发生。

5 繁殖与栽培

按照郁永英等的繁殖方法对'幻紫'进行嫩枝扦插繁殖。于 6 月下旬进行,河沙为扦插基质,速蘸 1000mg/L 的 GGR6# 水溶液 5s。插后每周喷施多菌灵、叶面肥各 1 次(郁永英等,2010)。扦插 15~20d 后愈伤组织生根,生根率可达 91%,且根系发达,移栽成活率均达 95% 以上。

扦插苗当年在插床内防寒越冬,翌年早春芽萌动前移栽至苗床内,株行距 15cm×15cm。移栽成活率可达 95%。大苗定植宜选择排水良好的平坦地域或缓坡,采用垄作,株距 1m。定植后进行常规养护,成活率可达 95%。

参考文献

秦瑞明,王迪,迟福昌,1993.黑龙江省稀有濒危植物[M].哈尔滨:东北林业大学出版社.
郁永英,焦丽,宿宗艳,等.2010.紫叶风箱果引种及繁殖技术[J].林业科技,(04):65.

不同处理对草花生长及花期影响的研究
Research on the Effect of Growth and Florescence of Herbaceous Flowerswith Different Treatments

周玉霞[1]

(1. 太原植物园,太原,030000)

ZHOU Yu-xia[1]

(1. *Taiyuan Botanical Garden,Taiyuan,030000*)

摘要:不同基质播种百日草、孔雀草、毛建草,不同时期播种蓝花鼠尾草、百日草、孔雀草、美女樱、醉蝶花、串串红、矮牵牛,同时结合摘心技术,观察记录其生长及开花情况。结果表明:基质土最适宜做育苗基质,园土最适宜做栽培基质;春季播种蓝花鼠尾草、百日草、孔雀草、美女樱,不同草花开花所需时长有差别,但均表现优良,结合摘心技术,均可以有两次盛花期,可以保障6~10月草花花材使用;不同时间秋播蓝花鼠尾草、百日草、醉蝶花、串串红、孔雀草、矮牵牛,其均能正常生长,但达到盛花期所需的时长有差别。11月开始播种蓝花鼠尾草、百日草、醉蝶花、串串红、孔雀草、矮牵牛,可以保障2月即有孔雀草开花苗、3月即有百日草开花苗、4月后有醉蝶花、串串红、矮牵牛开花苗。

关键词:草花,花期

Abstract:We observed and recorded the growth of *Zinnia angustifolia*, *Tagetes patula* and *Dracocephalum rupestre* which were seeded in different substrates. We observed and recorded the growth and florescence of *Salvia farinacea*, *Zinnia angustifolia*, *Tagetes patula*, *Verbena nybrida*, *Cleome spinosa*, *Salvia splendens* and *Petunia hybrida* which were seeded with different treatments. Substrate soil is the most suitable for planting seeds, and garden soil is the most suitable for cultivation. *Salvia farinacea*, *Zinnia angustifolia*, *Tagetes patula* and *Verbena hybrida* required different time to reach the florescence, but they all growthed well. They can have two blooming periods combined with the topping technology. It can guarantee the use of blooming seedlings from June to October. *Salvia farinacea*, *Zinnia angustifolia*, *Cleome spinosa*, *Salviasplendens*, *Tagetes patula* and *Petuniahybrida* which were sown in autumn at different times can all grow well, but the time required to reach the blooming stage is different. We seed them in Novermber can guarantee there will have *Tagetes patula* flowering seedlings in February, *Zinnia angustifolia* flowering seedlings in March, *Cleome spinosa*, *Salvia splendens* and *Petunia hybrida* flowering seedlings after April.

Keywords:Herbaceous flowers,Florescence

随着生活水平和艺术修养的提高,人们对绿地的要求不仅满足其"绿",更加向往色彩斑斓、芳香四溢的自然环境,这使得色彩较为单一的木本植物,即使是木本花卉也很难满足。而草本花卉正好以其丰富的色彩、婀娜的姿态和怡人的香味弥补了木本植物的不足(魏凡翠等,2014)。因此,应重视草本花卉应用,充分发挥草本花卉种类多、花色多、花期各异等特点,使其广泛应用在园林景观的方方面面,使其与木本植物达到合适的比例,使绿化环境更具生态性和观赏性。

草本花卉作为园林绿地建设中不可或缺的一部分,发挥着重大的作用。但是山西省草本花卉在园林的应用上还存在着各种各样的问题,还有很大的发挥空间。(1)传统草本花卉大量生产的方式是直接撒播于土地,这种种植方式受地温影响大、病虫害多,幼苗受环境限制长势不好、使用时要移栽至盆里带来不便。所以,近年来多采用穴盘和花盆育苗,而草炭土因其结构特殊,既能进行氧化反应,又能进行还原反应,对生物体有非常重要的作用,成为园艺界普遍认可的传统基质被大量使用(孙国军,2018;董爱香等,2008)。然而,泥炭资源是不可再生资源,同时泥炭的开采带来一系列的生态环境问题。(2)在我国园林建设日益壮大的今天,展现形式更加丰富,而将园林组景艺术和组景方式用于室内装饰工程,比如现代办公空间、餐饮娱乐空间以及大型商业购物中心,在国内室内装饰业中逐渐发展起来了,所以草花的运用也就不仅仅只是在户外各种园林景观中,室内景观营造的需求也越来越大(张卓等,2016;古丽贤,2021),并且室内景观营造由于有暖气、空调、通风等各种技术措施,使植物的生长基本不受环境条件的限制。目前一年生草花的生产一般都是集中于5~10月,冬季由于气候原因生产较少限制了其使用。

针对上述草本花卉发展中存在的问题,本项目通过开展不同育苗基质对一、二年生草花的影响研究,以期替代或部分替代以草炭土为主的传统基质,降低草花工厂化育苗的成本,为草花工厂化育苗基质的本土化提供参考;通过不同处理对草花花期影响的研究,为不同时期草花定期育苗提供依据,带动太原植物园乃至全山西省的优质草花规模化生产,使花卉使用单位能根据季节变化和花期长短及时更换、养护花卉材料,达到良好的景观效果。

1 材料与方法

1.1 草花育苗基质研究

1.1.1 不同基质中草花出苗率的研究

用园土(腐熟土添加锯末)、混配土(园土∶草炭∶蛭石∶珍珠岩=12∶10∶1∶1)、基质土(草炭∶蛭石∶珍珠岩=10∶1∶1)不同基质播种百日草、孔雀草、毛建草,观察记录各种草花在3种育苗基质中的出苗情况。播种方法:将基质装入到72孔穴盘中,然后用1000倍的高锰酸钾溶液浇透进行杀菌消毒,将种子放入孔穴中,每孔2粒,播完后在表层覆一层蛭石(保水保湿透气),然后覆上保鲜膜放置观察记录出苗情况。

1.1.2 不同基质中草花幼苗生长状况研究

用园土(腐熟土添加锯末)、混配土(园土∶草炭∶蛭石∶珍珠岩=12∶10∶1∶1)、基质土(草炭∶蛭石∶珍珠岩=10∶1∶1)不同基质栽植百日草、孔雀草、毛建草、串串红幼苗,观察其生长情况。

1.2 不同处理对草花花期的影响

1.2.1 春季播种及摘心对5种草花花期的影响试验

2017年3月11日在冷窖空地上撒播百日草、孔雀草、美女樱(红)、美女樱(蓝)、蓝花鼠尾草5种一年生草花,播种后,表面轻覆一层蛭石,然后定期洒水、观察、记录出苗情况。待长出2~4真叶时,移栽至9cm×9cm的小花盆中进行炼苗。待苗中心处有新叶冒出时(下面发新根的信号)即可往室外移置。炼苗过程中通过遮光方式控制其生长环境,使其温度与室外基本一致。待幼苗移栽至室外后,浇水、打顶、拔草、预防病虫害,记录各种草花的开花时间。

1.2.2 不同播种时间对草花花期的影响试验

2017年11月开始,由于室外温度低已不适合草花生长,所以在温室内分别于2017年11月15日、12月15日、2018年1月15日、2月15日、3月15日分5批用播种蓝花鼠尾草、林地鼠尾草、百日草、串串红、醉蝶花、孔雀草(红/橙)、矮牵牛(红/白/玫红/红色)共11草花,播种基质采用1.1.1筛选出的最适基质,播种方法同1.1.1中方法,观察记录各种草花在不同时间播种的出苗率、开花所需时间之间的差异,记录不同草花不同时间播种的开花时间。

2 结果与分析

2.1 草花育苗基质研究

2.1.1 不同基质中草花出苗率的研究

表1 3种草花在不同基质中的出苗率

育苗基质	百日草	孔雀草	毛建草
基质土	90.28%	90.28%	93.06%
混配土	50.00%	41.67%	56.94%
园土	40.28%	25.00%	69.44%

从表1可以看出,3种草花均是在基质土中发芽率最高,在园土中发芽率最低,并且通过后续观察,已发芽种子均长势良好,所以在园土(腐熟土加锯末)、混配土、基质土(草炭土)中基质土最适宜做育苗基质。

2.1.2 不同基质中草花幼苗生长研究

从图1看出,百日草、孔雀草、毛建草、串串红4种草花在3种基质中播种60天和83天后的生长情况可以看出:4种草花均是基质土中长势最差,苗小且弱,60天时在混配土中长势最好,但是83天时在混配土和园土中长势基本无差异,且通过后续观察园土中的苗更壮实,同时结合成本费用,园土最适宜作草花栽培基质,既可以大大降低草花生产成本,又能保障草花的优质

生产。

图1 4种草花在3种栽培基质中
60天和83天的生长情况
(1. 基质土, 2. 混配土, 3. 园土)

2.2 不同处理对草花花期的影响

2.2.1 春季播种及摘心对5种草花花期的影响

从表2可以看出,5种春播草花从3月播种到开花,蓝花鼠尾草所需时间最长141天,百日草所需时间最短94天,但开花期均在6月以后;5种草花第一次盛花期后,通过二次摘心,还可以再次达到盛花期,但是二次开花所需时长有所变化,从表1的二次摘心日期可以看出5种草花除孔雀草外的4种草花的二次盛花期均在国庆节之后,为实际生产使用提供参考依据。

2.2.2 不同播种时间对草花花期的影响

(1)不同播种时间对11种草花萌芽的影响

从图2中可以看出,在温室内,冬天有暖气,即使外界气候会对其环境造成一定影响,但起伏不大情况下,不同时间播种同一种草花对其萌发影响不显著;除矮牵牛

外的各种草花均是在 2018 年 3 月 15 日一批萌发所用时间最短,分析 2018 年 3 月 15 日播种时温度明显高于其他 4 批的播种时温度,同时 3 月气温开始回暖,温室内温度明显升高,所以在一定范围内高温更利于草花种子萌芽。

表 2　不同草花的物候观察记录统计

草花名称	物候日期(所需天数)						
	播种时间	出苗时间	分栽苗时间	首次摘心时间	盛花期	二次摘心时间	二次盛花期
蓝花鼠尾草	2017. 3. 11	2017. 3. 15 (4)	2017. 4. 15 (65)	2017. 5. 16 (76)	2017. 7. 20 (141)	2017. 8. 15	2017. 10. 23 (69)
百日草	2017. 3. 11	2017. 3. 14 (3)	2017. 4. 2 (22)	2017. 5. 13 (63)	2017. 6. 13 (94)	2017. 7. 18	2017. 10. 8 (81)
孔雀草	2017. 3. 11	2017. 3. 15 (4)	2017. 4. 10 (30)	2017. 5. 8 (58)	2017. 6. 20 (101)	2017. 7. 8	2017. 9. 9 (63)
美女樱(红)	2017. 3. 11	2017. 3. 19 (8)	2017. 5. 1 (51)	2017. 6. 1 (82)	2017. 7. 10 (121)	2017. 8. 5	2017. 10. 15 (71)
美女樱(蓝)	2017. 3. 11	2017. 3. 19 (8)	2017. 5. 1 (51)	2017. 6. 14 (95)	2017. 7. 20 (131)	2017. 8. 5	2017. 10. 20 (76)

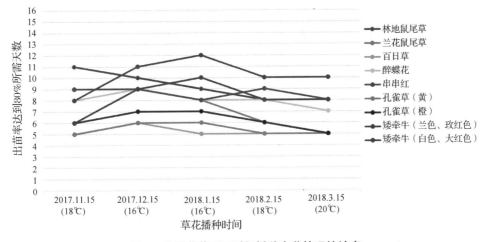

图 2　几种草花不同时间播种出苗情况统计表

表 3　不同草花的物候观察记录统计

草花名称	开花日期(所需天数)				
	2017. 11. 15	2017. 12. 15	2018. 1. 15	2018. 2. 15	2018. 3. 15
林地鼠尾草	2018. 4. 15(153)	2018. 5. 10(147)	2018. 6. 1(145)	2018. 6. 10(137)	2018. 6. 26(102)
蓝花鼠尾草	2018. 5. 1(167)	2018. 5. 10(148)	2018. 5. 15(122)	2018. 5. 20(96)	2018. 6. 10(86)
百日草	2018. 3. 15(122)	2018. 3. 25(102)	2018. 4. 3(80)	2018. 4. 18(64)	2018. 5. 25(61)
醉蝶花	2018. 5. 20(186)	2018. 6. 1(169)	2018. 6. 10(148)	2018. 6. 20(127)	2018. 6. 30(107)
串串红	2018. 4. 3(136)	2018. 4. 10(117)	2018. 5. 10(117)	2018. 5. 15(91)	2018. 6. 20(95)
孔雀草(黄/橙)	2018. 2. 25(98)	2018. 3. 7(83)	2018. 3. 13(59)	2018. 4. 9(55)	2018. 5. 1(46)

(续)

草花名称	开花日期(所需天数)				
	2017. 11. 15	2017. 12. 15	2018. 1. 15	2018. 2. 15	2018. 3. 15
矮牵牛(蓝色)	2018. 4. 14(148)	2018. 4. 25(131)	2018. 4. 30(107)	2018. 5. 5(82)	2018. 6. 5(81)
矮牵牛(白色)	2018. 4. 10(144)	2018. 4. 21(127)	2018. 4. 25(102)	2018. 5. 1(77)	2018. 6. 1(76)
矮牵牛(玫红)	2018. 4. 18(152)	2018. 5. 4(140)	2018. 5. 1(108)	2018. 5. 9(87)	2018. 6. 10(85)
矮牵牛(大红)	2018. 4. 20(154)	2018. 5. 9(145)	2018. 5. 4(111)	2018. 5. 13(89)	2018. 6. 13(88)

(2)不同播种时间对 11 种草花的成花培育周期的影响

随着播种时间变化,温度光照的逐渐升高增强均促进了 11 种草花的开花,但蓝花鼠尾草、百日草、串串红、矮牵牛均是前 3 批盛花所需时长逐渐缩短,而后两批所需时长基本相近,反映出 2 月 15 日(2 月 4 日立春)后温室内温度、光照随着外界变化而变化,达到这几种草花的适宜生长环境条件,所以达到盛花期的培育周长也趋于稳定;孔雀草则是从 1 月 15 日后达到盛花期的培育周长趋于稳定,反应其适宜环境条件范围相对更广;林地鼠尾草和醉蝶花播种 5 批达到盛花期的培育周长变化较大,反映出其对环境条件要求相对较高。

(3)不同播种时间对 11 种草花开花时期的影响

在 11 月至翌年 2 月是每年最冷的时节,温室内播种百日草、孔雀草,间隔一个月播种时间,花期间隔 10d 左右,并且百日草最长开花期需 122 天,孔雀草最长开花期需 98 天;林地鼠尾草、蓝花鼠尾草、醉蝶花、矮牵牛、串串红这几种草花即使在 11 月播种,花期也在 4 月以后,并且 3 月以后,随着气温升高光照增强,可以促进草花生长及开花;矮牵牛四个品种花期有差异,同一批播种,开花顺序依次为:矮牵牛(白)、矮牵牛(兰)、矮牵牛(玫红)、矮牵牛(大红),为矮牵牛更好的园林运用提供参考资料。

(4)温度对草花生长周期的影响

对比两年的节气(2017 年 2 月 3 日立春,2018 年 2 月 4 日立春)基本无差异,温度、光照变化差异也不大,对比表 1 和表 2 中蓝花鼠尾草、百日草和孔雀草的生长,2017 年 3 月 11 日播种的一批开花所需时长明显长于 2018 年 3 月 15 日播种的一批,且室外光照优于温室,温度明显低于室内,28℃以下,温度升高明显促进草花生长,为草花育苗提供参考。

(5)生产五一用花的最佳播种期

从表 3 中可以分析出,计划将花期控制在 5 月 1 日,则林地鼠尾草播种时间控制在 12 月 1 日左右,蓝花鼠尾草控制在 11 月中旬,百日草控制在 2 月下旬、醉蝶花控制在 10 月下旬,串串红控制在 1 月 1 日左右,孔雀草控制在 3 月中旬,矮牵牛(玫红、白)控制在 1 月中旬,矮牵牛(兰、白)控制在 2 月中旬。

3　结论与讨论

通过用不同基质对不同草花进行播种观察,结果显示基质土(草炭:珍珠岩:蛭石=10:1:1)的出苗时间及出苗率均最优,园土中植株长势最好,这为简易草花育苗提供参考,能够提高草花育苗效率和质量。但此试验中基质土的配方只用了一种,而提高蛭石或是珍珠岩的比例是否出苗率会更好,还有待进一步研究比较。

草花有春播和秋播之分,所以一般花期都是在特定的几个月内,结合北方的气温,本研究遵循自然条件变化,春播蓝花鼠尾草、百日草、孔雀草、美女樱,不同草花开花所需时长有差别,但均表现优良,结合摘心技术,均可以有两次盛花期,可以保障6~10月草花花材使用,为园林上草花定时应用培育提供参考依据,但按照节日活动习惯,距离最近应该在五一、六一和十一为大量用花时机,所以以此为参考提前播种时间,或是控制摘心时间,可否使其在最佳时间达到盛花期还有待进一步研究。不同时间在自然温室中秋播蓝花鼠尾草、百日草、醉蝶花、串串红、孔雀草、矮牵牛,其均能正常生长,但不同播种时间对11种草花的花期有影响,11月开始播种蓝花鼠尾草、百日草、醉蝶花、串串红、孔雀草、矮牵牛,可以保障2月即有孔雀草开花苗、3月即有百日草开花苗,4月后有醉蝶花、串串红、矮牵牛开花苗,可以为不同时间营造花境提供花材。醉蝶花、串串红、矮牵牛11月开始每隔一个月进行播种,虽然开花苗都在4月以后,但是早播种开花时间还是会早,所以想更早地获得开花苗,10月进行草花播种,花期会提前多少,能不能更早的获得开花苗还需要进一步研究。通过不同处理对草花生长及花期影响的研究,为草花定期培养使用提供参考依据,使得一年四季均可以生产草本花卉,保障花材使用,从而可以充分发挥草花的开花明艳娇美,可按季节的交替更换种类,带给人们清新、艳丽、壮观的视觉享受的优势。

参考文献

董爱香,王涛,张华丽,等,2008. 国内外草花育苗基质性状比较[J]. 安徽农业科学,36(30):13142-13143.

古丽贤,2021. 草本花卉在园林绿化中的应用及栽培技术探究[J]. 种子科技,(00):63-64.

孙国军,2018. 园林绿化苗木栽植和养护技术探究[J]. 农家科技,(12):144.

魏凡翠,蒋快乐,林蓉,等,2014. 一、二年生草本花卉在园林绿化中的应用[J]. 农家科技(下旬刊),(10):139-139.

张卓,黄克县,贾吉涛,等,2016. 草本花卉在园林绿化中的应用[J]. 现代农村科技,(4):49-49.

植物园科普与受众偏好关联性研究
The Study of the Relations Between the Education of the Botanical Garden and the Audience Preference

吴鸿[1]　朱筱靓[1]　许林峰[1]

(1. 上海植物园,上海,200231)

WU Hong[1]　ZHU Xiao-liang[1]　XU Lin-feng[1]

(1. *Shanghai Botanical Garden*,*Shanghai*,200231)

摘要:本研究通过对不同性别、年龄和职业的样本受众对于不同的植物价值特征和植物观赏类别的偏好进行了调查和关联性分析。研究表明,不同性别、年龄和职业的样本受众对于植物在生态价值、经济价值、园艺价值、文化价值、药用价值及植物的观赏类别等方面的需求偏好上均呈现不同的特征和明显的关联性。指出针对不同的差异性受众群体,植物园在开展植物科学普及时,需根据不同人群的喜好和偏好对科普的内容和侧重点进行针对性设计和推送。

关键词:植物园,科普,受众偏好,植物特性,植物种类

Abstract:This article discusses the relations and preference between the different plant characteristics,plant properties and the sample audience with difference gender,age and occupation through survey. The research shows that the sample audiences of different gender,age and occupation show different characteristics and obvious relevance in the demand preferences of plants in terms of ecological value,economic value,horticultural value,cultural value,medicinal value and plant functional attributes. It is pointed out that when carrying out the education in botanical garden,the content and focus of education should be designed and promoted according to the preferences of different people.

Keywords:Botanical Garden,Education,Audience preference,Plant characteristics,Plant properties

前言

自 16 世纪帕杜瓦植物园在意大利建立以来,科学普及始终是植物园存在和发展的重要工作内容之一。"科学的内涵、艺术的外貌、文化的展示"是植物园建设的重要原则(贺善安,2010)。丰富的科学内涵是植物园的核心(蔡邦平,2005)。将植物园的科学知识及科学内涵向广大市民受众进行广泛的传播、普及,推动植物园的成果、产品向社会应用、示范和推广,实现植物园的价值是植物园服务社会的重要职责。

随着社会和经济的发展,不同的人群和受众对植物园科学普及的需求和偏好也越来越呈现差异化、个性化及细分化的趋势。市民受众对家庭园艺、植物健康、家居美化、环境美化等方面的需求也越来越大。植物园具有如下属性:科学属性、社会属性、生态属性、文化属性和经济属性(吴鸿,

基金项目:上海市科学技术委员会"科技创新行动计划"高新技术领域项目"植物科普数据库系统"(项目编号 19511104402)。

2013),植物及植物园的科普也与这些特征密切相关。如何更好地服务不同的市民和受众,更有效地为不同的市民受众进行科学普及,不断满足人民对美好生活的向往和人民日益增长的美好生活需要成为了植物园面临的重要课题。因此,更多地了解和理解不同人群和受众对植物科普的需求和偏好对植物园的科学普及和高质量发展具有重要的意义。

上海植物园以"植物保护者、科技创新者、科学传播者、生态维护者、园艺引领者"为目标,四十余年来,在保护植物多样性、提升公众科学素养、促进城市绿化及生态文明建设等方面做了大量富有成效的工作。在新的历史时期,通过更多的了解市民受众对植物园科普的需求,更好的提升上海植物园的科普服务,为广大上海市民受众和上海城市生态绿色发展提供更多、更好的生态产品,对植物园具有重要的意义。

1 研究对象和方法

本次研究采用问卷调查的形式,通过线上网络调查、线下问卷填写等多种调研途径进行调查。为尽可能了解普通市民的需求,本研究在上海植物园园区以外,主要针对上海地区的市民受众进行了随机调研,总计回收有效问卷 10053 份。本次调查研究对上海地区市民受众对植物系列的科普内容的特征偏好及植物科普的相关类别的喜爱、偏好等方面与调查人群的年龄、性别及职业等因数的关联性进行了初步的调查和研究。表 1 是调研对象和受众的的统计学基本信息。

表 1 调研对象和受众的基本情况

名称	选项	频数	百分比（%）	累积百分比（%）
性别	男	5130	51.03	51.03
	女	4923	48.97	100

（续）

名称	选项	频数	百分比（%）	累积百分比（%）
年龄	18 岁以下	382	3.8	3.8
	18~24 岁	3612	35.93	39.73
	25~39 岁	4780	47.55	87.28
	40~59 岁	1177	11.71	98.99
	60 岁以上	102	1.01	100
职业	在校学生	1880	18.7	18.7
	公司职员	3248	32.31	51.01
	行政人员	2099	20.88	71.89
	园艺相关工作人员	1041	10.36	82.24
	自由职业	1146	11.4	93.64
	退休	182	1.81	95.45
	其他	457	4.55	100

从表 1 可以看到,从性别分布上看,本次研究的调研对象和受众的总体样本在性别分布上较均匀,接近上海实际人口性别比,2021 年上海全市常住人口中,男性人口占 51.8%,女性人口占 48.2%(上海市人民政府,2021);从年龄分布上看,本次研究调研对象和受众的样本集中分布在 18~39 岁之间,占样本总量的 83.48%;从职业分布上来看,分布也较为全面。总体而言本次研究的样本分布较为多样,样本量较为充足,因此,本研究分析结果对于了解上海地区的不同人群对植物系列的科学普及的关注、偏好及需求具有较好的参考和借鉴作用。

2 结果与分析

2.1 不同受众样本群体对植物价值特征及兴趣偏好的关联性分析

本次调查对市民受众对植物花卉的价值特征及兴趣偏好、关注目的等方面进行了研究。以"您是否有种植花卉或植物的经验? 种植目的是什么?"为切入点,从植物的生态价值、经济价值、园艺价值、文化价值、食用价值、药用价值等方面来研究,了解样本市民受众的种植经验、偏好及目的,以下分别从性别、年龄、职业三个维度的交叉分析,了解不同性别、年龄、职业的样本人群在该选项选择上的差异性。

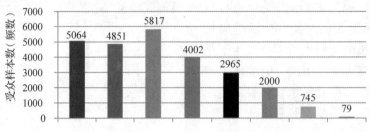

图1 样本受众对植物价值特征的兴趣偏好

表2 植物价值特征兴趣偏好与性别差异关联性分析

题目	名称	性别占比		总计占比	χ^2	p
		男	女			
生态价值	否	53.57%	45.52%	49.63%	65.061	0.000**
	是	46.43%	54.48%	50.37%		
经济价值	否	47.66%	56.00%	51.75%	70.007	0.000**
	是	52.34%	44.00%	48.25%		
园艺价值	否	46.28%	37.82%	42.14%	73.646	0.000**
	是	53.72%	62.18%	57.86%		
文化价值	否	57.31%	63.19%	60.19%	36.289	0.000**
	是	42.69%	36.81%	39.81%		
食用价值	否	70.97%	70.02%	70.51%	1.105	0.293
	是	29.03%	29.98%	29.49%		
药用价值	否	79.30%	80.95%	80.11%	4.283	0.038*
	是	20.70%	19.05%	19.89%		
不太关注	否	93.47%	91.67%	92.59%	11.837	0.001**
	是	6.53%	8.33%	7.41%		
其他	否	99.42%	99.00%	99.21%	5.431	0.020*
	是	0.58%	1.00%	0.79%		
人数总计		5130	4923	10053		

注:* 表示 $p<0.05$,** 表示 $p<0.01$,下同。

通过卡方检验分析受众性别和其对植物价值特征兴趣偏好之间的差异关系,从表2中可以看出,不同性别的样本受众对于食用价值的植物价值特征兴趣偏好上无显著差异($p>0.05$),但男、女在生态价值、经济价值、园艺价值、文化价值、药用价值等7项价值特征兴趣偏好均呈现显著差异。

其中,女性比男性更加看重植物价值

特征的生态价值(chi = 65.061,p<0.001,女 54.48%,男 46.43%)、园艺价值(chi = 73.646,p<0.001,女 62.18%,男 53.57%)。而男性比女性更加看重植物价值特征的经

济价值(chi = 70.007,p<0.001,男 52.34%,女 44.00%)、文化价值(chi = 36.289,p<0.001,男 42.69%、女 36.81%)、药用价值(chi = 4.283,p<0.05,男 20.70%、女 19.05%)

表3 植物价值特征兴趣偏好与年龄差异关联性分析

题目	名称	年龄占比					人数总计	x^2	p
		18 岁以下	18~24 岁	25~39 岁	40~59 岁	60 岁以上			
生态价值	否	2.91%	35.44%	49.85%	10.60%	1.20%	4989	46.281	0.000**
	是	4.68%	36.41%	45.28%	12.80%	0.83%	5064		
经济价值	否	3.75%	34.10%	45.94%	14.73%	1.48%	5202	122.779	0.000**
	是	3.85%	37.89%	49.27%	8.47%	0.52%	4851		
园艺价值	否	4.96%	36.38%	47.07%	10.55%	1.04%	4236	34.969	0.000**
	是	2.96%	35.60%	47.89%	12.55%	1.00%	5817		
文化价值	否	4.02%	34.71%	47.40%	12.68%	1.21%	6051	25.95	0.000**
	是	3.47%	37.78%	47.78%	10.24%	0.72%	4002		
食用价值	否	3.68%	35.55%	47.78%	11.87%	1.11%	7088	4.979	0.289
	是	4.08%	36.83%	46.98%	11.33%	0.78%	2965		
药用价值	否	3.60%	35.04%	48.60%	11.60%	1.15%	8053	30.802	0.000**
	是	4.60%	39.50%	43.30%	12.15%	0.45%	2000		
不太关注	否	3.66%	35.81%	48.32%	11.24%	0.97%	9308	49.117	0.000**
	是	5.50%	37.45%	37.85%	17.58%	1.61%	745		
其他	否	3.75%	36.06%	47.67%	11.52%	0.99%	9974	63.375	0.000**
	是	10.13%	18.99%	31.65%	35.44%	3.80%	79		
总计占比		3.80%	35.93%	47.55%	11.71%	1.01%	10053		

从表3可以看出,不同年龄组的样本对食用价值的偏好无显著差异(p>0.05),但不同年龄组在生态价值、经济价值、园艺价值、文化价值、药用价值等共7个方面均呈现出显著性差异。

其中,不同年龄组对生态价值的偏好呈现显著差异(chi = 46.281,p<0.001),18岁以下群体选择是的比例为62.04%,明显高于平均水平50.37%。不同年龄组在经济价值上也有显著差异(chi = 122.779,p<0.001),60岁以上选择否的比例为75.49%、40~59岁选择否的比例为65.08%,明显高于平均水平51.75%,表明这两组年龄段的被访样本受众比较不看重

经济价值。而对于园艺价值的选择不同年龄组也呈现显著差异(chi = 34.969,p<0.001),18岁以下选择否的比例54.97%,明显高于平均水平42.14%。对于文化价值(chi = 25.950,p<0.001)的选择上,60岁以上选择否的比例为71.57%,明显高于平均水平60.19%。对于药用价值的选择,(chi = 30.802,p<0.001),60岁以上选择否的比例91.18%,明显高于平均水平80.11%。

这表明,不同年龄的受众对于植物价值特征中食用价值的偏好无显著差异,但在生态价值、经济价值、园艺价值、文化价值、药用价值等的偏好上均呈现显著差异。

表4　植物价值特征兴趣偏好与职业偏好关联性分析

| 题目 | 名称 | 职业占比 | | | | | | | 人数总计 | χ^2 | p |
		在校学生	公司职员	行政人员	园艺相关工作人员	自由职业	退休	其他			
生态价值	否	12.45%	30.05%	26.34%	14.49%	10.90%	2.12%	3.65%	4989	552.919	0.000**
	是	24.86%	34.54%	15.50%	6.28%	11.89%	1.50%	5.43%	5064		
经济价值	否	21.78%	27.82%	19.92%	10.23%	10.73%	2.58%	6.96%	5202	304.223	0.000**
	是	15.40%	37.13%	21.91%	10.49%	12.12%	0.99%	1.96%	4851		
园艺价值	否	16.67%	31.54%	23.37%	11.83%	10.41%	1.77%	4.41%	4236	61.252	0.000**
	是	20.18%	32.87%	19.06%	9.28%	12.12%	1.84%	4.64%	5817		
文化价值	否	19.30%	32.75%	20.87%	8.84%	10.48%	2.18%	5.57%	6051	95.424	0.000**
	是	17.79%	31.63%	20.89%	12.64%	12.79%	1.25%	3.00%	4002		
食用价值	否	17.80%	33.24%	21.54%	10.40%	10.20%	1.98%	4.84%	7088	60.349	0.000**
	是	20.84%	30.08%	19.29%	10.25%	14.27%	1.42%	3.84%	2965		
药用价值	否	17.92%	32.97%	21.51%	10.15%	10.72%	1.92%	4.82%	8053	54.161	0.000**
	是	21.85%	29.65%	18.35%	11.20%	14.15%	1.35%	3.45%	2000		
不太关注	否	17.59%	32.77%	21.50%	10.84%	11.70%	1.65%	3.95%	9308	266.761	0.000**
	是	32.62%	26.58%	13.15%	4.30%	7.65%	3.76%	11.95%	745		
其他	否	18.71%	32.39%	20.92%	10.42%	11.38%	1.77%	4.40%	9974	76.545	0.000**
	是	17.72%	21.52%	15.19%	2.53%	13.92%	6.33%	22.78%	79		
总计占比		18.70%	32.31%	20.88%	10.36%	11.40%	1.81%	4.55%	10053		

　　从表4可以看出,不同职业的样本受众对于生态价值、经济价值、园艺价值、食用价值、文化价值、药用价值等8个方面均呈现出显著性差异。其中,学生群体对植物价值特征兴趣偏好上差异性较大;公司职员比较看重植物种植的经济价值、生态价值和园艺价值;行政人员比较看重经济价值、文化价值;园艺相关工作人员比较看重文化和药用价值;自由职业者比较看重食用价值、药用价值、文化价值;退休群体比较看重园艺价值。

2.2　不同受众样本群体对植物类别特征及偏好的关联性分析

　　本次调查对市民受众在植物花卉的类别特征观赏偏好等方面内容进行了研究。调查研究中以"您更喜欢种植或观赏什么类型的植物?"等问题调查了样本受众对植物类别特征的喜好或偏好,以下也分别通过性别、年龄、职业这三个维度进行交叉分析,以分析了解不同性别、年龄、职业的人群在偏好选择上是否存在显著性差异。

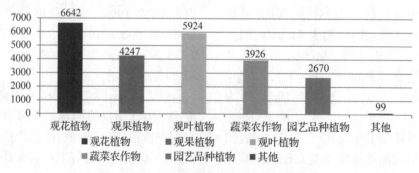

图2　样本受众对植物观赏类别的兴趣偏好

表 5　植物类别观赏偏好与性别差异关联性分析

题目	名称	性别占比		总计占比	χ^2	p
		男	女			
观花植物	否	38.75%	28.91%	33.93%	108.667	0.000**
	是	61.25%	71.09%	66.07%		
观果植物	否	58.25%	57.24%	57.75%	1.038	0.308
观叶植物	否	41.01%	41.13%	41.07%	0.015	0.903
	是	58.99%	58.87%	58.93%		
蔬菜农作物	否	61.05%	60.84%	60.95%	0.049	0.825
	是	38.95%	39.16%	39.05%		
园艺品种植物	否	74.97%	71.85%	73.44%	12.572	0.000**
	是	25.03%	28.15%	26.56%		
其他	否	99.22%	98.80%	99.02%	4.517	0.034*
	是	0.78%	1.20%	0.98%		
人数总计		5130	4923	10053		

从表 5 可以看出不同性别的样本受众对于观果植物、观叶植物、蔬菜农作物的植物类别偏好无显著差异（$p>0.05$），但在观花植物、园艺品种植物的植物类别喜好和偏好等方面有显著性别差异（$p<0.05$）。

其中，不同性别的样本受众对于观花植物有显著差异（chi=108.667，$p<0.001$），女性选择是的比例 71.09%，明显高于男性选择比例 61.25%。对于园艺品种植物呈现出显著性差异（chi=12.572，$p<0.001$），而女性选择是的比例明显高于男性。调查表明，女性比男性更加偏向选择观花植物、园艺品种植物，而对于观果植物、观叶植物、蔬菜农作物在植物类别喜好及偏好等方面男性和女性无显著差异。

表 6　植物类别观赏偏好与年龄差异关联性分析

题目	名称	年龄占比					总计占比	χ^2	p
		18岁以下	18~24岁	25~39岁	40~59岁	60岁以上			
观花植物	否	33.25%	32.64%	35.90%	30.16%	33.33%	33.93%	18.5	0.001**
	是	66.75%	67.36%	64.10%	69.84%	66.67%	66.07%		
观果植物	否	58.38%	56.51%	58.20%	58.79%	66.67%	57.75%	6.599	0.159
	是	41.62%	43.49%	41.80%	41.21%	33.33%	42.25%		
观叶植物	否	54.97%	43.24%	38.91%	37.81%	50.98%	41.07%	56.08	0.000**
	是	45.03%	56.76%	61.09%	62.19%	49.02%	58.93%		
蔬菜农作物	否	63.61%	60.11%	61.38%	60.41%	66.67%	60.95%	4.139	0.387
	是	36.39%	39.89%	38.62%	39.59%	33.33%	39.05%		
园艺品种植物	否	73.82%	73.15%	74.52%	70.69%	63.73%	73.44%	12.546	0.014*
	是	26.18%	26.85%	25.48%	29.31%	36.27%	26.56%		
其他	否	97.38%	99.31%	99.31%	97.71%	96.08%	99.02%	47.58	0.000**
	是	2.62%	0.69%	0.69%	2.29%	3.92%	0.98%		
人数总计		382	3612	4780	1177	102	10053		

表6为经卡方检验分析不同年龄群体对于植物类别喜好或偏好等方面的差异关系。显然,不同年龄群体对于观果植物、蔬菜农作物等植物类别偏好等方面无显著差异($p>0.05$)。而不同年龄群体对于观花植物、观叶植物、园艺品种植物等方面的选择偏好上有显著差异($p<0.05$)。

其中,不同年龄群体在观花植物(chi=18.500,$p<0.001$)、观叶植物(chi=56.080,$p<0.001$)、园艺品种植物的种植(chi=12.546,$p<0.05$)偏好上呈现显著差异。40~59岁以上选择观花植物的比例是69.84%,明显高于平均水平;60岁以上不偏好观叶植物比例明显高于平均水平;60岁以上选择园艺品种植物的比例是36.27%,明显高于平均水平26.56%。

研究表明,在各年龄段中,对于观花植物,18岁、18~24岁、40~59岁、60岁以上年龄层群体有更强的偏好倾向;对于观果植物,18~24岁群体有更大的喜好偏向性;对于观叶植物,25~39岁、40~59岁年龄层的群体偏爱较强;对于蔬菜农作物,18~24岁、40~59岁的群体体现了相对于其他年龄段的更多的喜好偏爱;60岁以上人群还特别体现出对园艺品种植物的偏好。

表7　植物类别观赏偏好与职业差异关联性分析

| 题目 | 名称 | 职业占比 | | | | | | | 总计占比 | χ^2 | p |
		在校学生	公司职员	行政人员	园艺相关工作人员	自由职业	退休	其他			
观花植物	否	19.57%	31.16%	44.83%	54.47%	30.72%	34.07%	23.85%	33.93%	517.068	0.000**
	是	80.43%	68.84%	55.17%	45.53%	69.28%	65.93%	76.15%	66.07%		
观果植物	否	58.03%	54.16%	62.79%	58.21%	52.36%	62.64%	69.58%	57.75%	80.892	0.000**
	是	41.97%	45.84%	37.21%	41.79%	47.64%	37.36%	30.42%	42.25%		
观叶植物	否	47.34%	38.76%	41.69%	37.27%	38.57%	49.45%	40.48%	41.07%	52.531	0.000**
	是	52.66%	61.24%	58.31%	62.73%	61.43%	50.55%	59.52%	58.93%		
蔬菜农作物	否	63.30%	60.68%	64.36%	58.02%	50.35%	62.09%	70.24%	60.95%	89.262	0.000**
	是	36.70%	39.32%	35.64%	41.98%	49.65%	37.91%	29.76%	39.05%		
园艺品种植物	否	68.72%	75.80%	77.13%	75.89%	69.11%	71.43%	65.21%	73.44%	75.859	0.000**
	是	31.28%	24.20%	22.87%	24.11%	30.89%	28.57%	34.79%	26.56%		
其他	否	98.78%	99.23%	99.33%	100.00%	98.78%	98.90%	95.40%	99.02%	76.942	0.000**
	是	1.22%	0.77%	0.67%	0.00%	1.22%	1.10%	4.60%	0.98%		
人数总计		1880	3248	2099	1041	1146	182	457	10053		

表7为经卡方检验分析,不同职业样本受众对于植物类别偏好等方面的关联性差异关系,分析表明对于不同职业的样本受众对观花植物、观果植物、观叶植物、蔬菜农作物、园艺品种植物等6个方面均呈显著偏好差异($p<0.05$)。

其中不同职业对于观花植物(chi=517.068,$p<0.001$)、观果植物(chi=80.892,$p<0.001$)、观叶植物(chi=52.531,$p<0.001$)、蔬菜农作物(chi=89.262,$p<0.001$)、园艺品种植物(chi=75.859,$p<0.001$)的偏好有显著差异;在校学生、其他职业选择观花植物种植意愿的比例明显高于平均水平;自由职业选择观果植物的比例明显高于平均水平;退休、在校学生不选择观叶植物的比例明显高于平均水平;自由职业选择蔬菜农作物是的比例明显高于平均水平。

3　结论与讨论

通过以上分析可以看出,不同的性别、年龄和职业样本受众对于不同的植物特征和植物类型有不同的喜好差异和偏好,其中,有些还差异显著。

调查和研究表明,在上海地区,不同性别的样本受众对于植物食用价值的偏好上无显著差异,但男、女在生态价值、经济价值、园艺价值、文化价值、药用价值等方面的需求偏好上均呈现显著差异。不同年龄的受众对于植物的食用价值的偏好无显著差异,但在生态价值、经济价值、园艺价值、文化价值、药用价值等的偏好上均呈现显著差异。不同职业的样本受众对于生态价值、经济价值、园艺价值、食用价值、文化价值、药用价值等方面均呈现出显著性差异。

不同性别的样本受众对于观果植物、观叶植物、蔬菜农作物的植物类别偏好无显著差异($p>0.05$),但在观花植物、园艺品种植物的植物类别喜好和偏好等方面有显著性别差异($p<0.05$)。不同年龄群体对于观果植物、蔬菜农作物种植偏好等方面无显著差异($p>0.05$),而对于观花植物、观叶植物、园艺品种植物等方面的选择偏好上有显著差异($p<0.05$)。不同职业的样本受众对观花植物、观果植物、观叶植物、蔬菜农作物、园艺品种植物等6个方面均呈显著偏好差异($p<0.05$)。

可见,针对不同的差异性受众群体,植物园在开展植物科学普及时,需根据不同人群的喜好和偏好对科普的内容和侧重点进行针对性设计和推送,以更好的服务及满足广大市民、城市绿化、美化、生态与经济的高速发展,推动植物园的高质量发展。比如,对于食用植物的科学普及活动策划可以较少的考虑性别和年龄的差异;而在进行观花植物的科普活动设计中,可以适当的考虑活动更多的侧重一些女性群体的需求和偏好等等。

参考文献

蔡邦平,2005. 植物园的发展及其社会意义[J]. 北京林业大学学报:24(3):69-72.

贺善安,2010. 21世纪的额中国植物园[M]//中国植物学会植物园分会委员会. 中国植物园(第十三期). 北京:中国林业出版社.

上海市人民政府,2021. 市政府新闻发布会介绍上海市第七次全国人口普查主要数据情况, (2021-05-18)[2021-08-30]. https://www.shanghai. gov. cn/nw12344/20210518/001a0cef1 27c499eb381fa8dc3208e95. html

吴鸿,2013. 美国植物园的发展现状对中国植物园可持续发展的启示[J]. 中国园林,(4):91-94.

兰科植物三蕊兰的生物学特性研究
Study on Biological Characteristics of *Neuwiedia singapureana*

王苗苗[1]　张毓[1*]　刘佳[1]　施文彬[1]　盖枫[1]

(1. 北京市植物园管理处,北京市花卉园艺工程技术研究中心,城乡生态环境北京实验室,北京 100093)

WANG Miao-miao[1]　ZHANG Yu[1*]　LIU Jia[1]　SHI Wen-bin[1]　GAI Feng[1]

(1. *Beijing Botanical Garden Administrative Office*, *Beijing Floriculture Engineering Technology Research Centre*, *Beijing Laboratory of Urban and Rural Ecological Environment*, *Beijing* 100093)

摘要:在海南热带雨林国家公园,对三蕊兰的生境、形态特征、繁育系统等生物学特性开展了研究。结果表明,三蕊兰的伴生植物种类丰富,共计 29 种。根际土壤营养丰富,pH 值为 5,团粒结构良好,属于黏质壤土。三蕊兰为总状花序,单朵花期 2~3 天,整株 20 天左右,群体花期 6 月中旬到 7 月上旬。浆果次年 3 月变红。种子黑色,呈水滴形,它由一层透明的外种皮、深褐色的内种皮以及圆球形的种胚组成,无胚乳。三蕊兰具有花粉散生的特性,即使在套袋隔离情况下,仍有着高达 94.05% 的结实率。三蕊兰能够自花结实。三蕊兰种子萌发困难。4 种方式下的三蕊兰萌发率均比较低(12.27%~15.45%),且相互间差异不显著。

关键词:兰科,三蕊兰,生物学特性

Abstract:In the National Park of Hainan Tropical Rainforest, the biological characteristics of *Neuwiedia singapureana*, such as habitat, morphological characteristics and breeding system were studied. The result showed that there were 29 kinds of associated plants of *Neuwiedia singapureana*. The rhizosphere soil was rich in nutrients with a pH value of 5 and a good aggregate structure, belonging to the clay loam. It's a raceme, the flowering period of the single flower was 2~3 days, the flowering period of the whole plant was about 20 days, the flowering period of the population was from mid-June to early July. The berries turned red in the following year of March. Seeds were black, droplet-shaped. It's composed of a transparent outer testa, dark brown inner testa, and globose embryo, without endosperm. Because of the characteristic of scattered pollen, the seed setting rate of the orchid was as high as 94.05% even when it was bagged and isolated. *Neuwiedia singapureana* can set fruit by itself. The seed germination of *Neuwiedia singapureana* was difficult. The germination rates of the four methods were all low (12.27%~15.45%), and the differences among them were not significant.

Keywords:Orchidaceae, *Neuwiedia singapureana*, Biological characteristics

三蕊兰(*Neuwiedia singapureana*)隶属于兰科(Orchidaceae)拟兰亚科(Apostasioideae)三蕊兰属(*Neuwiedia*)。拟兰亚科是兰科 5 个亚科中 1 个小而原始的亚科,位于兰科植物系统树基部,由于其在分类上的特殊地位而受到广泛关注(陈心启和郎楷永,1986)。三蕊兰具有多个原始特征:雄蕊和雌蕊分离、未形成合蕊柱,具 3 枚能育雄蕊,花粉散生、未粘成花粉块,果实为浆果而非兰科常见的蒴果。全世界有三蕊兰属植物 11 个种,主要分布在东南亚至新几内亚岛和太平洋岛屿。我国分布有

三蕊兰和麻栗坡三蕊兰（*N. malipoensis*）（Liu *et al.*，2012）2 个种，其中三蕊兰仅分布于香港、海南和云南南部。前人的研究主要集中在三蕊兰属（主要是模式种香花三蕊兰 *N. veratrifolia*）花朵的形态结构（Kocyan & Endress，2001）、系统发育（Judd *et al.*，1993）、传粉系统（Okada *et al.*，1996）以及菌根真菌（Kristiansen *et al.*，2004）等方面。目前，对三蕊兰这个种的研究还很少。最新研究揭示了鸟类为三蕊兰的传播者，在鸟消化道作用下，三蕊兰坚硬的种皮被腐蚀后，仍保持较高的活力（Zhang *et al.*，2021）。王涛等研究了三蕊兰全长转录组中简单重复序列（SSR）信息，并对其功能进行分析（Wang *et al.*，2020）。本论文对三蕊兰的生境、形态特征、繁殖系统等生物学特性展开了研究，以期为今后开展迁地和就地保护工作提供本底资料和技术支持。

1　材料与方法

1.1　调查地点概况

调查地点位于海南热带雨林国家公园，是中国极为珍稀的原始热带雨林区之一，属热带海洋季风气候，年均气温为24℃，最高月均气温 28℃（7 月），最低月均气温 15℃（11 月），年降雨量 1870～2760mm（邱治军，等，2004）。

1.2　试验材料

以三蕊兰自然居群为研究对象，于花期（6～7 月）和果期（12 月和 3 月）对其进行调查和观察。

1.3　研究方法

1.3.1　生境调查

调查三蕊兰居群内的伴生植物，按照乔木、灌木、草本等进行统计归类。

采集三蕊兰生境中的植株根际土壤样品，带回实验室测定其有机质、矿质元素、PH 值等理化性质。土壤有机质测定方法用灰分法；氮（全氮）用凯氏定氮法；其矿质元素采用原子吸收光谱法测定（AAS，GBC9932AA）。土壤 PH 值用 1∶5（土壤∶水）提取液测定。

1.3.2　形态特征

随机选择居群内的 17 株三蕊兰植株，测量株高、叶长、叶宽、花序长、花朵数量、果序长度、果实的长和宽等。果期采集果实，并用 Nikon SMZ1000 体式显微镜对种子进行显微观察。

1.3.3　开花物候

由于野外条件限制，难以进行完整的长期物候监测，所以结合野外试验进行了部分观察。在花期记录其开花物候，包括单个花期、整株花期、群体花期。果期记录果实变化情况。

1.3.4　繁育系统

选取居群内 40 株三蕊兰植株进行以下 4 种方式处理。（1）自然传粉：不做任何处理，观察自然条件下传粉结实情况。（2）套袋隔离：不去雄，开花前用尼龙网袋（孔径 1mm）将花序和传粉昆虫进行隔离。（3）人工自交：开花当天清晨，在花粉散落前，去掉雄蕊，用同朵花的花粉授其柱头上，后用尼龙网袋隔离。（4）人工异交：开花当天清晨，在花粉散落前，去掉雄蕊，用异株的花粉授其柱头上，后用尼龙网袋隔离。每个处理 10 株，挂牌后果期统计结实情况，结实率（%）= 结实数/授粉花朵数×100%。

对上述 4 种方式获得的种子进行无菌播种，灭菌时间为 50min，萌发培养基为 M4，pH 值为 5.8。每个处理 9 个重复。28 周后，统计萌发情况，萌发率（%）= 萌发数/播种数×100%。

2　结果与分析

2.1　生境情况

三蕊兰的伴生植物种类丰富，据调查

统计,乔木有 13 种,灌木有 2 种,草本植物有 9 种,地被植物有 3 种,藤本植物有 2 种,共计 29 种(表 1)。伴生植物中占比最高的乔木类植物形成了高高的林冠线,并为三

蕊兰营造了较为荫蔽的林下空间。同时,对居群内分布的三蕊兰进行统计发现,成年植株数量约为 150 余株,但基本见不到幼苗。

表 1　三蕊兰的伴生植物

序号	中文名	拉丁名	科属	类型
1	陆均松	*Dacrydium pectinatum*	罗汉松科陆均松属	乔木
2	大头茶	*Polyspora axillaris*	山茶科大头茶属	乔木
3	丛花山矾	*Symplocos poilanei*	山矾科山矾属	乔木
4	钝齿木荷	*Schima crenata*	山茶科木荷属	乔木
5	变叶榕	*Ficus variolosa*	桑科榕属	乔木
6	鹅掌楸	*Liriodendron chinense*	木兰科鹅掌楸属	乔木
7	海南杨桐	*Adinandra hainanensis*	山茶科杨桐属	乔木
8	海南山胡椒	*Lindera robusta*	樟科山胡椒属	乔木
9	岭南青冈	*Cyclobalanopsis championii*	壳斗科青冈属	乔木
10	鸡毛松	*Dacrycarpus imbricatus* var. *patulus*	罗汉松科鸡毛松属	乔木
11	海南大头茶	*Polyspora hainanensis*	茶科大头茶属	乔木
12	单花山矾	*Symplocos ovatilobata*	山矾科山矾属	乔木
13	柬埔寨子楝树	*Decaspermum montanum*	桃金娘科子楝树属	乔木
14	苹婆	*Sterculia monosperma*	锦葵科苹婆属	灌木
15	鹅掌柴	*Schefflera heptaphylla*	五加科鹅掌柴属	灌木
16	露兜树	*Pandanus tectorius*	露兜树科露兜树属	草本
17	黑桫椤	*Alsophila podophylla*	桫椤科桫椤属	草本
18	毛果珍珠茅	*Scleria levis*	莎草科珍珠茅属	草本
19	粽叶芦	*Thysanolaena latifolia*	禾本科粽叶芦属	草本
20	假益智	*Alpinia maclurei*	姜科山姜属	草本
21	山营兰	*Dianella ensifolia*	阿福花科山营属	草本
22	大羽芒萁	*Dicranopteris splendida*	里白科芒萁属	草本
23	铁芒萁	*Dicranopteris pedata*	里白科芒萁属	草本
24	乌毛蕨	*Blechnum orientale*	乌毛蕨科乌毛蕨属	草本
25	糙叶卷柏	*Selaginella doederleinii*	卷柏科卷柏属	草本
26	薄叶卷柏	*Selaginella delicatula*	卷柏科卷柏属	草本
27	团叶鳞始蕨	*Lindsaea orbiculata*	鳞始蕨科鳞始蕨属	草本
28	鸡眼藤	*Morinda parvifolia*	茜草科巴戟天属	藤本
29	蔓九节	*Psychotria serpens*	茜草科九节属	藤本

从表 2 可以看出,居群土壤的 pH 值为 5,呈弱酸性环境。土壤有机质是土壤固相

的重要组成部分,与土壤矿质部分共同形成植物的营养来源,它的存在还改变或影

响着土壤的物理、化学和生物性质。我国土壤养分含量分级标准为1~6级。其中有机质含量>4.00%，即可归入第1级，全氮含量大于0.2%即为第1级。表中各样品有机质含量为43.4，含量高出4.00%的分级标准数倍。有机质的含量在很大程度上取决于自然植被保存完好与否。土壤有机质也是氮素的主要来源，有机质含量高，则氮素含量也高，表中土样全氮含量也达到了1级标准。从表3可以看出，土壤的颗粒组成中，0.25 ~ 2.00mm 的组分占比46.34%，接近一半，说明三蕊兰吊罗山种群土壤的团粒结构良好，属于黏质壤土，适合植物生长。

2.2　形态特征

三蕊兰为地生兰（图1-A），具有向下垂直生长的根状茎，在其节上长出支柱状的气生根。地下部分的根状茎，具有独特

的菌囊结构。

对随机选择的 17 株三蕊兰植株进行观察和测量（表4）。株高41.14cm，叶近簇生于短的茎上，叶多枚，叶长45.74cm，叶宽6.05cm，先端长渐尖，基部收狭成明显的柄；叶柄边缘膜质，基部稍扩大而抱茎，背面的脉明显凸出。三蕊兰的花为总状花序（图1-B），具25.82朵花，平均长11.71cm。

与模式种香花三蕊兰 *N. veratrifolia* 不同，三蕊兰果实为浆果，而非蒴果，其果序长为12.76cm（图1-C），单个浆果的长为5.90cm，宽为4.82cm。

通过体式显微镜观察到，与大多数兰科植物种子呈纺锤形不同，三蕊兰种子呈水滴形。其种子细小，结构简单，由种皮和胚组成，无胚乳。种皮由外面一层透明的外种皮和里面一层深褐色的内种皮组成（图1-D），内种皮高度加厚，呈木质化。

表2　土壤的成分含量

样品名称	全氮/g·kg⁻¹	有机质/g·kg⁻¹	有效磷 mg·kg⁻¹	速效钾 mg·kg⁻¹	电导率/ mS·m⁻¹	pH 值
土样1	2.55	43.4	3.8	46.3	2.47	5

表3　土壤的团粒结构组成

颗粒组成	0.25mm≤Φ <2.00mm(%)	0.05mm≤Φ <0.25mm(%)	0.02mm≤Φ <0.05mm(%)	0.002mm≤Φ <0.02mm(%)	Φ<0.002mm (%)
占比	46.34	9.78	6	10	27.88

表4　三蕊兰的形态特征

序号	株高 (cm)	叶长 (cm)	叶宽 (cm)	花序长 (cm)	花朵数 (个)	果序长 (cm)	浆果长 (cm)	浆果宽 (cm)
1	45.02	50.11	7.12	10.02	18	10.65	5.55	4.00
2	38.01	49.03	5.43	10.51	26	11.05	5.56	4.14
3	38.03	54.92	6.54	9.11	22	10.10	7.03	4.91
4	44.98	47.01	6.51	13.50	18	13.86	5.04	3.68
5	38.02	39.05	5.52	11.02	17	12.05	5.65	4.27
6	47.99	49.05	6.53	13.12	28	13.82	6.66	4.64
7	54.95	38.02	5.54	9.01	25	9.52	5.98	4.45
8	48.04	51.34	6.21	12.21	33	13.23	5.77	5.30
9	41.18	41.22	5.74	13.03	29	13.55	6.08	4.88
10	40.05	44.52	5.55	12.52	27	12.95	5.04	4.94

（续）

序号	株高(cm)	叶长(cm)	叶宽(cm)	花序长(cm)	花朵数(个)	果序长(cm)	浆果长(cm)	浆果宽(cm)
11	30.05	32.15	5.53	11.50	27	11.95	6.31	5.42
12	59.97	46.96	6.05	11.15	17	12.38	6.02	5.79
13	30.02	41.01	6.03	13.21	22	13.83	5.77	4.54
14	44.96	48.02	6.56	14.03	36	15.86	5.88	5.4
15	33.34	55.08	5.59	12.06	24	13.53	6.37	5.11
16	30.26	37.13	5.83	11.05	34	13.54	6.08	5.53
17	34.55	52.92	6.54	12.06	36	15.02	5.48	4.92
X±S	41.14±8.60	45.74±6.67	6.05±0.51	11.71±1.49	25.82±6.40	12.76±1.71	5.90±0.52	4.82±0.59

注：X代表X的算术平均值，S代表标准偏差

图1　三蕊兰形态特征

A. 三蕊兰植株；　B. 三蕊兰的花朵；　C. 三蕊兰的果序；　D. 三蕊兰的种子(OT:外种皮;IT:内种皮)

2.3　开花物候

6月中旬，三蕊兰的花朵从总状花序的基部往上依次开放，单朵花期2~3天，整株20天左右，群体花期6月中旬到7月上旬。自然状态下，雨水会加速花朵凋谢。

9月果实为绿色，种子为浅褐色。10月果实慢慢由绿色变为橙色，种子为深褐色。12月果实为橙红色，种子为深褐色。次年3月果实为红色，种子为黑色。

2.4　三蕊兰繁育系统研究

从表5可以看出，理论上，自然传粉处理的三蕊兰应该有着不低于套袋处理的结实率，但实际结果却大不相同，因其大部分果实被鸟类吞食，所以仅有15.33%的果实保留下来。这种情况的发生跟三蕊兰所处的位置也有很大关系。相对隐蔽的植株，其果实保留相对完整;周围空旷，易被鸟类发现的植株，其果实易被破坏。

野外观察发现:三蕊兰柱头和3枚雄蕊相距比较近，开花当天花药裂开，不时有花粉掉落。三蕊兰这种花粉散生的特性，使得三蕊兰即使在套袋隔离传粉昆虫后，

仍有着高达94.05%的结实率,这说明三蕊兰能够自花结实。

经多重比较,套袋、人工自交、人工异交之间三者之间差异不显著。

对4种方式获得的种子进行非共生培养,其种子萌发率较低,在12.27% ~ 15.45%之间,相互之间差异也不显著。

表5 不同授粉方式下种子的结实率和萌发率

授粉方式	结实率(%)	萌发率(%)
自然传粉	15.33	13.37A
套袋试验	94.05A	12.27A
人工自交	91.97A	14.51A
人工异交	95.44A	15.45A

注:同列相同英文字母表示差异不显著。

3　讨论

在生境调查中发现,三蕊兰居群中基本见不到幼苗,其种群结构不同于常规(正常)的金字塔形种群结构。从长期来看,该种群结构处于一个不稳定的状态。另外,兰科植物高度依赖菌根真菌来完成其生命周期,尤其在缺乏胚乳导致营养缺乏的种子萌发阶段和幼苗生长阶段(Kento et al., 2019)。三蕊兰居群中幼苗的缺失,从另一个层面说明种子了三蕊兰种子萌发困难。三蕊兰的共生真菌有哪些,它们之间如何建立共生关系,共生真菌如何促进三蕊兰萌发生长,这些都值得深入研究。

在繁育系统试验中,套袋处理后的三蕊兰与传粉昆虫相隔离,其结实率仍高达94.05%。与大多数兰花需要传粉昆虫不同,三蕊兰不需要传粉昆虫,可以通过花粉散落在柱头上实现传粉,进而实现自花结实,其有着与大多数兰花不一样的传播途径。

参考文献

陈心启,郎楷永,1986. 中国拟兰亚科的研究[J]. 植物分类学报,24(5):346 - 352.

邱治军,刘海伟,李桂梅,等,2004. 海南省吊罗山自然保护区水文条件与水资源[J]. 热带林业,32(2):34 - 37.

王涛,罗樊强,池淼,等,2020. 濒危兰科植物三蕊兰全长转录组SSR序列特征及其功能分析[C]. 四川:中国风景园林学会2020年会议论文集.

Judd W S, Stern W L, Cheadle V I, 1993. Phylogenetic position of Apostasia and Neuwiedia (Orchidaceae)[J]. Botanical Journal of the Linnean Society, 113:87 - 94.

Kocyan A, Endress P K, 2001. Floral structure and development of Apostasia and Neuwiedia (Apostasioideae) and their relationships to other Orchidaceae[J]. International Journal of Plant Sciences, 162:847 - 867.

Kristiansen K A, Freudenstein J V, Rasmussen F N, et al., 2004. Molecular identification of mycorrhizal fungi in Neuwiedia veratrifolia (Orchidaceae)[J]. Mol Phylogene Evol, 33:251 - 258.

Liu Z J, Li J C, Ke W L, 2012. Neuwiedia malipoensis, a new species (Orchidaceae, Apostasioideae) from Yunnan, China[J]. A Journal for Botanical Nomenclature, 22(1):43 - 47.

Okada H, Kubo S, Mori Y, 1996. Pollination system of Neuwiedia veratrifolia Blume (Orchidaceae, Apostasioideae) in the Malesian wet Tropics[J]. Acta Phytotaxon Geobot, 47:173 - 181.

Kento Rammitsu, Takahiro Yagame, Yumi Yamashita, et al., 2019. A leafless epiphytic orchid, Taeniophyllum glandulosum Blume (Orchidaceae), is specifically associated with the Ceratobasidiaceae family of basidiomycetous fungi[J]. Mycorrhiza, 29(2):159 - 166.

Zhang Y, Li Y Y, Wang M M, et al., 2021. Seed dispersal in Neuwiedia singapureana: novel evidence for avian endozoochory in the earliest diverging clade in Orchidaceae[J]. Botanical Studies, 62(3).

二十一世纪的园林之母
Mother of Gardens in the Twenty First Century

贺然[1]　魏钰[1]　马金双[1*]

（1. 北京市植物园管理处,北京,100093）

HE Ran[1]　WEI Yu[1]　MA Jin-shuang[1*]

（1. *Beijing Botanical Garden*, *Beijing*, 100093）

摘要：尽管中国"园林之母"的说法已经提出近百年,然而中国观赏植物资源以及对世界园林界的贡献,至今没有详细总结。经历几代人一个多世纪的努力,特别是完成中文版《中国植物志》(1959—2004)和英文版中国植物志(*Flora of China*, 1994—2013),以及几十多部省、市、区级植物志的今天,编写系列之作《二十一世纪的园林之母》,不仅是总结我们的观赏植物资源,同时彰显其对世界园林的贡献。

关键词：中国,园林之母,二十一世纪

Abstract：Though China has been called *Mother of Gardens* since nearly a hundred years ago, its contribution of Chinese plants to the horticultural world has never been summarized. Now after hard work by several generations of plant taxonomists in the past century, particularly with the completion of *Flora Reipublicae Popularis Sinicae* (Chinese edition, 1959—2004) and *Flora of China* (English Edition, 1994—2013) as well as several dozens of local floras in provinces, it is time to summarize their work on ornamental plants and show their contributions to the world with a series of books entitled *Mother of Gardens in the Twenty-First Century*.

Keywords：China,　Mother of Gardens,　Twenty First Century

中国是世界上著名的文明古国,在长期的农业社会历史发展过程中积累了丰富的植物学知识(张孟闻,1987,吴征镒,2017)。东魏贾思勰的《齐民要术》、明代朱橚的《救荒本草》和李时珍的《本草纲目》、清代汪灏《广群芳谱》和吴其濬《植物名实图考》等便是其中的代表。这些著作既是我国古代在适应自然和改造自然过程中积累的宝贵财富,也是前人传承给后人的丰富遗产。晚清,英国传教士、博物学者韦廉臣(Alexander Williamson,1829—1890)和李善兰(1810—1882)合作编译我国介绍西方近代植物学的第一部著作《植物学》(1858年,墨海书馆),英国人傅兰雅(John Fryer,1839—1928)创办传播知识的《格致汇编》(1876—1892)期刊等(马金双,2020),开始了我国近现代植物学的启蒙(罗桂环,2018a);19世纪教会学校的设立,使得博物学教育正式进入中国(罗桂环,2014);20世纪初第一代留学人员的相继归来,如陈嵘(1888—1971)[①]、钱崇澍(1883—1965)[②],之后陈焕镛(1890—1971)[③]、胡先

---

*　马金双,电子邮箱:jinshuangma@ gmail. com。

①　陈嵘,1906年赴日本、1923年赴美国、1924年赴德国。著有《中国树木分类学》(1937,南京,中国农学会)。

②　钱崇澍,1911年赴美国留学,1916年发表首篇中国学者描述中国植物类群的论文《滨州毛茛的两个亚洲近缘种》。

③　见《陈焕镛纪念文集》(陈焕镛纪念文集编辑委员会编,1996. 广州:中国科学院华南植物研究所(内部刊物),350页。

骕(1894—1968)④、董爽秋(原名董桂阳,1897—1980)⑤、刘慎谔(1897—1975)⑥、林镕(1903—1981)⑦等先后建立相关的高等院校系所并撰写教科书、培养人才,同时设立相关的研究机构及标本馆,开展研究,出版专著与发行刊物,开启了国人执掌中国植物学研究的新篇章(罗桂环和李昂,2011;张孟闻,1987;Hass,1988;Hu, et al., 2003)。经历百余年来四代人的艰苦努力,终于完成了首部《中国植物志》(1959—2004)和英文版 Flora of China(1994—2013),以及几十部各类省、市、区级植物志,基本掌握了我国的植物资源(马金双,2020)。

中国地理上位于亚洲东部,并向内地延伸进入中亚;从沿海湿地至内陆荒漠跨越5000千米(从最东端黑龙江和乌苏里江的主航道中心线的相交处135°2′30″E,至最西端帕米尔高原73°29′59.79″E),南北纵跨热带、温带和寒温带(从海南省三沙市的立地暗沙3°31′00″N,至最北端漠河以北黑龙江主航道的中心线53°33′N),且自然地理地貌丰富多样,不但江河湖泊星罗棋布,而且高山峻岭纵横交错。中国总面积960万平方公里,分别小于欧洲(1016万平方公里)、加拿大(约998万平方公里)、美国(约953万平方公里);但中国维管植物有3万多种[《中国植物志》记载31228种(Ma & Clemants,2006),Flora of China 记载31362种(Zhang & Gilbert,2015)],外加苔藓植物3221种(何强和贾渝,2017),以及

近20年来净增加的2000种左右维管植物(Du et al.,2020,杜诚等,2021),现阶段中国高等植物总数应该在3.6万种左右⑧;远远超过《欧洲植物志》(1.1万种)⑨和《北美植物志》(2.2万种)⑩中记载的植物数量总和。中国植物种类在世界上名列前茅,特别是在北温带首屈一指,不仅种类丰富、类群多样,而且富有大量的古老孑遗植物,其中很多是具有观赏价值的类群!然而,百余年来,中国植物种类,对于中国植物学者,也只是百年后的今天才比较清楚而已,还没有详细整理出具有观赏价值的类群并展现给世人;尽管很久以前中国植物已经在欧美等地获得了美誉,不管是花卉也好,观赏植物也罢,特别是数千年文明古国的栽培历史以及辉煌成就(陈文华,2005;罗桂环,2018b)。

我国现代构造和地貌,晚古生代海西运动后已初步形成轮廓,中生代燕山运动以后奠定了基础,喜山运动则完成了现时构造和地貌轮廓。中国的地形可以大体上分为三个阶梯:东部的平原(平均海拔500米以下,从北向南的大兴安岭、太行山、巫山、武陵山、雪峰山以东)、中部的高原(平均海拔1000至2000米,大约以昆仑山、祁连山以北和横断山以东)和西南部的青藏高原(又称为世界屋脊,平均海拔4000米以上,地理范围大致是横断山以西,喜马拉雅山以北,昆仑山和阿尔金山、祁连山以南)。今天我国的地形现状,无疑是喜马拉雅山和横断山运动与影响的结果(金建华

④ 见《胡先骕文存(上卷)》(张大为,胡德熙,胡德焜,1995,南昌:江西高校出版社,744页);《胡先骕文存(下卷)》[张大为,胡德熙,胡德焜,1996,南昌:中正大学校友会(内部印制),913页]。

⑤ 见《著名教育家董爽秋》[吴汉卿,池州日报B3版(人生驿站·人文池州)(2012-05-11)]。《兰州大学生命科学学院院志》(兰州大学生命科学学院院志编撰委员会,2016. 兰州:兰州大学出版社,414页)。

⑥ 见《刘慎谔文集》(刘慎谔文集编辑委员会,1985. 北京:科学出版社,342页)。

⑦ 见《林镕文集(1903 — 1981)》(陈艺林,林慰慈,2013. 北京:科学出版社,945页)。

⑧ 接近三四年前的统计数字35784种(覃海宁、赵莉娜,2017),略高于五六年前的统计数字35112种(王利松等,2015)。

⑨ 数据来自《欧洲植物志》第五卷(Tutin et al,1980),《欧洲植物志(2版)》第一卷(Tutin et al,1993)。

⑩ 数据来自北美植物志网站 http://floranorthamerica.org/Introduction)。

等,2003;吴征镒等,2011;应俊生和陈梦玲,2011;中国科学院《自然地理》编辑委员会,1983)。喜马拉雅山脉的隆起是由于南半球的印度板块向北移动并与北半球的古亚洲大陆相撞,而且发生于新近纪的中新世至第四纪更新世初期(2350万年前至250万年前),而我国境内的横断山脉就是随着喜马拉雅山脉的隆起而产生的皱褶山脉(大约2000万年前至1500万年前),包括期间的一系列断陷盆地等;期间山川交错,从东至西依次是邛崃山、大渡河、大雪山、雅砻江、沙鲁里山、金沙江、芒康山(宁静山)—云岭、澜沧江、他年他翁山—怒山、怒江和伯舒拉岭—高黎贡山,于是有了我国境内今天横向的地质构造和山脉走向,并在第四纪冰期阻挡了来自北半球高纬度的寒冷袭击,成为众多第三纪古老生物类群的避难所,使得一些第三纪遗留的古老生物类群得以保存下来。加之地质时期的第三纪和第四纪期间,横断山活动尤为突出,而这期间正是被子植物种类强烈分化时期,造就了我国植物种类不仅有古老的成分,更富有新鲜的类群。这也是为什么我国的植物种类在横断山地区特别多,而且特有种类非常丰富的主要原因(吴征镒等,2011;中国科学院《中国自然地理》编辑委员会,1983)。正是这样的自然地理背景条件下,孕育了中国植物资源,并具有种类丰富、起源古老、成分复杂、特有种类繁多的特色,高居北半球之首,而且名列世界前茅!特别是北半球的观赏植物种类,具有长期的栽培与驯化历史,远在欧美等地发现并引种之前,就已经有成百甚至上千年的栽培历史(顾孟潮,2011;罗桂环,2000;2004)。

中国是世界温带国家和地区中观赏植物资源和多样性最突出者,也是最出色者。

全球观赏植物约3万种,其中较常用者约6000种,栽培品种40万以上;而我国原产观赏植物约2万种,较常用者2000余种(陈俊愉,2000;He & Xing,2003)。中国更是很多名花的原产地,诸如梅花、牡丹、菊花、百合、芍药、山茶、月季、玫瑰、玉兰、珙桐、杜鹃、绿绒蒿、报春花等,还有那些特别珍贵的松、杉、柏等著名观赏类群。中国原产花卉种类繁多、近缘类群丰富、遗传多样性高,特别是栽培植物的历史源远流长,孕育并为当今世界提供了极其丰富的观赏植物资源(陈俊愉,1980;陈俊愉和程绪珂,1990;俞德浚,1962;1985;He & Xing,2003)。业界著名的《中国花经》记载2354种(陈俊愉和程绪珂,1990),另一部著名的《中国作物及其野生近缘植物(花卉卷)》记载约6000种(费砚良等,2000),后续文章则记载5525种(刘旭等,2008)。中国植物在传统文化中丰富多彩,如岁寒三友(青松、翠竹、华梅),四君子(梅、兰、竹、菊),还有著名的高山花卉(杜鹃、报春、龙胆、绿绒蒿等),以及20世纪80年代评选的十大传统名花等,可谓家喻户晓、学人皆知(张艳红和赵凤军,2001a;2001b)。

西方开始研究并引种中国观赏植物的时间可追溯到数百年前(毕列爵,1983;毕列爵和李建强,1984;罗桂环,2000;2005;张孟闻,1987),其历史大体上可分为几个阶段(李真,2018):17世纪以前的欧洲文艺复兴时期(朦胧阶段),17至18世纪文艺复兴之后的开拓时期(起始阶段),19世纪的大规模专业引种阶段(高峰阶段),以及20世纪之后的持续阶段(直至今天)[⑪](武建勇等,2011;Dosmann & Del Tredici,2003;McNamara,2013;Roy Lancaster,1989;2008)。朦胧阶段实际上就是欧洲的文艺复兴(14至16世纪的西欧思想解放文化运

---

⑪　Special Issue of *Arnoldia* 68(2):1-76 p, 2010; Celebrates the upcoming twentieth anniversary of the North America-China Plant Exploration Consortium (NACPEC); six papers pertaining to the NACPEC's past, present and future.

动)初期,开始对中国的观赏植物有所认识,无论是研究、引种的规模还是数量都非常有限,而且时间与过程都比较漫长。欧洲文艺复兴之后,社会开始文化启蒙,各地大学的建立、植物园的设立等,特别是随之而来的地理发现以及殖民地的开拓,便有了规模性引种以及相关的商业行为,而且使得园林成为一门艺术。进入 19 世纪大规模的引种阶段,特别是由于工业革命的兴起,英国取代荷兰称雄世界,成为园林界的主角,不仅产生了一批专家学者,更出现嫁接、驯化、繁殖等技术并逐渐成为真正的行业。进入当代,欧美等发达国家持续不断的引领,使其不仅成为世界公认的学科,更成为当代人类日常生活所需(Kilpatrick,2007;2011;2014;Taylor,2009)。

西方对中国园林乃至观赏植物的认识,起始于初期旅行者乃至商人从中国带回欧洲的花卉装饰品以及花草或者其绘画之后,引起西方对中国植物的强烈兴趣(Menzies,2017),特别是随着海上交通的便利,商业行为成为主因,开始只是从东南亚华人手里获得或者想方设法从东南沿海贸易进行获得,后期才有进入内地的外国人,尤其是传教士以及各类商人等,直接获取各类种苗、种子以及相关信息等(李真,2018)。鸦片战争之后,中国开放各类沿海和内地通商口岸,于是丰富的中国植物资源,成为西方涉猎的主要对象(罗桂环,2000;2004;2005;朱宗元,2006)。历史上曾经有二三百位西方各类人士来华采集或者收集中国植物资源(毕列爵,1983;王印政等,2004),在此简介如下几位比较瞩目的代表。

苏格兰 Robert Fortune(福琼,1812—1880),著名植物资源考察与引种专家,1843 至 1861 年间 4 次受英国皇家园艺学会及东印度公司的派遣到中国考察农业并采集资源植物,不仅成功地引种无数园林观赏植物(苏雪痕,1987;俞德浚,1962),而且还引种了茶树的种子和苗木,以及栽培和制作技术(俞德浚,1962;Rose,2000),并发表诸多相关著作(Fortune,1847;1852;1853;1857;1863),且后人还撰写或翻译了诸多(福琼,2020;Rose,2010;Watt,2017)。

苏格兰 George Forrest(傅礼士,1873—1932)[12],20 世纪初在中国云南采集了大量植物标本并以引种高山花卉而著名;从1904 年到 1932 年,他先后在中国云南进行了 7 次考察,采集了 3 万多号标本,引种1000 多种活植物,特别是杜鹃花(耿玉英,2010;武建勇等,2011);后人有关的著作很多(Scottish Rock Garden Club,*et al.*,1935;Cowan,1952;McLean,2004)。

英国 Francis Kingdon Ward(金敦·沃德,1885—1958)[13],另外一位西方采集中国植物的代表;1909 至 1956 年在中国西南、缅甸、泰国和印度以及东喜马拉雅等地大规模采集植物种子与标本,并于 1913 至1914 年间发现滇西北著名的"三江并流"自然地理奇观;发表很多采集及其相关著作(金敦·沃德,2002;杨庆鹏,2003;杨图南,1987;Kingdon Ward,1913,1921,1923,1924a,1924b,1924c,1930,1931,1934,1935 & 1937)。他故去之后,还有后人的工作(Schweinfurth,1975;Lyte,1989;Christopher,2003)。

英国 Ernest H. Wilson(威尔逊,1876—1930)[14],一生来华 5 次,其中第一次(1899—1902)和第二次(1903—1905)是为英国的维奇(Veitch)园艺公司采集珙桐以及绿绒蒿等观赏植物,第三次(1907—1909)和第四次(1910—1911)是为哈佛大

---

⑫ 又译作福雷斯特。

⑬ 又作 Francis (Frank) Kingdon-Ward。

⑭ 原译威理森。

学阿诺德树木园来中国采集木本植物以及观赏类群等;1913 年他发表著名的《一个博物学家在华西》(*A Naturalist in western China*,1913);第五次(1917—1919)作为哈佛大学阿诺德树木园的学者,经过琉球群岛、小笠原群岛、到达东北和朝鲜半岛,最后抵达台湾(Howard,1980a;1980b);1920 年夏,作为哈佛大学阿诺德树木园的著名人物,经过英国赴澳大利亚和新西兰,然后北上印度,1921 年赴非洲的肯尼亚、南非,直到 1922 年夏天经过英国返回波士顿;1927 年威尔逊发表环绕世界之旅的名著《植物采集》(*Plant Hunting*,1927)。

首任哈佛大学阿诺德树木园主任、著名植物学家萨金特(Charles R. Sargent,1841—1927)不仅慧眼识人才,而且果断地雇佣了两次为英国维奇园艺公司成功赴华采集的威尔逊(罗桂环和李昂,2011),后来更是根据威尔逊等人采自中国湖北和四川等地的木本植物,亲自主持编辑了三卷本的《威尔逊采集植物志》(*Plantae Wilsonianae*,1911—1917)。全书记载木本植物 100 科 429 属 2716 种 640 变种或变型,其中 4 新属 521 新种 356 新变种和新变型为威尔逊所采集。特别是威尔逊在四川和湖北大规模采集,不仅包括植物标本,还有大量的种子、苗木和插条等;其所引种的植物在欧美享有崇高的地位,被称为"Chinese" Wilson,即"中国的'威尔逊'"(Briggs,1993;Foley,1969;Howard,1980a;1980b)。威尔逊是历史上西方在中国考察、采集与引种植物的杰出代表,为西方今天的园艺学事业作出了巨大的贡献。正因为如此,威尔逊故去之后,相关的专著至今还在出版中(印开蒲等,2009;威尔逊,2015;威尔逊,2017;Briggs,1993;Farrington,1931;Foley,1969;Kirkham & Flanagan,2009)。正如威尔逊所言,世界上没有一个园子可以没有中国植物而成为真正的园子! 这就是为什么中国被称为园林之母(陈之端等,

2020;威尔逊,2015;威尔逊,2017;Li,1959)。

《中国——园林之母》(*China:Mother of Gardens*,1929)是威尔逊将 1913 年发表的《一个博物学家在华西》(两卷本)(Wilson,1913),去掉动物部分并增加照片而重新整理后,以一卷本发表(Wilson,1929);更改之后的主要内容本质上并没有变化:其中,第一至第三章是自然地理介绍(中国西部——山岳和水系、湖北西部——地貌和地质、旅行方略——道路和住宿),第四至二十章为中国西部植物介绍(宜昌、湖北、四川、红盆地、川东、巴国、成都、松潘、西番人、汉藏接壤、加绒、巴郎山、大炮山、打箭炉、峨眉山、瓦屋山、瓦山),第二十一章至第三十章则为中国植物资源介绍(西部植物介绍、用材树种、水果、中药材、花卉、农业粮食作物、经济树种、栽培乔灌木、茶叶、白蜡虫)。历史上,胡先骕(1917,1918,1919)曾经先后将威尔逊 1913 年《一个博物学家在华西》一书的植被和果树两章,以及 Sargent 的序言部分翻译;近来有 1929 年版本《中国——园林之母》一书的阿坝相关内容编译出版(红音和干文清,2009);紧接着的是著名的《百年追寻——见证中国西部环境变迁》一书的出版(印开蒲,2010),使得我们回到百年前,见证了中国西部环境的变化;近年来,威尔逊的《中国——园林之母》在中国再次走红;首先是 2015 年 8 月 28 日至 30 日,三集电视纪录片《中国威尔逊》在央视九台每晚 20 时播出;紧接着,胡启明、包志毅的两个翻译版相继问世(威尔逊,2015;威尔逊,2017),仅仅间隔两年,两个翻译版本问世,不能不让人惊喜(谭文德,2018)。

上述的简介只是西方引种中国植物的人物代表,他们的引种工作对欧美乃至世界的园艺界产生深远的影响(范发迪,2011;2018;Bretschneider,1881;1898;Cox,1945;Fan,2004;Fairchild,1919;Grey-Wilson & Cribb, 2011；Kilpatrick, 2007；2011；2014；Lauener, 1996；Li, 1959；Ryerson, 1976；Schneebeli - Graf, 1991；1992；Taylor, 2009）。中国在世界上以"园林之母"的美称而著名，因为这个名字出自于著名的"中国"威尔逊之手（何勇，1999a；1999b；罗桂环，2000）。然而，如果仔细翻阅原著或者译著，不难发现其实这本书就是一部采集随感或游记。今日中国植物种类的丰富程度以及对世界园林界的贡献并没有完整体现或者展示。当然，今天我们不可能要求威尔逊在百年前仅来过中国几次、到过有限的地方、而且在有限的时间内，能够记载多么详实或者内容全面的内涵，就更不要说当时对中国的植物种类的了解远远没有今天这样清楚或者详细。中国，"园林之母"，世界上独一无二，确实是当之无愧！真正能够体现园林之母的实质，还是经过百年之后的今天，尤其是两版《中国植物志》以及各省、市、区级植物志完成的情况下，显得格外重要。"园林之母"提出百余年后的今天，国人有责任与义务做以详细的介绍，展现真正的园林之母！重要的是，如何掌握自己的资源，同时利用好资源，真正做到既合理开发又永续利用。中国植物园有责任更有义务，承担这一历史使命！

这就是组织并撰写《二十一世纪的园林之母》的由来！在此，欢迎业界各位同仁的讨论与参与，并期待大家的真诚合作，我们一起谱写二十一世纪中国园林之母的新篇章。

参考文献

毕列爵，1983. 从 19 世纪到建国之前西方国家对我国进行的植物资源调查[J]. 武汉植物学研究，1：119-128.

毕列爵，李建强，1984. 从 19 世纪到建国之前西方国家对我国进行的植物资源调查（续）[J]. 武汉师范学院学报（自然科学版），1：77-84.

陈俊愉，1980. 关于我国花卉种质资源问题[J]. 园艺学报，7（3）：57-64.

陈俊愉，2000. 跨世纪中华花卉业的奋斗目标——从"世界园林之母"到"全球花卉王国"[J]. 花木盆景（花卉园艺），1：5-7.

陈俊愉，程绪珂，1990. 中国花经[M]. 上海：上海文化出版社.

陈文华，2005. 中国原始农业的起源和发展[J]. 农业考古，(1)：8-15.

陈之端，路安民，刘冰，等，2018. 中国维管植物生命之树[M]. 北京：科学出版社.

杜诚，刘军，叶文，等，2021. 中国植物新分类群、新名称 2020 年度报告[J]. 生物多样性，29（8）：1011-1020.

范发迪，2011. 清代在华的英国博物学家——科学、帝国与文化遭遇[M]. 袁剑，译. 北京：中国人民大学出版社.

范发迪，2018. 知识帝国——清代在华的英国博物学家[M]. 袁剑，译. 北京：中国人民大学出版社.

费砚良，刘青林，葛红，2000. 中国作物及其野生近缘植物：花卉卷[M]. 北京：中国农业出版社.

福琼，2020. 两访中国茶乡[M]. 敖雪岗，译. 南京：江苏人民出版社.

耿玉英，2010. 乔治福磊斯特在中国采集的杜鹃花属植物[J]. 广西植物，30（1）：13-25.

顾孟潮，2011. 纪念"园冶"问世 380 周年——从中国园林是世界园林之母说起[J]. 中国园林，10：40.

何强，贾渝，2017. 中国苔藓植物濒危等级的评估原则何评估结果[J]. 生物多样性，25（7）：774-780.

何勇，1999a. 中国"世界园林之母"的称号的来历[J]. 园林（冬季版）：41-42.

何勇，1999b. 中国"世界园林之母"的称号的来历[J]. 植物杂志，40.

红音，干文清，2009. 威尔逊在阿坝—100 年前威尔逊在四川西北部汶川、茂县、松潘、小金旅行游记[M]. 成都，四川民族出版社.

胡先骕（译），1917. 中国西部植物志，科学 3（10）：1079-1092.

胡先骕（译），1918. 中国西部果品志，科学 4（10）：1010-1919.

胡先骕（译），1919. 中美木本植物之比较，科学 5（5）：478-491、5（6）：623-836.

简·基尔帕特里克，2011. 异域盛放——倾靡欧洲的中国植物[M]. 俞蘅,译.广州:南方日报出版社.

金敦·沃德,2002. 神秘的滇藏河流——横断山脉江河流域的人文与植被[M]. 李金希,尤永弘,译. 成都:四川民族出版社.

金建华,廖文波,王伯荪,等,2003. 新生代全球变化与中国古植物区系的演变[J]. 广西植物,23(3):217-225.

李真,2018. 传教士汉学研究中的博物学情节——以17、18世纪来华耶稣会士为中心[J]. 福建师范大学学报(哲学社会科学版),2(209):97-105.

刘旭,郑殿升,董玉琛,等,2008. 中国农作物及其野生近缘植物多样性研究进展[J]. 生物多样性,9(4):411-416.

罗桂环,2000. 西方对"中国——园林之母"的认识[J]. 自然科学史研究,19(1):72-88.

罗桂环,2004. 从"中央花园"到"园林之母"——西方学者的中国感叹[J]. 生命世界,20-29.

罗桂环,2005. 近代西方识华生物史[M]. 济南:山东教育出版社.

罗桂环,2014. 中国近代生物学的发展[M]. 北京:中国科学技术出版社.

罗桂环,2018a. 中国生物学史:近现代卷[M]. 南宁:广西教育出版社.

罗桂环,2018b. 中国栽培植物源流考[M]. 广州:广东人民出版社.

罗桂环,李昂,2011. 哈佛大学阿诺德树木园对我国植物学早期发展的影响[J]. 北京林业大学学报(社会科学版),10(3):1-8.

马金双,2020. 中国植物分类学纪事(中英文双语版)[M]. 郑州:河南科学技术出版社.

覃海宁,赵莉娜,2017. 中国高等植物濒危状况评估[J]. 生物多样性,25(7):689-695.

苏雪痕,1987. 英国引种中国园林植物种质资源史实及应用概况[J],园艺学报,14(2):133-138.

谭文德,2018. 威尔逊 China:Mother of Gardens 两个中译本的比较阅读[N],中华读书报,2018-01-03(16).

王利松,贾渝,张宪春,等,2015. 中国高等植物多样性[J]. 生物多样性,23(2):217-224.

王印政,覃海宁,傅德志,2004. 中国植物志(中国植物采集史),第一卷,6:658-732.

威尔逊,2015. 中国——园林之母[M]. 胡启明,译. 广州,广东科技出版社.

威尔逊,2017. 中国乃世界花园之母[M]. 包志毅,译. 北京:中国青年出版社.

吴征镒,2017. 中华大典·生物学典·植物分典[M]. 昆明:云南教育出版社.

吴征镒,孙航,周浙昆,等,2011. 中国种子植物区系地理[M]. 北京:科学出版社.

武建勇,薛达元,周可新,2011. 皇家爱丁堡植物园引种中国植物资源多样性及动态[J]. 植物遗传资源学报,12(5):738-743.

杨庆鹏,2003. 西康之神秘水道记 西南史地文献第35卷(中国西南文献丛书110)[M]. 兰州:兰州大学出版社.

杨图南,1987. 西康之神秘水道记[M]. 台北:南天书局.

印开蒲,等,2009. 百年追寻——见证中国西部环境变迁(中英文版)[M]. 北京:中国大百科全书出版社.

应俊生,陈梦玲,2011. 中国植物地理[M]. 上海:上海科学技术出版社.

俞德浚,1962. 中国植物对世界园艺的贡献[J]. 园艺学报,1(2):99-108.

俞德浚,1985. 中国植物对世界园艺的贡献[J]. 植物学通报,3(2):1-5.

张孟闻,1987. 中国生物分类学史述论[J]. 中国科技史料,8:3-27.

张艳红,赵凤军,2001a. 漫话中国传统十大名花(上)[J]. 盆景花卉,(8):52-53.

张艳红,赵凤军,2001b. 漫话中国传统十大名花(下)[J]. 盆景花卉,(9):54-55.

中国科学院《中国自然地理》编辑委员会,1983. 中国自然地理——植物地理[M]. 北京:科学出版社.

朱宗元,2006. 十七世纪至二十世纪中叶西方引种中国园林和经济植物史记[J]. 仙湖,1:2-12.

Bretschneider E V, 1881. Early European Researches into Flora of China [M]. Shanghai:American Presbyterian Mission Press.

Bretschneider E V, 1898. History of European Botanical Discoveries in China, volumes 1 & 2 [M]. London:Sampson Low.

Briggs R W, 1993. Chinese Wilson - A life of Ernest H. Wilson 1876-1930[M]. London:HMSO.

Christopher T, 2003. In the land of the blue poppies - The collected plant hunting writings of Frank Kingdon Ward[M]. New York:Modern Library.

Cowan J M, 1952. The Journeys and Plant Introductions of George Forrest V. M. H. [M]. London:Oxford University Press.

Cox E, 1945. Plant-Hunting in China-A History of

Botanical Exploration in China and the Tibeatan Marches [M] . London: Collins; Reprinted by Oxford University Press.

Dosmann M, Del Tredici P, 2003. Plant Introduction, Distribution, and Survival: A Case Study of the 1980 Sino-American Botanical Expedition [J]. BioScience,53(6): 588-597.

Du C, Liao S, Boufford D E et al. , 2020. Twenty years of Chinese vascular plant novelties, 2000 through 2019 [J] . Plant Diversity, 42: 393 -398.

Fairchild D, 1919. A Hunter of Plants[J]. The National Geographic Magazine, (36): 57-77.

Fan F T, 2004. British Naturalists in Qing China— Science, Empire, and Cultural Encounter [M]. Cambridge, Harvard University Press.

Farrington E, 1931. Ernest H. Wilson, plant hunter - with a list of his most important introductions and where to get them[M]. Boston: The Stratford Com.

Foley D J, 1969. The Flowering World of "Chinese" Wilson[M]. New York: Macmillan.

Fortune R, 1847. Three Years' Wandering in the Northern Provinces of China, A Visit to the Tea, Silk, and Cotton Countries, with an account of the Agriculture and Horticulture of the Chinese, New Plants, etc[M]. London: John Murray.

Fortune R, 1852. A Journey to The Tea Countries of China; Including Sung-Lo and The Bohea Hills; With A Short Notice Of The East India Company's Tea Plantations In The Himalaya Mountains[M]. London: John Murray.

Fortune R, 1853. Two visits to the tea countries of China and the British tea plantations in the Himalaya: with a narrative of adventures, and a full description of the culture of the tea plant, the agriculture, horticulture, and botany of China[M]. London: John Murray.

Fortune R, 1857. A Residence Among the Chinese; Inland, On the Coast and at Sea; being a Narrative of Scenes and Adventures During a Third Visit to China from 1853 to 1856[M]. London: John Murray.

Fortune R, 1863. Yedo and Peking; A Narrative of a Journey to the Capitals of Japan and China, with Notices of the Natural Productions, Agriculture, Horticulture and Trade of those Countries and Other Things Met with By the Way[M]. London: John Murray.

Grey-Wilson C, Cribb P, 2011. Guide to the Flowers of Western China[M]. London: Kew, Royal Botanic Gardens Publishing.

Hass W J, 1988. Transplanting Botany to China: The Cross-Cultural Experience of Chen Huanyong [J]. Arnoldia, 48(2): 9-25.

He S A, Xing F W, 2003. Chapter 19, Ornamental Plants [M]//HongD Y, BlackmoreS. Plants of China-A companion to the Flora of China. Beijing: Science Press.

Howard R A, 1980a. E. H. Wilson as a botanist (Part I)[J]. Arnoldia, 40(3): 102-138.

Howard R A, 1980b. E. H. Wilson as a botanist (Part II)[J]. Arnoldia, 40(4): 154-193.

Hu Z G, Ma H Y, Ma J S et al. , 2003. Chapter 13, History of Chinese Botanical Institutions[M]// Hong D Y, S. Blackmore. Plants of China - A companion to the Flora of China. Beijing: Science Press.

Kilpatrick J, 2007. Gifts from the Gardens of China-The Introduction of Traditional Chinese Garden Plants to Britain 1698 - 1862 [M] . London: Frances Lincoln Ltd.

Kilpatrick J, 2014. Fathers of Botany-The Discovery of Chinese Plants by European Missionaries [M]. Kew: Royal Botanical Gardens & Chicago: University of Chicago Press.

Kingdon Ward F, 1913. The land of the blue poppy - travels of a naturalist in eastern Tibet [M]. Cambridge, University Press.

Kingdon Ward F, 1921. In Farthest Burma - The record of an arduous journey of exploration and research through the unknown frontier territory of Burma and Tibet[M]. London: Seeley, Service & co. , limited.

Kingdon Ward F, 1923. The Mystery Rivers of Tibet-A description of the little - known land where Asia's mightiest rivers gallop in harness through the narrow gateway of Tibet, its peoples, fauna and flora[M]. London: Seeley, Service & Co. Limited.

Kingdon Ward F, 1924a, The Romance of Plant Hunting[M]. London: Edward Arnold & Co.

Kingdon Ward F, 1924b, From China to Hkamti Long [M]. London: Edward Arnold & Co.

Kingdon Ward F, 1924c, The Riddle of the Tsangpo Gorges[M]. London: Edward Arnold & Co.

Kingdon Ward F, 1930. Plant Hunting on the Edge of the World[M]. London:Edward Arnold & Co.

Kingdon Ward F, 1931. Plant hunting in the wilds [M]. London:Figurehead.

Kingdon Ward F, 1934. A Plant Hunter in Tibet [M]. London:Jonathan Cape Ltd.

Kingdon Ward F, 1935. The Romance of Gardening [M]. London:Jonathan Cape.

Kingdon Ward F, 1937. Plant Hunter's Paradise [M]. London:Jonathan Cape.

Kirkham T, Flanagan M, 2009. Wilson's China – A Century On[M]. London:Kew Publishing.

Lauener L A, 1996. The Introduction of Chinese Plants into Europe[M]. Amsterdam: SPB Academic Publishing.

Li H L, 1959. The Garden Flowers of China [M]. New York: Ronald Press Co.

Lyte C, 1989. Frank Kindon – Ward – The last of the Great Plant Hunters[M]. London: John Murray.

Ma J S, Clemants S, 2006. A history and overview of the Flora Reipublicae Popularis Sinicae (FRPS, Flora of China, Chinese Edition, 1959—2004) [J]. Taxon,55(2): 451-460.

McLean B, 2004. George Forrest Plant Hunter [M]. Woodbridge, Suffolk: Antique Collectors' Club.

McNamara W A, 2013. Botanic Garden Profile: Quarryhill Botanical Garden[J]. Sibbaldia. The Journal of Botanic Garden Horticulture, 11: 15-24.

Menzies N K, 2017. Representations of the Camellia in China and during its early career in the west [J]. Curtis's Botanical Magazine, 34(4): 452-474.

Rose S, 2010. For All the Tea in China: How England Stole the World's Favorite Drink and Changed History[M]. London: Penguin Books.

Roy Lancaster C R, 1989. Roy Lancaster Travels in China — A Plantsman's Paradise[M]. Woodbridge:Antique Collectors' Club.

Roy Lancaster C R, 2008. Plantsman's Paradise — Travels in China[M]. Woodbridge: Garden Art Press.

Ryerson K A, 1976. Plant Introduction[J]. Agricultural History,50(1): 248-257.

Sargent S C, 1911-1917. Plantae Wilsonianae, An Enumeration of the Woody Plants Collected in Western China for the Arnold Arboretum of Harvard University during the years 1907, 1908, and 1910 by E H Wilson.

Schneebeli-Graf R, 1991. Zierpflanzen Chinas Botanische Berichte und Bilder aus dem Blutenland, Teil I: Zierpflanzen notiert [M]. Köln: Diederichs Verlag.

Schneebeli-Graf, R, 1992. Zierpflanzen Chinas Botanische Berichte und Bilder aus dem Blutenland, Teil 2: Nutzpflanzen und Heilpflanzen Chinas [M]. Köln: Diederichs Verlag.

Schweinfurth U, 1975. Exploration in the Eastern Himalayas and the River Gorge Country of Southeastern Tibet – Francis (Frank) Kingdon Ward (1885-1958)[M]Wiesbaden:Steiner.

Scottish Rock Garden Club, R. E. Cooper et al., 1935. George Forrest– V. M. H. Explorer and Botanist who by his discoveries and plants successfully introduced has greatly enriched our gardens[M]. Edinburgh: Stoddart & Malcolm Ltd.

Taylor J E, 2009. The Global Migration of Ornamental Plants–How the world got into your garden[M]. St. Louis: Missouri Botanical Garden Press.

Tutin T G, Heywood V H, Burges N A et al., 1980. Flora Europaea. vol. 5 [M]. Cambridge: Cambridge University Press.

Tutin T G, Burges N A, Chater A O, et al., 1993. Flora Europaea: vol. 1 [M]. 2nd ed. Cambridge: Cambridge University Press.

Watt A, 2017. Robert Fortune, A Plant Hunter in the Orient[M]. Londou: Kew, Royal Botanic Gardens.

Wilson E H, 1927. Plant Hunting, 2 volumes[J]. Boston, The Startford Com.

Wilson E H, 1913. A Naturalist in western China, with vasculum, camera, and gun; being some account of eleven years' travel, exploration, and observation in the more remote parts of the Flowery Kingdom, 2 volumes[M]. London: Methuen & Co. Limited.

Wilson E H, 1929. China, Mother of Gardens [M]. Boston: The Startford Com.

Zhang L B,Gilbert M G,2015. Comparison of classifications of vascular plants of China[J]. Taxon, 64(1): 17-26.

植物园内老年康复花园的景观设计研究
Landscape Design of the Healing Garden for the Elderly in the Botanical Garden

钟晟哲[1] 冀晓雯[1*]

（1. 广西壮族自治区药用植物园,南宁,530023）

ZHONG Sheng-zhe[1] JI Xiao-wen[1*]

（1. *Guangxi Botanical Garden of Medicinal Plants*, *Nanning*, 530023）

摘要：人口老龄化是我国社会发展的重要趋势。在植物园内建设适合老年人的康复花园,能有效推动养老事业多元化、多样化发展,让老年人们能老有所乐、老有所安。本文探讨了植物园内老年康复花园的设计原则和策略,为相关专类园的植物景观设计提供参考。

关键词：植物园,老年人,康复花园

Abstract：Population aging is an important trend in China's social development. Building a healing garden suitable for the elderly in the botanical garden can effectively promote the diversified development of pension undertakings, so that the elderly can enjoy their old age. This paper discusses the design principles and strategies of the old-age healing garden in the Botanical Garden to provide reference for the plant landscape design of the relevant specialty park.

Keywords：Botanical garden, The elderly, The healing garden

人口老龄化是社会发展的重要趋势,也是今后一段时期我国的基本国情,这既是挑战也是机遇。老龄化的社会现实使得老年人的配套设施日益受到关注。植物园内建设老年康复花园是发挥行业优势为老年人提供福祉的重要举措。本文探讨了植物园内老年康复花园的设计原则和策略,为相关专类园的植物景观设计提供参考。

1 植物园内建设老年康复花园的意义

1.1 全球人口老龄化程度加深

根据联合国统计标准,当一个国家60岁以上老年人口占总人口的10%或者65岁以上老年人口占总人口的7%以上,那么这个国家就已经属于人口老龄化国家。因此,中国早在2000年就已经正式踏入老龄

化社会(罗漾,2007)。而2020年国务院第七次全国人口普查的数据显示,我国60岁及以上人口的比重已经达到18.70%,其中65岁及以上人口比重达到13.50%(数据来源:国家统计局)。

而联合国在发布的《2019世界人口展望》中预测,在预期寿命增加和生育率降低的多重因素影响下,到2050年全球65岁以上老人占比将从如今的11%上升到16%,全球人口老龄化程度将加剧。

1.2 康复花园对老年人健康具有积极的影响

老龄化的社会使得老年人的配套建设日益受到关注。康复花园,是以植物景观为主,综合运用乔木、灌木、花园、水池、山形、草地等造园要素,通过一定的组织形式,创造对人体生理和心理有益的环境(蒋

莹,2009)。康复包括身体与心理两方面,一方面人们走出户外或是在花园中锻炼可以为身体健康带来积极作用,另一方面观赏自然风光、聆听宜人的声音以及去触摸花草可以减轻人们的压力,在精神上减轻病痛。

在植物园中建设适合于老年人的康复花园,可以吸引老年人走出家门来到室外感受自然或锻炼身体。大量研究表明,体育锻炼能够减少由退休或生活目标突然转变导致的压力与抑郁。规律的运动锻炼可以预防许多看似由年龄增长所带来的疾病同时可以强健体质减缓衰老。另一方面,处于康复花园中老人们可以通过触碰植物等方式感受到自己与大自然的互动,产生有利的心理暗示,帮助老人减少焦虑感与压力、降低血压以及减轻疼痛感。

2 植物园内老年康复花园中景观设计的原则

2.1 安全性

园区内的道路要相对平整,坡度不宜太大,而且要注意防滑。在适当的位置可以安装扶手,设置凉亭和座椅。如果园区夜间开放,要保证有充足的照明。老年康复花园内的植物宜选择无毒无刺,可以无障碍触摸观赏的植物。

2.2 便捷性

老人身体机能下降,行动往往不便,因此从植物园大门到老年康复花园的道路,需要考虑便捷性,人行通道要有足够的宽度能够容纳数人同时通行。建议在主干道以及整个专类园内进行无障碍设计,保障使用拐杖、轮椅的老人和陪护人员能够方便、自由和安全的感受和享受这片"乐园"。此外,康复花园的位置距离门区也不宜过远,便于老人到达。

2.3 可识别性

有些年纪大或者患阿尔兹海默症等记忆衰退的老年人,在无法清楚辨识自己位置或空间的情况下,容易焦虑。一方面,可以在园区设立多个清晰醒目的指示牌。另一方面,在植物景观设计中利用植物的外形或颜色来刺激视觉产生记忆,提高辨识度。也可以通过色彩对比、材质对比等作为标志物来帮助老人辨别方向。

2.4 舒适性

康复花园中需要选择感官上令老人心情舒畅,气味不会令老人产生不适的植物。整体环境优美安详,令老年人忘掉忧愁,释放心理压力,享受舒适环境带来的幸福感觉。

2.5 疗养性

老年人由于身体机能减弱,因此往往具有强烈的疗养保健需求。所有的花园都具有一定的疗养作用,康复花园与一般的公园绿地的区别在于其设计之初就注重对使用者需求及喜好的关注,深入挖掘花园的康复特质并将其都表达出来(楼宇青,2019)。比如老年人感官机能下降,通过合理的景观设计,建设可以刺激视觉、嗅觉、触觉等感官机能的花园;针对不同疾病的老年人群,设置合适的药用植物区;还可以将中医养生内涵与景观园林有机融合,设计养生长廊等特色区域,展现中医养生文化的博大精深与实用功能。

3 植物园内老年康复花园的景观设计策略

3.1 视觉植物景观设计

人体最重要、最敏感的感官应属于视觉。通过视觉可以感知到周边环境的物体大小、明暗色彩、静止活动等各类重要的感官信息,随着年龄增长,视觉机能是最先衰退感官。所以我们在设计老年康复花园的时候,利用丰富的植物景观色彩变化、形态变化营造出丰富多彩有利于激化视觉感官的植物环境。

多彩的植物能给老人不同的感受（表1）。例如绿色，自然贴切、崇尚和平，可帮助老人缓解紧张情绪，静心凝神，降血压。红色，具有生命力和活力，能促进新陈代谢。黄色，是积极向上、乐观和快乐的颜色，能让老人思维活跃。白色，宁静安详，能影响人体代谢系统进化和排毒作用。蓝色，凉爽的颜色，可以舒缓老人的紧张情绪，有利于患有肺炎、神经衰弱的老年患者。

合理的色彩搭配可以提高植物景观环境的可视观赏性，还能让视力下降的老人提高识别性。由于老年人对蓝紫色等冷色调的辨别能力下降，在搭配时候建议多用暖色调的植物。常见植物颜色分类见表2。

表1　颜色对老人生理和心理的影响

颜色	生理影响	心理影响
绿色系	缓解身心疲劳和眼睛疲劳，能有效调节视力功能，减轻压力	活力、朝气
红色系	刺激人体循环系统和神经系统，增加肾上腺素促进血液循环，运动感强烈，识别性强	热情、兴奋
黄色系	能强化消化系统，加速新陈代谢，对胃部、胰脏有益处，改善孤独忧郁老人的情绪，增强满足感	温暖、明亮
白色系	对烦躁情绪有镇定作用	朴素、纯洁
蓝色系	可以舒缓老人的紧张情绪，有利于患有肺炎，神经衰弱的老年患者	凉爽

表2　常见植物颜色分类

颜色	植物名称
红叶（含：紫红、橙红）	鸡爪槭 Acer palmatum 红槭 Acer palmatum 羽毛槭 Acer palmatum var. Dissectum 卫矛 Euonymus alatus 紫叶小檗 Berberis thunbergii var. atropurpurea 红花檵木 Loropetalum chinense var. rubrum 乌桕 Sapium sebiferum 紫叶李 Prunus cerasifera f. atropurpurea 紫叶黄栌 Cotinus coggygria 'Purpureus'.

（续）

颜色	植物名称
	紫叶矮樱 Prunus × cistena 紫鸭趾草 Tradescantia pallida 红叶石楠 Photinia × fraseri
黄叶（含：黄色、金色和黄棕色）	栾树 Koelreuteria paniculata 白蜡树 Fraxinus chinensis 银杏 Ginkgo biloba 无患子 Sapindus mukorossi 榔榆 Ulmus parvifolia 黄金榕 Ficus microcarpa 'Golden Leaves' 金枝国槐 Sophora japonica 'Winter Gold' 金森女贞 Ligustrum japonicum 'Howardii'
蓝叶（蓝绿、蓝灰、蓝白）	蓝杉 Picea pungens 蓝冰柏 Cupressus arizonica var. glabra 'Blue Ice' 银色幽灵刺芹 Eryngium giganteum 'Silver Ghost'
多叶色（具有两种或两种以上颜色）	金叶红瑞木 Cornus alba 'Aurea' 金边大叶黄杨 Euonymus japonicus 'Aureo-marginatus' 花叶玉簪 Hosta undulata 金边吊兰 Chlorophytum comosum f. variegata 银边棣棠花 Kerria japonica f. picta 花叶山姜 Alpinia pumila
红花（含：粉红色、紫红色或橙红色）	桃 Amygdalus persica 玫瑰 Rosa rugosa 紫荆 Cercis chinensis 郁金香 Tulipa gesneriana 合欢 Albizia julibrissin 石榴 Punica granatum 木芙蓉 Hibiscus mutabilis 梅 Armeniaca mume 海棠花 Malus spectabilis 山茶 Camellia japonica 牡丹 Paeonia suffruticosa 芍药 Paeonia lactiflora 日本晚樱 Cerasus serrulata var. lannesiana 扶桑 Hibiscus rosa-sinensis 大丽花 Dahlia pinnata 万寿菊 Tagetes erecta 满山红 Rhododendron mariesii 炮仗花 Pyrostegia venusta 凌霄 Campsis grandiflora 旱金莲 Tropaeolum majus

(续)

颜色	植物名称
绿花	绿菊 *Nelumbo nucifera* 'Lvju' 绣球荚蒾 *Viburnum macrocephalum* 牡丹 *Paeonia suffruticosa* 豆绿牡丹 *Chlorophytum comosum* f. *varie-gata* 樟叶槭 *Acer cinnamomifolium*
蓝花	紫藤 *Wisteria sinensis* 紫丁香 *Syringa oblata* 毛泡桐 *Paulownia tomentosa* 鸢尾 *Iris tectorum* 千屈菜 *Lythrum salicaria* 薰衣草 *Lavandula angustifolia* 非洲菊 *Gerbera jamesonii* 细叶美女樱 *Verbena tenera* 三色堇 *Viola tricolor* 矢车菊 *Centaurea cyanus* 芫花 *Daphne genkwa* 木通 *Akebia quinata*
白花	荚蒾 *Viburnum dilatatum* 毛丝连蕊茶 *Camellia trichandra* 白玉兰 *Magnolia heptapeta* 白兰 *Michelia alba* 含笑花 *Michelia figo* 暴马丁香 *Syringa reticulata* var. *amurensis* 香桃木 *Myrtus communis* 六月雪 *Serissa japonica* 白檀 *Symplocos paniculata* 茉莉花 *Jasminum sambac* 深山含笑 *Michelia maudiae* 栀子 *Gardenia jasminoides* 木荷 *Schima superba*

另外,还可以进行复层种植。这种模式不仅能在视觉上达到多层次的组合效果,还能改善热环境,阻挡冬季的大风并净化空气。

图1　复层种植模式示意图

3.2　芳香植物景观设计

香气能影响人的情绪和精神,改善人的生理和心理反应。经常置身于优美、芬芳、静谧的植物丛中,可使人的皮肤温度降低1~2℃,脉搏每分钟平均减少4~8次,呼吸慢而均匀,血流减缓,心脏负担减轻,使人的嗅觉和思维活动的灵敏感增强(段艺凡,2017)。

植物所散发的芳香以花香和果香为主,但也有一些植物的叶片可以散发出令人心旷神怡的芳香,如芸香科的柠檬、柑橘,针叶类的松树、香樟树等。对老人比较有益的芳香植物代表有天竺葵、薰衣草、栀子花、薄荷、侧柏,能帮助老人消除疲劳、安眠、清热解表、祛风消肿等。但需要注意的是,并不是所有芳香植物都可以使用,要避免某些芳香植物对老年的身体健康带来不利的影响。表3中的植物不适合大量成片种植。

表3　有毒芳香植物

植物名称	副作用
水仙 *Narcissus tazetta* var. *chinensis*	皮肤接触容易发生过敏
夜来香 *Telosma cordata*	过量吸入引起头昏、咳嗽,气喘、失眠
百合 *Lilium brownii* var. *viridulum*	长时间吸入可致失眠
夹竹桃 *Nerium oleander*	使人无力渴睡,智力下降
紫荆 *Cercis chinensis*	易致使哮喘症发作或加重咳嗽
月季 *Rosa chinensis*	可能引发胸闷不适,呼吸困难
绣球花 *Hoya carnosa*	花粉微粒可致使皮肤瘙痒症状发生

芳香植物的层次空间设计。不同的植物散发的香味不同,有清新有浓郁的。植物的芳香类型大致可以分为清香、淡香、浓香、甜香以及幽香,可将其归类分区,营造多样化丰富的芳香层次植物环境景观。另一方面,植物的形态分为多种,有草本、灌木、藤本、乔木等。可根据康复花园不同的

空间要求,栽培不同高度的芳香植物,增强老人们的嗅觉体验感。即使活动不便的老人,通过合理设计运用不同高度的芳香植物(图2),也能满足他们嗅觉的需求。

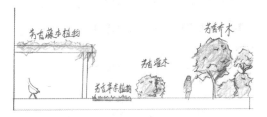

图2 芳香植物分区种植示意图

由于植物的芳香是该区域的重要组成,因此可以在多数植物生长期的盛行风方向设置绿化屏障,保障园内芳香弥漫。在我国,多数芳香植物的最佳欣赏期为春夏季节。在这段时期,南风为盛行风,因此,为适当降低该时期的空气流动而又保证冬季光照充足,可以在南面配置一些落叶乔木。考虑到该区域前部的植物处于乔木树荫之下,并位于其北面,则应考虑选择耐阴植物(沈昀,2015)。

4 结语

植物园内建设老年康复花园,能有效推动养老事业多元化、多样化发展,让老年人们能老有所乐、老有所安。植物园内康复花园的设计与建设目前还处于初期。如何利用相关的景观元素来营造适合老年人的康复花园,将观赏性和安全性、舒适性更好的融合在一起,还有待通过实践进一步探索。

参考文献

段艺凡, 张延龙, 2017. 康复景观视野下的五感体验园林景观营造[J]. 西北林学院学报, 32(3): 284-288.

蒋莹, 2009. 西方医疗性园林的两个实例[J]. 中国园林, 8: 16-18.

楼宇青, 2019. 基于使用后评价的杭州公园绿地适老性研究—以萧山江寺公园和南江公园为例[D]. 杭州:浙江农林大学.

罗漾, 2007. 我国人口老龄化所致社会问题的法律对策[D]. 长沙:湖南大学.

沈昀, 2015. 老年疗养院附属绿地中芳香植物的选择与应用[J]. 现代园艺(10): 134-135.

广西大果山楂叶乙酸乙酯提取物抗氧化活性研究
Antioxidant Activity of Ethyl Acetate Extracts from the Leaves of Malus Doumeri from Guangxi

陈路[1]　尹利君[1]　刘钰[1]　秦明珍[1]　蓝鸣生[1]　吴无畏[1*]

（1. 广西壮族自治区药用植物园西南濒危药材资源开发国家工程实验室,南宁,530023）

CHEN Lu[1]　YIN Li-jun[1]　LIU Yu[1]　QIN Ming-zhen[1]
LAN Ming-sheng[1]　WU Wu-wei[1]

（1. *Guangxi Botanical Garden of Madicinal Plants*, *National Engineering Laboratory of Southwest Endangered Medicinal Resources Development*, *Nanning*, 530023）

摘要:目的 研究广西大果山楂叶乙酸乙酯提取物的抗氧化能力。方法 利用溶剂萃取法、S-8 大孔吸附树脂、AB-8 大孔吸附树脂、硅胶柱色谱等多种技术对广西大果山楂叶乙酸乙酯萃取部位进行分离纯化;采用总还原力、清除 DPPH 能力和抗超氧阴离子自由基能力检测萃取物的抗氧化能力。结果 乙酸乙酯粗提物经三种柱色谱分离后分别得到 AB-8、S-8、385-B 提取物,粗提物、AB-8、S-8、385-B 的还原能力随浓度的增大而增强,呈浓度依赖性;粗提物、AB-8、S-8、385-B 对 DPPH 清除率分别为 57%、67%、66%和 65%;粗提物、AB-8、S-8、385-B 抗超氧阴离子活力单位(U/L)分别为 247.24±10.347、148.26±12.376、183.46±6.284、195.37±15.384。结论 广西大果山楂叶乙酸乙酯提取物有较好的抗氧化能力。

关键词:广西大果山楂叶,抗氧化,DPPH,超氧阴离子自由基

Abstract:Objective Study on the antioxidant activity of ethyl acetate extract from the leaves of *Malus doumeri* (Bois) Chev. in Guangxi. Methods The solvent extraction method, S-8 &AB-8 macroporous adsorptive resins, and silica gel column chromatography were used to separation and purification. Totalreducing, cleaning DPPH and anti-peroxidatic anionactivities were detected. Results The AB-8、S-8、385-Bfractionswere separated from ethyl acetate extract. The ethyl acetate extract and AB-8、S-8、385-Bfractions had certain reducing activity that depend onconcentration. The clearance of ethyl acetate extract and AB-8、S-8、385-Bfractions were 7 %、67 %、66 % and 65 %, respectively. It showed anti-peroxidatic anionactivities of ethyl acetate extract and AB-8、S-8、385-Bfractions with active units247.24±10.347, 148.26±12.376, 183.46±6.284 and 195.37±15.384, respectively. Conclusion The leaves of *M. doumeri* contained had positive antioxidant activity.

Keywords:*Malus doumeri* (Bois) Chev,Antioxidant activity,DPPH,Peroxidatic anion

　　生物体内每时每刻都在进行着氧化应激反应,多种疾病的发生均与氧化应激有关,例如心血管疾病、糖尿病、癌症、中风、阿尔茨海默症等。随着生活水平的提高,抗衰老也越来越受人们重视,天然的抗氧化剂的开发对人类的衰老和健康有着重要的意义(谷崇高,等,2014)。大果山楂为蔷薇科苹果属植物台湾林檎 *Malus doumeri* 的

基金项目:广西科技计划项目(桂科 AD17292003);广西科技计划项目(桂科 AD16380013)。

成熟果实,其味甘、酸、涩,性微温,有理气健脾,消食导滞之功效(潘莹和张林丽,2007;广西壮族自治区食品药品管理局,2011)。广西大果山楂中含有黄酮类、萜类、苷类、有机酸类等化学成分,有机酸如苹果酸、琥珀酸、草酸,在广西作为药材使用已有80多年的历史。山楂、大果山楂都具有较强的抗氧化能力(汪程远等,2013;温玲蓉,2016),大果山楂的黄酮类化合物含量高于普通山楂,而抗氧化能力主要与其含有的黄酮类化合物有关(陈勇,1999;2000)。大果山楂叶营养元素的积累高于鲜果,富含三萜类、黄酮类、维生素 C 和超氧化物歧化酶等活性成分(黄翠丽等,2021;磨正遵等,2018),而且大果山楂叶提取物对大鼠无明显毒性作用(尹利君等,2017),因此研究大果山楂叶的抗氧化能力尤为重要。本研究旨在研究广西大果山楂叶乙酸乙酯提取物以及不同树脂纯化提取物的抗氧化能力比较,为大果山楂叶的进一步开发利用提供依据。

1　材料与方法

1.1　材料

1.1.1　样品来源与试剂

广西大果山楂叶采自广西柳江县,经广西壮族自治区药用植物园蓝鸣生主任药师鉴定为蔷薇科苹果属植物台湾林檎 *Malus doumeri* 的成熟叶片;抗超氧阴离子自由基检测试剂盒,南京建成生物技术有限公司;DPPH(1,1 一二苯基苦基苯肼自由基)、铁氰化钾、三氯乙酸、氯化铁、邻二氮菲、硫酸亚铁等均为市售分析纯。

1.1.2　主要仪器

岛津 UV mini-1240 型紫外分光光度,汕头市罗克自动化科技有限公司;DNM-9606 型酶标仪,北京普朗新技术有限公司;D3024 离心机,北京天地宏洋生物科技有限公司;BSA124S 型电子分析天平,德国 Sartoriu 公司;HH-2 电热恒温水浴锅,国华电器有限公司。

1.2　方法

1.2.1　广西大果山楂叶提取物提取方法

取广西大果山楂粗粉 5kg,用 70%乙醇回流提取 2 次,提取液过滤、浓缩,加水溶解后用乙酸乙酯萃取 3 次,萃取液浓缩得粗提物;运用 S-8 大孔树脂、AB-8 大孔吸附树脂、硅胶柱层析等多种分离技术,对乙酸乙酯萃取液进行分离纯化,得到提取物 S-8、AB-8、385-B。

1.2.2　体外抗氧化活性检测

①还原力检测

取 pH 值为 6.6 的磷酸缓冲溶液和 1%铁氰化钾溶液各 1mL,加入各浓度样品液 1mL,混匀后 50℃水浴 30min,然后加入质量分数为 10%三氯乙酸 1mL,震荡混匀,4000r/min 离心 5min,取上清液 2mL,加入蒸馏水 2mL 和 0.1%氯化铁 400μL 混匀,静置 5min,在 700nm 处测定吸光度值,吸光度值越高,抗氧化性越好,还原力越强。

②对 DPPH 的清除能力检测

取样品 0.5mL,0.2mM 的 DPPH 溶液(溶于 95%乙醇)3mL,混匀后,室温避光反应 20min,分光光度计测定 A517。同时设定空白组和对照组。实验组 Ai:0.5mL 样品+3ml DPPH 溶液,空白组 Aj:0.5mL 样品 + 3mL95% 乙醇(DPPH 溶剂),对照组 Ac:0.5mL 样品溶剂+3mLDPPH 溶液,按照下述公式计算:清除率(%)=[1-(Ai-Aj)/Ac]/100。

1.2.3　抗超氧阴离子自由基能力检测

①原理

模拟机体内黄嘌呤与黄嘌呤氧化酶发生反应,产生超氧阴离子自由基,当加入电子传递物质和 gress 氏显色剂,可使反应体系呈紫红色,用分光光度计对其测定吸光度。故当被测样品中含有超氧阴离子自由基物质时,样品测定吸光度高于对照品吸光度;反之,当被测样品中含有超氧阴离子自由基抑制剂时,样品测定吸光度低于对照品吸光度。通过以维生素 C 为标准物,可以计算被测样品对超氧阴离子自由基的影响力。

②检测方法

表 1　抗超氧阴离子自由基能力检测操作表

	对照管	标准管	测定管
试剂一应用液(mL)	1.0	1.0	1.0
双蒸水(mL)	0.05	—	—
0.15mg/mL Vc 标准品(mL)	—	0.05	—
样品(mL)	—	—	0.05
试剂二(mL)	0.1	0.1	0.1
试剂三(mL)	0.1	0.1	0.1
试剂四应用液(mL)	0.1	0.1	0.1

将各试剂按表中体积充分涡旋混匀,37℃水浴 40min 后加入显色剂 2mL,混匀,静置 10min。以双蒸水调零,在波长 550nm 下测定各管吸光值按照下述公式计算抗超氧阴离子活力:抗超氧阴离子活力单位(U/L)=(对照 OD 值-测定 OD 值)/(对照 OD 值-标准 OD 值)×标准品浓度 0.015g/mL×1000mL×稀释倍数。

定义:在反应系统中,每升物质在 37℃反应 40min,所产生的超氧阴离子自由基相当于 1mg 维生素 C 所抑制的超氧阴离子自由基的变化值为一个活力单位。

2　结果与分析

2.1　还原能力测定结果

测定各个提取物的还原能力,测得结果如图 1 所示,乙酸乙酯粗提物、AB-8、S-8、385-B 的还原能力均随样品浓度的增大而增强,呈浓度依赖性,在浓度为 0.5mg/mL 时测得各样品 A700 吸收值分别为 0.741±0.100、1.548±0.055、1.862±0.091、1.055±0.114,其中对照品维生素 C 的

A700 吸收值为 2.177±0.151 同一浓度下还原能力 S-8>AB-8>385-B>粗提物。

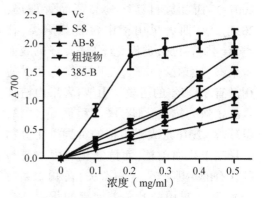

图 1　粗提物、AB-8、S-8、385-B 的还原能力测定结果

2.2　对 DPPH 的清除能力测定结果

测定各个提取物对 DPPH 的清除作用,结果如图 2 所示,测得乙酸乙酯粗提物、AB-8、S-8、385-B 的清除率分别为 57%、67%、66% 和 65%。同一浓度下,对 DPPH 的清除能力 S-8>AB-8>385-B>粗提物,与还原力结果趋势一致。

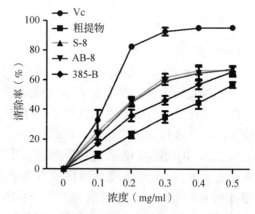

图 2　粗提物、AB-8、S-8、385-B 对 DPPH 的清除能力测定结果

2.3　抗超氧阴离子自由基实验测定结果

测定各提取物的抗超氧阴离子自由基能力,结果如表 2 所示,乙酸乙酯粗提物、AB-8、S-8、385-B 抗超氧阴离子活力单位分别为 247.24±10.347、148.26±12.376、

183.46±6.284、195.37±15.384,抗超氧阴离子自由基能力粗提物>385-B>S-8>AB-8。

表2　抗超氧阴离子自由基实验测定结果

	粗提物	S-8	AB-8	385-B
抗超氧阴离子活力单位（U/L）	247.24±10.347	183.46±6.284	148.26±12.376	195.37±15.384

3　结论与讨论

　　大果山楂中黄酮含量是普通北山楂的2倍,钟海雁等(2001)研究表明林檎叶提取物具有较好地清除OH自由基和抑制动物肝匀浆脂质过氧化的作用。林叶新(2013)等对比了不同季节的林檎叶及市售林檎叶提取物对OH、O_2和DPPH的清除作用,清除效果顺序为DPPH>·OH>O。以9月林檎叶提取物清除效果最好。Zhao等(2015)剔除台湾林檎叶提取物当中的主要化合物,通过DPPH清除实验发现提取物中的次要化合物,包括11种二氢查耳酮,4种黄烷酮,3种黄酮醇,2种黄铜,3种橙酮,7种酚酸有更强的清除DPPH能力。Lin等(2007)从台湾苹果中分离鉴定的3-羟基根皮素和邻苯二酚在人上皮黑素细胞中表现出羟基自由基清除以及酪氨酸还原酶活性。从台湾林檎叶的水提取物中分离纯化的酚类化合物,如3-羟基根皮苷,槲皮素在人皮肤成纤维细胞中表现出强烈的DPPH和超氧阴离子的清除活性以及抗基质金属蛋白酶-1(MMP-1)活性(Leu et al.,2006)。表明台湾林檎果和叶提取物可作为护肤品和化妆品加以开发利用。

　　本实验利用溶剂萃取法、S-8大孔树脂、AB-8大孔吸附树脂、硅胶柱色谱等多种分离技术,对广西大果山楂叶的乙醇提取后乙酸乙酯萃取部位进行分离纯化,分别得到粗提物、S-8、AB-8、385-B,采用总还原力测定、DPPH清除力测定、抗超氧阴离子自由基实验来比较其抗氧化活性。结果表明同一浓度下还原能力以及DPPH清除能力S-8>AB-8>385-B>粗提物。抗超氧阴离子自由基能力粗提物>385-B>S-8>AB-8。表明广西大果山楂叶乙酸乙酯提取物有一定的抗氧化能力,具有作为辅助心血管疾病的治疗以及抗衰老护肤品化妆品开发的潜质。另外广西地区的大果山楂与台湾地区的台湾林檎果实和叶片中的活性成分有何不同,尚有待研究。

参考文献

陈勇,甄汉深,董艺,1999.广山楂及其叶质量分析研究[J].时珍国医国药,10(7):511.

陈勇,甄汉深,陆雪梅,2000.广山楂主要化学成分的定量研究[J].中药研究信息,2(11):18.

谷崇高,张永红,白若雨,等,2014.地鳖多肽提取物的抗氧化衰老机制[J].中国实验动物学报,22(6):66-76.

广西壮族自治区食品药品管理局,2011.广西壮族自治区壮药标准(2011年版)[S].南宁:广西科学技术出版社.

黄翠丽,李军集,蓝金宣,等,2021.靖西大果山楂叶、鲜果及酒中有效成分分析[J].广西林业科学,50(1):66-70.

林叶新,李忠海,2013.林檎叶提取物清除自由基作用的研究[J],食品与机械,9(1):122-124.

磨正遵,商飞飞,潘中田,等,2018.响应面法优化超声波辅助提取广西大果山楂叶黄酮工艺[J].南方农业学报,49(5):986-992.

潘莹,张琳丽,2007.大果山楂的研究进展[J].时珍国医国药,18(12):2972-2973.

汪程远,鄢运淑,谭月晗,2013.七种常用中药的体外抗氧化活性对比研究[J].化学研究与应用,25(11):1585-1589.

温玲蓉,2016.北山楂和大果山楂的活性成分及其抗氧化与抗增殖活性研究[D]. 华南理工大学.

尹利君,陈路,刘钰,等, 2017. 广西大果山楂叶提取物对大鼠的长期毒性初步研究[J]. 中国民族民间医药,26(15):62-65.

钟海雁,李忠海,魏元青, 2001. 林檎叶提取物抗氧化 OH 自由基清除作用的研究[J]. 北华大学学报(自然科学版),2(6):522-525.

Lin Y P, Hsu F L, ChenC S, et al. , 2007. Constituents from the Formosan apple reduce tyrosinase activity in human epidermal melanocytes [J]. Phytochemistry,68(8):1189-1199.

Leu S J, Lin Y P, Lin R D, et al, 2006. Phenolic Constituents of Malus doumeri var. formosana in the Field of Skin Care[J]. Biological and Pharmaceutical Bulletin,29(4):740-745.

Zhao H D, Hu X, Chen X Q, et al. 2015. Analysis and improved characterization of minor antioxidants from leaves of Malus doumeri using a combination of major constituents' knockout with high-performance liquid chromatography - diode array detector - quadrupole time-of-flight tandem mass spectrometry[J]. Journal of Chromatography A,12(1398): 57-65.

花境在郑州植物园的应用研究

Study on the Application of Flower Border in Zhengzhou Botanical Garden

王珂[1]　李小康[1]　王志毅[1]

(1. 郑州植物园,郑州,450052)

WANG Ke[1]　LI Xiao-kang[1]　WANG Zhi-yi[1]

(1. *Zhengzhou Botanical Garden*, *Zhengzhou*,450052)

摘要:本文系统统计了郑州植物园当前应用的花境植物种类,共有 144 种,隶属于 57 科 103 属,其中宿根花卉 45 种,球根花卉 14 种,一二年生花卉 19 种,花灌木 36 种,藤本及小乔木 7 种,观赏草 23 种。以园区典型花境实例进行了剖析,深入剖析花境特色、设计方法和植物应用经验,为我们提升郑州市花境应用水平提供借鉴。以实际案例为依托,总结了花境在郑州市园林绿化中的应用特色、应用中存在的问题,提出了提升郑州市花境应用水平的相关建议。

关键词:花境,植物材料,应用特色,实例分析

Abstract:A total of 144 species belonging to 103 generas and 57 families were counted, including 45 species of perennial flowers, 14 species of bulbous flowers, 19 species of biennial flowers, 36 species of flowering shrubs, 7 species of liana and small trees, and 23 species of ornamental grasses. The typical examples of flower borders in the park are analyzed, and the characteristics, design methods and plant application experience of flower borders are deeply analyzed, so as to provide reference for us to improve the application level of flower borders in Zhengzhou. Based on the actual cases, this paper summarizes the application characteristics and problems of flower border in zhengzhou, and puts forward some suggestions to improve the application level of flower border in Zhengzhou.

Keywords:Flowers habitat, Plant material, Application features, The example analysis

花境作为一种新兴的园林应用形式,相对于花坛、花带等传统园林应用形式,它具有更丰富多样的植物种类、色彩、景观层次,是一种能够同时满足人们对景观更高要求和生态建设需要的景观类型。花境具有一次投入多年观赏的特点,正符合目前所倡导的现代节约型园林和可持续园林尊重自然、重视生态的理念(王美仙等,2013)。

近年来,郑州植物园也进行花境应用与提升,但由于应用时间短,经验不足,应用中存在着一系列的问题,本文对郑州植物园进行了有关花境植物种类的调查,旨在了解郑州植物园花境植物材料应用现状、配置特色及应用中存在的问题,以期进一步提高花境的应用水平,为营造具有中原特色的花境景观奠定一定的理论基础。

1　材料与方法

1.1　研究地概况

郑州市位于东经 112°42′~114°14′,北纬 34°16′~34°58′之间,属北温带大陆性季风气候,四季分明,春季干旱少雨,夏季炎热多雨,秋季晴朗日照长,冬季寒冷干燥。年平均气温 14.3℃,平均降水量 640.9mm。四季分明并各具特色,一年中 7 月最热,平

均气温 27.3℃，1 月最冷，平均气温 0.2℃。年平均降雨量 640.9mm，无霜期 220d，全年日照时间约 2400h。

郑州植物园位于郑州市中原路与西四环交叉口南 1km，西临西四环，北临南水北调干渠。总占地面积 69hm²，集种质资源保护、科研、科普、游憩为一体，总体定位是具有"科学的内涵、艺术的外貌、文化的展示"，现收集植物 1221 种，为"中原地区植物基因库"。目前，园区东部，以植物品种的收集和展示为主，有木兰园、牡丹芍药专类园等 15 个专类园；园区西部，以植物科学应用为主，体现"寓教于乐"功能，有儿童探索园、盆景园等 10 个专题园。还拥有"花海迎宾""象湖揽璧"等八大景区共 30 余个景点。

1.2 研究地点与方法

1.2.1 研究地点

调查样地主要以郑州市植物园内花境为主。主要有热带植物展览温室入口处花境，盆景园入口处花境。

1.2.1 研究方法

于 2020 年 7 月至 2021 年 7 月，在不同时期、不同季节对郑州植物园 2 处绿地进行有关花境植物应用与配置的调查，具体方法为：①对全部样地进行普查，并拍摄照片，详细记录花境的植物包括每个花境的植物选择、乔灌草搭配模式的记录以及植物的生长状况等；②在植物生长期每半月考察一次，在开花期每周考察一次，全程记录花境的植物生长状况、表现效果、以及花境中存在的问题。③对调查数据及收集到的资料进行整理、分析与归纳，总结在郑州植物园应用到的花境植物材料；归纳花境在郑州市园林绿化应用中存在的问题，并提出提升郑州市地区花境应用水平的相关建议。

2 结果与分析

2.1 郑州植物园花境植物种类

调查表明，目前郑州植物园中应用的花境植物材料共 144 种，其中宿根花卉 45 种（表 1），球根花卉 14 种（表 2），一二年生花卉 19 种（表 3），花灌木 36 种（表 4），藤本及小乔木 7 种（表 4），观赏草 23 种（表 5）；隶属于 57 科 103 属，其中，禾本科和菊科植物种类最多，分别有 20 种、17 种，占总数的 13.9%，11.9%；其次是百合科和忍冬科，分别有 8 种、7 种，分别占总数的 5.59%%、4.52%，另外木犀科、石蒜科、唇形科、玄参科、鸢尾科、石竹科、景天科植物的应用也比较广泛，除此之外，还运用了如月季、牡丹、金丝桃、漆树等乡土植物，彰显了本地特色。近些年比较流行的蓝冰柏、洒金柏、皮球柏等也在郑州植物园花境中有一定应用。

表 1 郑州地区常用宿根花境植物

序号	中文名称	拉丁名	科属	株高 (cm)	花期 (月)	观赏特性	植物应用形式
1	堆心菊	*Helenium bigelovii*	菊科 堆心菊属	30~60	7~10	花柠檬黄色，花瓣阔，先端有缺刻	前景、水平型
2	松果菊	*Echinacea purpurea*	菊科 松果菊属	50~150	6~7	花红、粉红、白、淡黄色等	中景、水平型
3	大滨菊	*Leucanthemum vulgare*	菊科 滨菊属	15~80	5~10	花白色	前景、水平型
4	蛇鞭菊	*Liatris spicata*	菊科 蛇鞭菊属	70~120	7~8	花色分淡紫和纯白两种	中景、直线型
5	亚菊	*Ajania pallasiana*	菊科 亚菊属	30~60	8~9	株型优美，花黄色	前景、水平型

（续）

序号	中文名称	拉丁名	科属	株高（cm）	花期（月）	观赏特性	植物应用形式
6	金光菊	*Rudbeckia laciniata*	菊科 金光菊属	50~200	7~10	舌状花金黄色、管状花黄色或黄绿色	中景、水平型
7	银叶菊	*Centaurea cineraia*	菊科 千里光属	50~80	6~9	观叶植物，花小、黄色	前景、水平型
8	姬小菊	*Brachyscome angustifolia*	菊科 雁河菊属	20~50	4~11	花有白色、紫色、粉色、玫红色等	前景、水平型
9	蓝刺头	*Echinops sphaerocephalus*	菊科 蓝刺头属	50~150	7~8	头状花序，花小、蓝色	前、中景、独特型
10	玉簪	*Hosta plantaginea*	百合科 玉簪属	40~80	7~9	花有白色、淡紫色	前景、独特型、阴生
11	紫萼	*Hosta ventricosa*	百合科 玉簪属	60~100	6~7	花紫红色	前、中景、独特型、阴生
12	金娃娃萱草	*Hemerocallis*	百合科 萱草属	30	6~11	花金黄色	前景、独特型、阴生
13	红运萱草	*Hemerocallis fuava*	百合科 萱草属	30~45	7~8	花红色	前景、独特型、阴生
14	绵毛水苏	*Stachys lanata*	唇形科 水苏属	60	7	花紫红色，植株密被灰白色丝状绵毛	前景、独特型
15	火炬花	*Kniphofia uvaria*	百合科 火把莲属	80~120	6~10	花橘红色	中景、直线型
16	粉萼鼠尾草	*Salvia farinacea*	唇形科 鼠尾草属	45~60	6~9	花紫、紫粉、粉红、白、红色	前景、直线型
17	香彩雀	*Angelonia salicariifolia*	玄参科 香彩雀属	25~60	6~9	花紫、粉、白	前景、直线型
18	毛地黄	*Digitalis purpurea*	玄参科 毛地黄属	60~120	5~6	花紫红、黄、紫、白等，内有白斑点	中景、直线型
19	五彩石竹	*Dianthus barbatus*	石竹科 石竹属	30~60	5~10	花通常红紫色，有白点斑纹	前景、独特型
20	少女石竹	*Dianthus deltoids*	石竹科 石竹属	15~40	5~6	樱桃红、深红、玫红、白色、混合色	前景、独特型
21	常夏石竹	*Dianthus plumarius*	石竹科 石竹属	30	5~10	花色有紫、粉红、白色，具芳香	前景、独特型
22	海石竹	*Armeria maritima*	白花丹科 海石竹属	20~30	5~6	花白色或粉红色至玫瑰红色	前景、独特型
23	八宝景天	*Sedum spectabile*	景天科 八宝属	30~50	7~10	花白色、紫红色、玫红色	前景、水平型
24	柳叶马鞭草	*Verbena bonariensis*	马鞭草科 马鞭草属	100~150	5~9	紫红色或淡紫色	背景、独特型
25	马鞭草	*Verbena officinalis*	马鞭草科 马鞭草属	30~120	6~10	花蓝紫色	背景、独特型
26	细叶美女樱	*Verbena tenera*	马鞭草科马鞭草属	20~30	4~10	花冠玫瑰紫色、混色	前景、独特型
27	美丽月见草	*Oenothera speciosa*	柳叶菜科 月见草属	50~80	4~11	花粉红色	前景、水平型
28	山桃草	*Gaura lindheimeri*	柳叶菜科 山桃草属	100	5~8	花白色、浅粉色、桃红色	中、背景、直线型
29	羽扇豆	*Lupinus polyphyllus*	豆科 羽扇豆属	90~140	5~6	花色艳丽多彩，有白、红、蓝、紫等	中景、直线型
30	大花飞燕草	*Delphinium grandiflorum*	毛茛科 翠雀属	35~65	5~6	蓝色、浅蓝色、深蓝色、肉色等	中景、独特型

（续）

序号	中文名称	拉丁名	科属	株高(cm)	花期(月)	观赏特性	植物应用形式
31	大花楼斗菜	*Aquilegia glandulosa*	毛茛科 楼斗菜属	20~40	6~8	花瓣蓝、白、黄、粉、紫等花色丰富	前景、水平型
32	大花铁线莲	*Clematis patens*	毛茛科 铁线莲属	100~200	5~6	花色有玫瑰红、粉红、蓝紫和白色等	中、背景、独特型
33	假龙头	*Physostegia virginiana*	紫葳科 紫葳属	60~120	7~9	花色白、深红、玫红、青、紫红	中景、直线型
34	针叶福禄考	*Phlox subulata*	花荵科 天蓝绣球属	8~10	5~12	花有紫红色、白色、粉红色等	前景、独特型
35	矾根	*Heuchera micrantha*	虎耳草科 矾根属	20~45	4~10	花小红色;叶色红、黄等多种色	前景、水平型
36	蓝雪花	*Ceratostigma plumbaginoides*	白花丹科 蓝雪花属	20~60	7~9	淡蓝色	前景、水平型
37	紫露草	*Tradescantia ohiensis*	鸭跖草科 紫露草属	25~50	6~11	花紫色	前景、水平型
38	大车前草	*Plantago major*	车前科 车前属	20~30	6~8	观叶为主,有紫色叶和花叶品种	前景、独特型
39	翠芦莉	*Ruellia brittoniana*	爵床科 单药花属	20~60	3~10	多蓝紫色,少数粉色或白色	前景、独特型
40	香雪球	*Lobularia maritima*	十字花科 庭芥属	10~40	6~7	白色	前景、水平型
41	金叶过路黄	*Lysimachia nummularia*	报春花科 珍珠菜属	8~10	6~7	花亮黄色	前景、水平型
42	毛地黄钓钟柳	*Penstemon laevigatus* subsp. *digitalis*	玄参科 钓钟柳属	20~60	5~10	紫红色叶,花粉紫色	前景、独特型
43	'无尽夏'绣球	*Hydrangea macrophylla* 'Endless Summer'	虎耳草科 绣球属	50~150	6~9	粉色、蓝紫色、红玫色	中景、独特型、阴生
44	水果蓝	*Teucrium fruticans*	唇形科 石蚕属	20~70	4~6	淡紫色花,叶银蓝色	中景、水平型
45	佛甲草	*Sedum lineare*	景天科 景天属	10~20	4~5	叶线形黄绿色,花黄色	前景、水平型

表2　郑州地区常用球根花境植物

序号	中文名称	拉丁名	科属	株高(cm)	花期(月)	观赏特性	植物应用形式
1	小丽花	*Dahlia pinnate*	菊科 大丽花属	20~60	5~10	花红、紫红、粉红、黄、白等颜色	前景、水平型
2	金边阔叶麦冬	*Liriope spicata* var. *variegata*	百合科 山麦冬属	30~90	6~9	花红紫色	前景、独特型
3	火星花	*Crocosmia crocosmiflora*	鸢尾科 雄黄兰属	50	6~8	花色有红、橙、黄	中景、直线型
4	德国鸢尾	*Iris germanica*	鸢尾科 鸢尾属	60~100	4~5	花色多为淡紫、蓝紫、黄、深紫或白	中景、独特型
5	花叶美人蕉	*Cannaceae generalis*	美人蕉科 美人蕉属	150~200	7~12	花黄色,无斑点	背景、独特型
6	紫叶美人蕉	*Canna warszewiczii*	美人蕉科 美人蕉属	150	3~12	叶片紫色,花红色	背景、独特型
7	大花美人蕉	*Cannai ndica*	美人蕉科 美人蕉属	100~150	3~12	花冠大多红色	背景、独特型
8	葱兰	*Zephyranthes candida*	石蒜科 葱莲属	20~30	7~9	花白色	前景、独特型
9	百子莲	*Agapanthus africanus*	石蒜科 百子莲属	60	7~8	花漏斗状,深蓝色或白色	中景、独特型

（续）

序号	中文名称	拉丁名	科属	株高(cm)	花期(月)	观赏特性	植物应用形式
10	大花葱	*Allium giganteum*	百合科 葱属	80~120	5~6	头状花序,花紫色	背景、独特型
11	北葱	*Allium schoenoprasum*	百合科 葱属	10~40	7~9	花紫红色至淡红色	前景、独特型
12	红花酢浆草	*Oxalis corymbosa*	酢浆草科 酢浆草属	15~45	3~12	花紫红色	前景、水平型
13	忽地笑	*Lycoris aurea*	石蒜科 石蒜属	40~60	8~9	花粉色	中景、独特型、阴生
14	红花石蒜	*Lycoris radiata*	石蒜科 石蒜属	30~40	8~9	花红色	中景、独特型、阴生

表3　郑州地区常用一二年生花境植物

序号r	中文名称	拉丁名	科属	株高(cm)	花期(月)	观赏特性	是否应用于花境
1	硫华菊	*Cosmos sulphureus*	菊科 秋英属	100~200	6~8	颜色多为黄、金黄、橙色	背景、水平型
2	波斯菊	*Cosmos bipinnata*	菊科 秋英属	100~200	6~8	舌状花紫红,粉红色或白,管状花黄色	背景、水平型
3	向日葵	*Sunflower beautiful*	菊科 向日葵属	100~350	8	花有黄色、橙黑色,有矮化多头品种	背景、独特型
4	孔雀草	*Tagetes patula*	菊科 万寿菊属	30~100	7~9	舌状花金黄或橙色,带有红色斑	中景、水平型
5	万寿菊	*Tagetes erecta*	菊科 万寿菊属	50~150	7~9	花黄色	中景、水平型
6	百日草	*Zinnia elegans*	菊科 百日草属	30~100	6~9	深红、玫红、紫堇、白色	中景、水平型
7	六倍利	*Lobelia erinus*	桔梗科 半边莲属	12~20	7~9	花色有红、桃红、紫、紫蓝、白等色	前景、水平型
8	虞美人	*Papaver nudicaule*	罂粟科 罂粟属	20~60	5~9	花有白色、橙色、浅红色	中景、独特型
9	羽状鸡冠花	*Celosia cristata*	苋科 青葙属	20~45	7~9	花色有红、黄、玫红、粉红、白及复色等	前景、水平型
10	千日红	*Gomphrena globosa*	苋科 千日红属	20~60	6~9	常紫红色,有时淡紫色或白色	前景、水平型
11	矮牵牛	*Petunia hybrida*	茄科 碧冬茄属	4~11	20~45	花单瓣或重瓣有白、紫和各种红色	前景、水平型
12	彩叶草	*Coleusscutellarioides*	唇形科 鞘蕊花属	25~60	7	叶色泽多样,有黄、暗红、紫色及绿色	前景、水平型
13	夏堇	*Torenia fournieri*	玄参科 蝴蝶草属	15~30	7~10	花色彩丰富有单色、双色和混色品种	前景、水平型
14	红苋	*Amaranthus tricolor*	苋科 苋属	80~150	5~8	紫红色,圆锥花序淡粉色	中景、水平型
15	角堇	*Viola cornuta*	堇菜科 堇菜属	10~30	4~7	花色丰富有红、白、黄、紫、蓝等颜色	前景、水平型
16	三色堇	*Viola tricolor*	堇菜科 堇菜属	10~40	4~7	花朵通常每花有紫、白、黄三色	前景、水平型

（续）

序号r	中文名称	拉丁名	科属	株高(cm)	花期(月)	观赏特性	是否应用于花境
17	大花马齿苋	*Portulaca grandiflora*	马齿苋科 马齿苋属	10~30	6~9	红色、紫色或黄白色	前景、水平型
18	醉蝶花	*Cleome spinosa*	山柑科 白花菜属	40~60	6~9	花瓣呈玫瑰红色或白色	中景、独特型
19	非洲凤仙	*mpatiens wallerana*	凤仙花科 凤仙花属	30~70	6~10	花色丰富有红、深红、粉、紫红或白等	中景、独特型

表4 郑州地区常用木本花境植物

序号	中文名称	拉丁名	科属	株高(cm)	花期(月)	观赏特性	植物应用形式
1	木茼蒿	*Argyranthemum frutescens*	菊科 木茼蒿属	30~100	5~10	花有白色、粉色、黄色、玫红色等,花色丰富	中景、水平型
2	花叶锦带花	*Weigela florida* 'Variegata'	忍冬科、锦带花属	100~200	4~5	花冠喇叭状,紫红至淡粉色	背景、独特型
3	锦带花	*Weigela florida*	忍冬科 锦带花属	100~300	4~6	花冠紫红色或玫瑰红色	背景、独特型
4	细叶萼距花	*Cuphea hookeriana*	千屈菜科 萼距花属	30~70	3~12	花萼红色,花瓣,深紫色	前景、水平型
5	木槿	*Hibiscus syriacus*	锦葵科 木槿属	300~400	7~10	花有白、粉红、紫、紫红等	背景、独特型
6	小花木槿	*Anisodontea capensis*	锦葵科 南非葵属	100~180	5~10	花粉色或粉红色,花蕊深红色,花药浅红色	背景、独特型
7	金山绣线菊	*Spiraea japonica*	蔷薇科 绣线菊属	25~35	6~8	花浅粉红色	前景、独特型
8	麻叶绣线菊	*Spiraea cantoniensis*	蔷薇科 绣线菊属	100~150	4~5	伞形花白色	背景、独特型
9	月季	*Rosa chinensis*	蔷薇科 蔷薇属	100~200	4~9	花色丰富,品种多样	中、背景、独特型
10	银姬小蜡	*Ligustrum sinense* 'Variegatum'	木犀科 女贞属	100~300	4~6	圆锥花序花白色	背景、独特型
11	造型小叶女贞	*Ligustrum quihoui*	木犀科 女贞属	100~300	5~7	花白色	背景、独特型
12	金叶连翘	*Forsythia Koreanna* 'SawonGold'	木犀科 连翘属	300	3~4	花金黄色	背景、独特型
13	连翘	*Forsythia suspensa*	木犀科 连翘属	300	3~4	花金黄色	背景、独特型
14	结香	*Edgeworthia chrysantha*	瑞香科 结香属	70~150	3~4	头状花序,淡黄色,有香味	背景、独特型
15	凤尾兰	*Yucca gloriosa*	龙舌兰科 丝兰属	50~150	6~10	圆锥花序,乳白色	背景、独特型
16	红花檵木	*Loropetalum chinense*	金缕梅科 檵木属	100~300	4~5	叶紫红色,花紫红色	背景、独特型
17	红枫	*Acer palmatum* 'Atropurpureum'	槭树科 槭树属	200~800	4~5	观叶红色	背景、独特型
18	鸡爪槭	*Acer palmatum*	槭树科 槭树属	200~800	4~5	伞房花序,花紫色	背景、独特型
19	黄刺玫	*Rosa xanthina*	蔷薇科 蔷薇属	200~300	5~6	花黄色	背景、独特型

（续）

序号	中文名称	拉丁名	科属	株高（cm）	花期（月）	观赏特性	植物应用形式
20	皱叶荚蒾	*Viburnum opulus*	忍冬科 荚蒾属	400	5~6	复伞形式聚伞花序,花冠白色	背景、独特型
21	金叶六道木	*Abeliagrandiflora* 'Francis Mason'	忍冬科 六道木属	150~200	5~11	花白中带粉,花型似漏斗	背景、独特型
22	金叶接骨木	*Sambucus williamsii*	忍冬科 接骨木属	300~400	4~5	花淡黄色,果鲜红色	背景、独特型
23	黄金构骨	*Llexattenuata* 'Sunny Foster'	冬青科 冬青属	50~150	5~6	新叶金黄色,果亮红色	中、背景、独特型
24	天目琼花	*Viburnum opulus*	忍冬科 荚蒾属	150~400	5~6	不孕花白色,花药黄绿色	背景、独特型
25	八仙花	*Hydrangea macrophylla*	虎耳草科 八仙花属	100~400	6~7	花粉红、蓝或白色	中、背景、独特型
26	圆锥绣球	*Hydrangea paniculata*	虎耳草科 绣球属	100~500	7~8	白色	背景、独特型
27	小叶黄杨	*Buxus sinica*	黄杨科 黄杨属	100~200	4~5	花小,黄绿色	背景、独特型
28	醉鱼草	*Buddleja lindleyana*	马钱科 醉鱼草属	200~600	4~10	花有白色、紫色、玫红色	背景、独特型
29	南天竹	*Nandina domestica*	小檗科 南天竹属	100~300	3~11	圆锥花序花白色,果红色	背景、独特型
30	金丝桃	*Hypericum monogynum*	藤黄科 金丝桃属	50~130	6~7	花金黄色	背景、独特型
31	火棘	*Pyracantha fortuneana*	蔷薇科 火棘属	100~300	3~5	花白色,果红色	背景、独特型
32	十大功劳	*Mahonia fortunei*	小檗科 十大功劳属	50~200	7~9	花黄色,果紫黑色	背景、独特型
33	川滇蜡树	*Ligustrum delavayanum*	木犀科 女贞属	100~400	5~7	可制成棒棒糖造型,常绿灌木	背景、独特型
34	龟甲冬青	*Ilex crenata* 'Convexa'	冬青科 冬青属	50~500	5~6	常绿小灌木	中、背景、独特型
35	迷迭香	*Rosmarinus officinalis*	唇形科 迷迭香属	30~200	11	灌木	中、背景、独特型
36	猬实	*Kolkwitzia amabilis*	忍冬科 猬实属	150~300	5~6	花冠淡红色	背景、独特型
37	紫叶小檗	*Berberis thunbergii*	小檗科 小檗属	50~100	4~6	叶紫红色,花黄色	中、背景、独特型
38	金叶小檗	*Berberis thunbergii* 'Aurea'	小檗科 小檗属	50~100	4~6	叶色金黄亮丽开黄花,花色浅黄	中、背景、独特型
39	五叶地锦	*Parthenocissus quinquefolia*	葡萄科 地锦属	—	6~7	攀援藤本,叶色秋季变红色	前景、水平型
40	五针松	*Pinus parviflora*	松科 松属	200~300	5	姿态端正,观赏价值高	背景、独特型
41	蓝冰柏	*Cupressus arizonica* var. *glabra* 'Blue Ice'	柏科 柏木属	50~200	8~2	鳞叶蓝色或蓝绿色	背景、独特型
42	金叶莸	*Caryopteris* × *clandonensis* 'Worcester Gold'	马鞭草 科莸属	50~60	7~9	叶面光滑,呈鹅黄色,花蓝紫色	背景、独特型
43	雀舌黄杨	*Buxus bodinieri*	黄杨科 黄杨属	40~400	2	叶面绿色,光亮,叶背苍灰色	背景、独特型

表5　郑州地区常用观赏草种类

序号	中文名称	拉丁名	科属	株高(cm)	花期(月)	观赏特性	植物应用形式
1	蓝羊茅	*Festuca glauca*	禾本科 羊茅属	40	5~6	叶蓝绿色,花序初为浅绿色后变为棕褐色	前景、水平型
2	小兔子狼尾草	*Pennisetum alopecuroides*	禾本科 狼尾草属	15~30	6~9	花序密生柔毛淡绿色或紫色	前景、直线型
3	狼尾草	*Pennisetum alopecuroides*	禾本科 狼尾草属	50~160	7~10	花序初为淡绿色盛花时紫色至白色	背景、直线型
4	紫叶狼尾草	*Pennisetum setaceum* 'Rubrum'	禾本科 狼尾草属	100~200	6~9	叶紫红色,穗状花序,花絮紫色	背景、直线型
5	紫御谷	*Pennisetum glaucum* 'Purple Majesty'	禾本科 狼尾草属	200~300	6~8	叶暗绿色并带紫色,圆锥花序紧密呈柱状	背景、直线型
6	粉黛乱子草	*Muhlenbergia capillaris*	禾本科 乱子草属	100	9~11	花穗云雾状,粉红色	背景、直线型
7	细茎针茅	*Stipa tenuissim*	禾本科 针茅属	50	5~8	花序初为浅绿后变黄褐色	中景、直线型
8	细叶针茅	*Stipa barbata*	禾本科 针茅属	60~80	7~8	圆锥花序,盛花时植株如银色喷泉	中景、直线型
9	蒲苇	*Cortaderia selloana*	禾本科 蒲苇属	200~300	8~10	花序大而长,银白色至粉红色	背景、直线型
10	细叶芒	*Miscanthus sinensis* 'Gracillimus'	禾本科 芒属	100~125	9~10	花色由最初的粉红色渐变为红色,秋季转为银白色	背景、直线型
11	花叶芒	*Miscanthus sinensis* 'Variegatus'	禾本科 芒属	150~180	9~10	叶片浅绿色,有奶白色条纹,花序深粉色	背景、直线型
12	斑叶芒	*Miscanthus sinensis* 'Zebrinus'	禾本科 芒属	240	9~10	叶片具黄白色环状斑,花序白色	背景、直线型
13	晨光芒	*Miscanthus sinensis* 'Morning Light'	禾本科 芒属	100~200	7~12	圆锥花序花小,淡黄色、白色	背景、直线型
14	灯心草	*Juncus effusus*	禾本科 灯心草属	30~45	6~8	花小,黄褐色	背景、直线型
15	蓝冰麦	*Leymusare narius* 'BlueDune'	禾本科 赖草属	90~150	8~2	花序棕色	背景、直线型
16	花叶芦竹	*Arundo donax*	禾本科 芦竹属	300~600	9~12	花白色	背景、直线型
17	玉带草	*Phalaris arundinacea*	禾本科 玉带草属	60~140	6~8	花小,淡黄色	中、背景、独特型
18	菲白竹	*Sasa fortunei*	禾本科 赤竹属	20~80	—	叶片绿色间有黄色至淡黄色的纵条纹,	中、背景、独特型

（续）

序号	中文名称	拉丁名	科属	株高（cm）	花期（月）	观赏特性	植物应用形式
19	菲黄竹	*Sasa auricoma*	禾本科 赤竹属	20~120	—	嫩叶纯黄色，具绿色条纹，老后叶片变为绿色。	中、背景、独特型
20	金丝薹草	*Carex oshimensis* 'Evergold'	莎草科 薹草属	40	4~5	花小，叶片两侧为绿边，中央呈黄色	中景、直线型
21	埃弗里斯特薹草	*Carex oshimensis* 'Everest'	莎草科 薹草属	15	3~5	常绿，丛生，叶带色条纹，穗状花序卵形	前景、直线型
22	兔尾草	*Lagurus ovatus*	禾本科兔尾草属	30~60	4~5	圆锥花序，卵形，花白色	前景、直线型
23	金叶菖蒲	*Acorus gramineus* 'Ogon'	天南星科 菖蒲属	20~40	4~5	观叶植物，叶纤细，金黄色，直立丛生	前景、直线型

2.2 花境植物应用

花境设计不仅要考虑花境的种植环境包括土壤的类型、肥力和酸碱性等还需考虑花境的位置、背景、设计主题，以及花境的主体部分的设计（董丽，2015），所以在进行具体的植物配置时应从花境植物的生态适应性、形态特征入手。生态适应性方面，应结合当地气候环境，合理选择适宜花材，选择能与周边环境相适应的花境植物种类，多方位提升花境景观的生态价值；形态特征方面，应结合花境设计的平面、立面、色彩、季相等，从植物的株型、株高、花期、花色、特色五个方面出发，通过一定艺术手法进行合理配置，使花境层次丰富高低错落，色彩和谐充满情趣，季相变化丰富，充分展现花境的美学价值。此外，花境植物配置时还应遵循统一、调和、均衡、韵律四大艺术原则（刘志光，2014），这些原则指明了植物配置的艺术要领，使花境景观在与整体设计风格保持一致的情况下兼具灵活多变的特性。

郑州植物园应用的花境植物种类丰富，依据株高可分为前景植物、中景植物、背景植物（夏宜平等，2007），前景植物较矮有堆心菊、角锦、细叶美女樱等；中景植物高度适中有龟甲冬青、花叶六道木、等；背景植物较高有羽毛枫、漆树、蓝冰柏等；依据株形与花序可分为水平型、直线型和独特性，水平型的植物有小丽花、八宝景天等；直线型的有鼠尾草、火炬花等；独特性兼有水平及竖向效果有大花葱、玉蝉花、海石竹等；依据花期，春季开花的植物有鸢尾、锦带花等；夏季开花的植物有钓钟柳、绣球、忽地笑等；秋季有狼尾草、观赏谷子等，冬季常绿的有龟甲冬青、银姬小蜡、金叶六道木等。

3 花境配置实例分析

3.1 热带植物展览温室花境

该花境位于郑州植物园热带植物展览温室入口两侧位置，温室入口东侧花境长约35m，最宽处3.5m，最窄处1.8m，温室入口西侧长约20m，最宽处3m，最窄处1.6m，前面为硬化道路，后面是喷泉水池与热带植物展览温室玻璃幕墙。该花镜的位置处于温室入口两侧，对游人起到了很好的引导作用，能够为钢结构温室幕墙增添靓丽的色彩与生气（图1至图8）。

该花境主要特色：（1）花境采用了组团式的设计风格，充分地利用了花境有限的空

图1 温室入口西侧效果

图2 温室入口西侧效果

图3 温室入口西侧效果

图4 温室入口西侧效果

图5 温室入口东侧效果

图6 温室入口东侧效果

图7 温室入口东侧效果

图8 温室入口东侧效果

间,与温室幕墙和喷泉相协调;(2)花境面积约有150m²,虽然不大但植物种类相对丰富;(3)整个立面上,以前低后高的原则,利用地形重点突出了单面观赏花境的特色,同时注重植物组团之间的高低穿插以及不同质感植物的搭配,使花境显得层次丰富,和谐自然;(4)在种植设计方面,植物组团有聚有散,有松有紧,增强了花境景观的韵律美;(5)色彩搭配方面,采用经典的紫色黄色的撞色搭配,很好的点亮了周围的环境,以黄色系的堆心菊、玛格丽特、松果菊为主,点缀以蓝紫色系的细叶美女樱、香雪球、柳叶马鞭草;(6)季相变化上,三季有花四季有景,注重花期的配置,春季开花的有细叶美女樱、毛地黄、飞燕草、花毛茛;夏季开花的有堆心菊、墨西哥鼠尾草、山桃草、鼠尾草;秋季开花的狼尾草、细叶芒、花叶矮蒲苇;冬季常绿的有桂花、龟甲冬青、黄金枸骨。

3.2 盆景园入口处花境

该花境位于郑州植物园盆景入口处道路北侧的绿地,除了西侧有一些乔木,其他三侧相对开阔,该花境连接了园区主路和盆景园,能够很好地吸引游客的注意,对园区主路上的游客具有一定的引导作用(图9至图12)。

图9　盆景园花境效果

图10　盆景园花境效果

图11　盆景园花境效果

图12　盆景园花境效果

该花境主要特色:(1)花境采用了自然式的设计风格,平面上以流动的双曲线为主要设计元素,与园区流动的路网、林缘线相协调;(2)花境植物种类丰富;(3)立面上,运用了造型松树与石头结合,同时注重植物组团之间疏密的搭配,丰富了花境层次;(4)在种植设计上,植物组团未考虑到植物的生长空间,存在植物过密现象;(5)色彩上,采用粉白色的山桃草与玫红色常夏石竹组合,野趣十足的点亮了周围的环境,但是花量较少颜色有些单一;(6)季相上,常绿植物较多,有亮晶女贞、蚊母树、蜘蛛抱蛋、银叶菊、注重花期的配置,区域小范围内经常更换花卉,色彩也常会变化;秋季开花的狼尾草、蓝冰麦、花叶矮蒲苇、晨光芒。

3.3 存在问题

(1)典型的花境应用规模较小。郑州植物园占地面积69万 m^2,而典型花境应用较少不足 1000m^2。园区内多数绿地以花带、地被的形式应用,花境身影较少。(2)花境景观缺乏地域特色。河南当地野生植物资源相对丰富,但在园林绿化中,野生植物却未得到合理地利用。(3)花境的配置模式不够丰富。如阴生花境、芳香植物花境、药用植物花境、食用植物花境等。(4)花境设计专业人员少,花境艺术水平不高。(5)管养水平低,可持续性差。郑州植物园花境的管养相对粗放,温室入口处与盆景园入口处花境随着时间的推移花境会出现局部过疏或过密的现象,需及时处理以保证景观效果(王鹏,2010)。此外,还需注意灌溉和中耕除草以及花期过后及时除去残花等。花境作为一种仿自然的人工群落,只有合理养护才会呈现较好的景观效果(刘慧民,2012)。

3.4 提升建议

针对郑州植物园花境应用现状提出相关建议:(1)扩大花境应用规模,增加花境植物材料的丰富度,进一步加强新优花境植物的引种与筛选工作。(2)注重本土及野生花卉的使用,强化花境景观的地域特色。(3)注重花境设计师的培养及人才引进工作。(4)逐步提高花境的养护管理水平。就目前而言,郑州植物园的管养水平还有待提高,花境在施工和管养等工作中还存在很多问题,须加强对养护工人的技术培训,提高其管养水平。

4 小结

本文系统统计了郑州植物园当前应用的花境植物种类,共有 144 种,隶属于 57 科 103 属,其中宿根花卉 45 种,球根花卉 14 种,一二年生花卉 19 种,花灌木 36 种,藤本及小乔木 7 种,观赏草 23 种。此外,本文以园区典型花境实例进行了剖析,深入剖析花境特色、设计方法和植物应用经验,为我们提升郑州市花境应用水平提供借鉴。以实际案例为依托,总结了花境在郑州市园林绿化中的应用特色、应用中存在的问题,提出了提升郑州市花境应用水平的相关建议。当前郑州市花境的应用水平还比较低,应用中存在着应用规模小、缺乏地域特色、配置形式不够丰富、设计水平不高、管养水平低五方面的问题。提出了扩大花境应用规模,增加花境植物材料的丰富度;强化地域特色,打造中原特色花境景观;加强人才引进,注重设计师的培养,提升花境设计水平;提高花境管养水平,四方面的建议。

随着郑州市政府、郑州市园林局对郑州市园林绿化工作的效果和质量日益重视,郑州植物园加大了对景观设计师培养力度,广大园林工作者对花境的研究和应用力度也在进一步加大,郑州植物园花境应用的规模正在逐步扩大,花境的应用水平也在逐步提高。

参考文献

董丽,2015. 园林花卉应用设计[M]. 北京:中国林业出版社.

刘慧民, 2012. 花卉应用与设计[M]. 北京:化学工业出版社.

刘志光, 2014. 城市园林绿化树种选择与配置[J]. 内蒙古林业(8):32-33.

王美仙,刘燕, 2013. 花境设计[M]. 北京:中国林业出版社.

王鹏, 2010. 花境-自然景观美的体现[J]. 河北林业(6):29-30.

夏宜平,顾颖振,丁一,2007. 杭州园林花境应用与配置调查[J]. 中国园林,27(1):1-2.

厦门地区夏季高温环境下 3 个秋海棠品种的光合特性比较

Photosynthetic Characteristics of Three *Begonia* Varieties in Xiamen Region of the Summer High Temperature Environment

丁友芳[1]　吕燕玲[1]　黄钊颖[1]　张万旗[1]　陈伯毅[1]*

（1. 厦门市园林植物园,厦门,361001）

DING You-fang[1]　LÜ Yan-ling[1]　HUANG Zhao-ying[1]

ZHANG Wan-qi[1]　CHEN Bo-yi[1]

（1. *Xiamen Botanical Garden*, *Xiamen*,361001）

摘要：在夏季高温环境中比较不同秋海棠品种的光合特性,以便对秋海棠的引种、栽培和应用提供参考。以 3 种根茎类秋海棠(*Begonia*)品种为对象,对其叶片的光响应曲线、净光合速率日变化及其与环境因子日变化间等进行测量及分析。结果表明:3 个秋海棠品种的叶片净光合速率(P_n)日变化呈双峰型曲线,具有明显的光合"午休"现象;3 种植物的光合能力由大到小排序 *B.* 'Mirage'>*B.* 'U400'>*B.* 'Black Velvet',其中 *B.* 'Mirage' 在强光下具有较强的光利用能力,可以耐强光环境。

关键词：秋海棠,净光合速率,日变化,光响应

Abstract：The photosynthetic characteristics of three *Begonia* varieties were compared in the summer high temperature environment to provide references for the introduction, cultivation and landscape application of begonias. The light response curve of the leaves, the diurnal changes of net photosynthetic rate and the diurnal changes of environmental factors were measured and analyzed. The results showed that the diurnal changes of the net photosynthetic rate (*Pn*) of the three begonia varieties showed a bimodal curve, with an obvious photosynthetic "midday break" phenomenon; the photosynthetic capacity of the three plants ranked from large to small *B.* 'Mirage'>*B.* 'U400'>*B.* 'Black Velvet', , among which *B.* 'Mirage' has a larger light energy utilization range and is more adaptable to differing lighting conditions.

Key words：*Begonia*, Net photosynthetic rate, Diurnal change, Light response curve

秋海棠(*Begonias*)是秋海棠科(Begoniaceae)秋海棠属(*Begonia*)植物的统称(丁友芳和张万旗, 2017),为多年生草本植物(Brennan *et al.*, 2012),主要分布于亚洲、中南美洲和非洲的热带和亚热带地区(Twyford *et al.*, 2015),是集观花、观形、观叶、观茎及观果等观赏特征多样性的优良花卉(欧静等, 2011;崔卫华和管开云, 2013)。它不仅可作为室内盆栽,还可应用于庭院观赏花卉(邹玲俐等, 2015)、园林绿化等(徐菲等, 2011),已成为全球十分热门的观赏植物之一(Daike *et al.*, 2001)。

秋海棠属植物为全球第五大属被子植物(Moonlight *et al.*, 2015),当前已知原生

种约 2000 个种类(管开云等,2005;Good-all-Copestake *et al.*,2010)。据美国秋海棠协会(American Begonia Society,ABS)的数据库统计(Tian *et al.*,2021),全球已培育出多达 16000 余个的园艺品种,最著名的有四季秋海棠 *B. cucullata* 及其系列品种(Lehmann and Sattler,1996;Lim,2014)、球茎秋海棠 *B.* × *tuberhybrida*(Andrzejak *et al.*,2021)、丽格海棠 *B.* × *hiemalis*(Hendriyani *et al.*,2020;Senakun *et al.*,2020,Wickramasinghe *et al.*,2020)等,以及观叶为主根茎类的大王秋海棠系列品种 Rex Begonia(Mangat *et al.*,1990;Ab Aziz *et al.*,2021,Hanum *et al.*,2021)等。

目前对秋海棠的研究主要集中在资源调查与评价(代正福和周正邦,2001;黄扬等,2019)、形态解剖(税玉民等,1999;张嵘梅等,2008;杜文文等 2018)、细胞学(Oginuma and Peng,2002;田代科等,2002;Thomas *et al.*,2011)、亲缘关系及系统进化(Kidner *et al.*,2016;Rudall *et al.*,2018)、育种(李景秀等,2001;Tian *et al*,2020;Hirutani *et al.*,2020)等方面。

从园林应用角度来讲,须根类的四季秋海棠是目前园林中最常见的种类,被广泛应用于露地花坛、庭院等布置(Sandgrind,2017);球根类秋海棠为主的观花类秋海棠花朵硕大,且大多为重瓣,花色娇艳,花形美丽、富贵,作为盆栽花卉深受人们喜爱,国外也有将球根秋海棠用于地栽的报道(Forgione,2014)。但是以观叶为主的根茎类大部分秋海棠仅限用于室内应用(Jeong *et al.*,2009;Eom and Kim,2014),对其园林应用报道较少(卢鸿燕和赵世伟,2010),对其光合特性的研究更少有报道(Nemali and van lersel,2004;Jacobs *et al.*,2016)。

光合作用是植物赖以生长发育的基础,而夏季的高温和强光又是光合作用正常发挥的主要限制因子。为加快秋海棠属植物的推广应用,本研究选取根茎类的 3 个秋海棠品种,研究其在厦门地区夏季高温环境中的光合特性,以期为秋海棠引种驯化及园林推广应用提供技术参考。

1 材料与方法

1.1 试验地与试验材料

试验地位于厦门市园林植物园引种驯化区(东经 118°06′,北纬 24°27′)。该地属于亚热带海洋性季风气候,温暖湿润,年平均气温 20.9℃,最低月平均气温 12.7℃,最高月平均气温 28.2℃;年平均降雨量 1335.8mm;年平均日照时间 1877.5h。

试验材料'幻象'秋海棠(*B.* 'Mirage')、'黑色天鹅绒'秋海棠(*B.* 'Black Velvet')、'大王'秋海棠(*B.* 'U400'),材料均来自厦门市园林植物园引种驯化区繁殖基地。选取生长健壮、无病虫害且整齐一致的 1 年生扦插苗(每种 50 盆),于 2018 年 4 月移栽到树荫下(由于秋海棠属植物在原产地大多生长在林荫下,上层有林木遮荫,大多数秋海棠性喜明亮的散射光,强光直射往往造成叶片和花朵灼伤,因此栽植于树荫下,以模拟原生境的光强),光照度 6000~15000lx,进行常规的肥水管理。

1.2 试验方法

1.2.1 净光合速率日变化的测定

在 2019 年 8 月 16~24 日,天气晴朗、无风。采用美国生产的 Li-6400 便携式光合作用系统对 3 个根茎类秋海棠品种进行光合日变化的测定。从 6:00~18:00 每 1h 测定 1 次,每种 3 次重复,每重复记录 5 个观测值。选择生长健壮,无病虫害的植株,取其向阳面的中部成熟叶片进行测定,待系统稳定后,同时读取叶片瞬时净光合速率值(P_n)、光照强度(PARi)、气温(T_a)、叶温(T_l)、相对湿度(RH)、蒸腾速率(T_r)、气孔导度(G_s)等相关指标。水分利用效率

（WUE）$= P_n / T_r$。

1.2.2 光响应曲线的测定

采用 Li-6400 系统的自动光曲线程序来测定 3 个秋海棠的光响应曲线。所用光源为 Li-6400 配置的红蓝光 LED 光源，控制样本室内气流速率为 $500 \mu mol \cdot s^{-1}$，参比室 CO_2 浓度为 $400 \mu mol \cdot mol^{-1}$，控制温度为起始时的外界环境温度。在控制条件下，设定光合有效辐射（$PARi$）梯度依次为：1800、1400、1000、800、600、400、200、100、80、50、20、$0 \mu mol \cdot m^{-2} \cdot s^{-1}$，测定在不同光合有效辐射下的净光合速率（$P_n$），绘制 3 个品种秋海棠的光响应曲线。采用光合助手软件 Photosyn Assistantl 1.2 计算光补偿点（PLC）、光饱和点（PLS）、最大净光合速率（$P_n max$）以及表观量子效率（AQY）。

1.3 数据分析

采用 Excel 2016 和 SPSS 20.0 对数据进行处理与分析。

2 结果与分析

2.1 秋海棠叶片的光合速率-光响应曲线

光合作用-光响应曲线反映了植物净光合速率随光照强度增减的变化规律。3 个秋海棠品种的光合作用-光响应曲线的变化趋势基本一致（见图 1），当 $PARi$ 为 $0 \mu mol \cdot m^{-2} \cdot s^{-1}$ 时，3 种植物的净光合速率均为负值，反映植物的呼吸作用高于光合作用；当 $PARi$ 在 $0 \sim 200 \mu mol \cdot m^{-2} \cdot s^{-1}$ 时，P_n 迅速上升，几乎呈线性增长变化趋势；当 $PARi$ 达到 $200 \sim 600 \mu mol \cdot m^{-2} \cdot s^{-1}$ 时，随着 $PARi$ 的增加，P_n 的增长速度逐渐减慢；当 $PARi$ 达到 $800 \mu mol \cdot m^{-2} \cdot s^{-1}$ 以上时，3 种秋海棠植物的 P_n 基本维持稳定，这时的光合速率为最大净光合速率。由图 1 可知：3 种秋海棠叶片的 P_n 值从高到低依次为：B.'Mirage'>B.'U400'> B.'Black Velvet'。

光补偿点（PLC）和光饱和点（PLS）的

高低，直接反映了植物对弱光利用能力的大小，也是植物耐阴性评价的重要指标。从表 1、图 1 中可以看出，相对于其他 2 个品种 B.'U400'的光饱和点（PLS）最低，光补偿点（PLC）最高，说明其对弱光利用能力相对较差，在强光下光合作用受到的抑制较大；B.'Black Velvet'有较低的 PLC，说明它在弱光下，有较强的光利用能力。3 个品种中，B.'Mirage'的 PLS 和 $P_n max$ 最高，同时 AQY 相对较高，说明它在强光下，具有较强的光利用能力，更适应强光环境。AQY 反映植物叶片光合潜能和对弱光利用的能力，3 种秋海棠属植物 AQY 接近，无显著性差异（$P > 0.05$）。

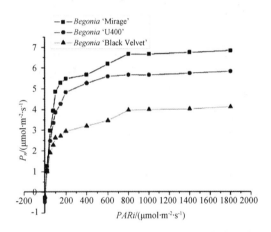

图1 3个秋海棠品种的光合速率-光响应曲线

表1 3个秋海棠品种的光合参数

种类	PLC （$\mu mol \cdot m^{-2} \cdot s^{-1}$）	PLS （$\mu mol \cdot m^{-2} \cdot s^{-1}$）	AQY	$P_n max$ （$\mu mol \cdot m^{-2} \cdot s^{-1}$）
'Mirage'	9.56	776	0.0152	6.69
'U400'	11.41	586	0.0148	5.74
'Black Velvet'	8.26	762	0.0129	3.99

2.2 秋海棠环境因子日变化

由图 2 可知：秋海棠栽培环境下的光合有效辐射（$PARi$）呈先升高后降低的变化趋势，07:00~12:00 $PARi$ 逐渐增强，其中，

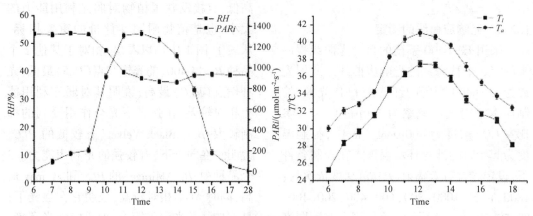

图 2　环境因子日变化

09:00~11:00 增强迅速,12:00 达到最大值 1331.26μmol·m^{-2}·s^{-1},11:00-14:00 保持高光状态,之后逐渐下降,到 18:00 降至最低值 8.4μmol·m^{-2}·s^{-1}。

环境温度(T_a)及秋海棠叶片温度(T_l)的日变化,变化趋势基本一致,都先升高,保持一定时间后,略微降低。T_a 的日变化范围在 29.6~41.1℃,从 06:00 开始逐渐上升,12:00 达到最高,12:00-16:00 期间保持在 41.1~35.4℃ 范围,变化幅度较小,之后缓慢下降,至 18:00 下降为 32.5℃,但仍高于初始温度。T_l 在每个时间点都略小于 T_a。

空气相对湿度(RH)先降低,后稍微升高,与 PARi 和 T_a 的变化趋势相反。06:00~09:00 处于高湿阶段 RH 值保持在 53.3% 左右,随后下降,到 14:00 时降到最低值(36.0%),其中 13:00~16:00 期间,RH 保持变化幅度较小,之后稍微回升,至 18:00 升至 38.2%。

2.3　秋海棠叶片光合特性的日变化

3 个秋海棠品种的净光合速率日变化相对一致,均呈双峰曲线,但三者的变化规律不同步。3 个品种的 P_n 都先升高,在 09:00~10:00 达到最高峰,随后下降,在 13:00~14:00 降到低谷,呈现光合"午休"现象。此后再上升,在 15:00~16:00 达到

第 2 高峰,但峰值低于第 1 个高峰,然后下降,在 18:00 降到最低值。B.'U400'的最高峰出现在 09:00,P_n 值为 5.36μmol·m^{-2}·s^{-1},在 15:00 出现第 2 次峰值(1.63μmol·m^{-2}·s^{-1})。B.'Mirage'与 B.'Black Velvet'的两个高峰值都比 'U400'滞后 1 h,分别出现在 10:00 和 16:00,峰值分别为 6.26、0.98μmol·m^{-2}·s^{-1} 与 3.86、1.17μmol·m^{-2}·s^{-1}。

3 个秋海棠品种气孔导度(G_s)日变化规律相似,呈"双峰"曲线 12:00~14:00 左右出现低谷,也呈现一定程度的"午休"。在光照强度增加,温度上升,空气湿度降低时,秋海棠能够利用调节气孔的张开与闭合,从而有效地保持自身水分和 CO_2 含量,也进一步表明了秋海棠对高温干旱环境具有一定的适应性。

3 种秋海棠叶片的胞间 CO_2 浓度(C_i)的日变化趋势相近(图 3),都是先降低后升高,且 3 个品种的 C_i 值在 6:00~12:00 基本相同。B.'Mirage'和 B.'Black Velvet'在 07:00~12:00 呈下降趋势,12:00~14:00 一直保持在较低水平,14:00~18:00 呈上升趋势,而 B.'U400'在 12:00~16:00 呈下降趋势,14:00~18:00 呈上升趋势。

叶片蒸腾速率(T_r)的日变化。由图可知,3 个秋海棠品种的 T_r 表现为"双峰"曲

线(图4),3品种的第 1 个峰值出现时间相同,均出现于 10:00 左右;而 B.'Mirage'的第 2 个峰值出现在 15:00,且 10:00~15:00 T_r 都保持在 2.3~3.5 μmol·m^{-2}·s^{-1} 的较高水平,其他 2 个品种出现在 16:00 左右。

水分利用效率(WUE)由植物的蒸腾速率和净光合速率决定,即消耗单位质量的水,植物所固定的营养物质量。3 个秋海棠品种的 WUE 日变化规律与净光合速率一致,呈双峰曲线(图 2)。07:00 开始升高,08:00~09:00 达到峰值后迅速下降,至 14:00

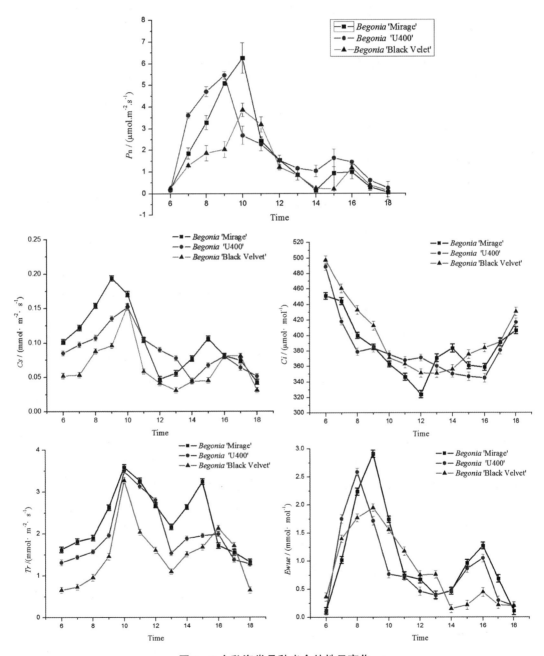

图 3   3 个秋海棠品种光合特性日变化

下降到最低后开始回升,15:00~18:00 间出现第 2 个小高峰。在 3 个品种之间日均 WUE 大小排序为: B. 'Mirage' > B. 'U400'>B. 'Black Velvet', 说明在 3 个品种中 B. 'Mirage' 的水分利用效率最大, 对环境的适应性最好。

植物叶片的净光合速率 P_n 的大小是衡量植物光合作用能力强弱的重要指标。

它的变化直接反映光合作用的程度以及光合作用的变化情况。对植物自身来说影响 P_n 大小的因素主要有 C_i、G_s 和 T_r。它们在植物光合作用过程中协同作用, 保障光合作用的顺畅进行。从相关系数的大小来看(表2), 秋海棠 P_n 与各因子的相关性大小为 $G_s > T_r > T_l > C_i > T_a >$ PARi $>$ RH。

表 2　3 个秋海棠品种的净光合速率与环境因子的相关性分析

	P_n	PARi	T_a	T_l	RH	G_s	C_i
PARi	0.468						
T_a	-0.516	0.812**					
T_l	-0.585*	0.588*	0.999**				
RH	0.328	-0.488	-.0956**	-0.934**			
G_s	0.831**	0.465	-0.241	-0.236	0.487		
C_i	0.563*	-0.656*	-0.955**	-0.918**	0.926*	0.216	
T_r	0.618*	0.862**	0.321	0.365	-0.228	0.731*	-0.422

注: ** 相关性 $P < 0.01$ 极显著水平, * 相关性 $P < 0.05$ 显著水平。

3　讨论

植物的光合能力取决于本身的遗传特性, 不同物种、不同品种间其光合能力均存在较大差异。植物的光补偿点和光饱和点均为评估其光适应性的重要指标, 植物的光饱和点越高且光补偿点越低, 则表示其对光的适应范围较大, 反映其对光的适应性较强。植物的光合能力在一定程度上取决于物种的遗传特性, 光饱和点和光补偿点的高低可以衡量植物对强光或弱光的利用能力。本研究结果表明:3 个秋海棠品种间其 P_n、PLS 等光合参数的差异均显著, 其中 B. 'Mirage' 的 P_n max、PLS 值均最高, AQY 值相对较高, 而其 PLC 值相对偏低。总体看来, B. 'Mirage' 对光环境的适应性较强, 不仅能充分利用弱光, 而且对强光的忍受能力也相对较强, 在园林绿化配置时可根据景观效果灵活应用, 在引种及品种选育中更为合适。

自然条件下, 植物光合速率的日变化曲线一般有两种, 即单峰型和双峰型。本实验结果显示, 3 个秋海棠品种的 P_n 日变化均为双峰曲线, 两个峰值分别出现在 09:00~10:00 和 15:00~16:00, 且第 1 峰值大于第 2 峰值。分析发现, 10:00~12:00 P_n 下降速率远大于下午 12:00~15:00 间的回升速率, 即中午降低快而恢复慢。对光合"午休"现象, 一般认为, 午间的强光引起 P_n 下降, 产生光抑制;同时午间 T_a 升高, T_r 降低, 使得叶内外饱和水气压增大, 造成叶片局部蒙受水分胁迫及 G_s 下降, 导致 CO_2 进入叶片阻力增大, C_i 降低, 也引起 P_n 的下降, 这也是下午的峰值低于上午的一个主要原因。

净光合速率在一天中的动态变化和出现峰值的高低是叶片光合能力与环境条件综合作用的结果。本实验结果表明, B. 'Mirage' 的光合能力及水分利用效率均高于其他 2 个品种, 这也说明了 B. 'Mirage'

在午间高温胁迫下具有较强的生态适应性及较强的恢复能力,从而也具有较强的光合速率以及免受高温伤害的能力。

本研究对 3 种秋海棠属植物进行光合特性的相关研究,测定其光合—光响应曲线、光合日变化等相关光合参数,了解其生长适应性及生长规律,为科学引种计划的制定、产业化园林栽培管理应用等方面提供借鉴和参考。

参考文献

崔卫华, 管开云, 2013. 中国秋海棠属植物叶片斑纹多样性研究[J]. 植物分类与资源学报, 35 (2):119-127.

代正福, 周正邦, 2001. 贵州亚热带地区野生秋海棠种质资源及其生境类型[J]. 园艺学报, 28 (1):52-56.

丁友芳, 张万旗, 2017. 野生秋海棠的引种栽培与鉴赏[M]. 南京:江苏凤凰科学技术出版社.

杜文文, 段青, 马璐琳, 等, 2018. 种秋海棠叶片斑纹结构及遗传特性分析[J]. 西北植物学报, 38(11):2045-2052.

管开云, 李景秀, 李宏哲, 2005. 云南秋海棠属植物资源调查研究[J]. 园艺学报, 32(1):74 -80.

黄扬, 唐文秀, 钟树华, 等, 2019. 广西特有秋海棠属植物观赏特性评价[J]. 陕西林业科技, 47(1):16-22.

李景秀, 管开云, 田代科, 等, 2001. 毛叶秋海棠的杂交遗传特性[J]. 园艺学报, 28(5):440-444.

卢鸿燕, 赵世伟, 2010. 秋海棠属植物的引种及栽培研究[J]. 北京园林, (1):26-30.

欧静, 杨成华, 耿连娟, 2011. 贵州省野生秋海棠属植物观赏特性及应用研究[J]. 中国野生植物资源, 30(4):21-26.

税玉民, 李启任, 黄素华, 1999. 云南秋海棠属叶表皮及毛被的扫描电镜观察[J]. 云南植物研究, 21(3):309-316.

田代科, 管开云, 周其兴, 等, 2002. 云南八种秋海棠属植物的染色体数目[J]. 云南植物研究, 24(2):245-249.

徐菲, 宣继萍, 刘永芝, 等, 2011. 秋海棠属植物在南京地区的引种栽培与物候期观察[J]. 中国农学通报, 27(31):205-211.

张嵘梅, 陈文红, 税玉民, 等, 2008. 中国秋海棠属植物的叶表皮特征及其分类学意义[J]. 云南植物研究, 30(6):665-678.

邹玲俐, 钟树华, 刘演, 等, 2015. 广西野生秋海棠属植物资源调查与园林应用[J]. 南方农业学报, 46(1):101-106.

Ab Aziz R, Kandasamy K I, Qamaruz Zaman F, *et al.*, 2021. *In vitro* shoot proliferation of *Begonia pavonina*:a comparison of semisolid, liquid, and temporary immersion medium system[J]. Journal of Academia, (9): 39-48.

Andrzejak R, Janowska B, Reńska B, *et al.*, 2021. Effect of Trichoderma spp. and Fertilization on the Flowering of Begonia × tuberhybrida Voss. 'Picotee Sunburst'[J]. Agronomy, 11 (7): 1278.

Brennan A C, Bridgett S, Ali M S, *et al.*, 2012. Genomic resources for evolutionary studies in the large, diverse, tropical genus, Begonia[J]. Tropical Plant Biology, 5(4): 261-276.

Daike T, Kaiyun G, Jingxiu L, *et al.*, 2001. New Begonia Varieties——'White King', 'Silvery Pearl' and 'Tropical Girl'[J]. Acta Horticulturae Sinica, 28(3): 281.

Eom E K, Kim W S, 2014. Optimum Light Intensity for Indoor Introduction of Begonia rex 'Harmony's Red Robin'[J]. Journal of Korean Society for People, Plants and Environment, 17(5): 357-363.

Forgione M, 2014, July 21. Belgium:When 750, 000 begonia flowers come to Brussels' main square. Los Angeles Times.

Goodall-Copestake W P, Perez-Espona S, Harris D J, *et al.*, 2010. The early evolution of the mega -diverse genus Begonia (Begoniaceae) inferred from organelle DNA phylogenies[J]. Biological journal of the Linnean society, 101(2): 243 -250.

Hanum S F, Rahayu A, Darma I D P, 2021. Begonia muricata Blume and Begonia serratipetala Irmsch durability as indoor pot plant in Eka Karya Bali Botanic Garden [J]. Berkala Penelitian Hayati, 26(2): 92-97.

Hendriyani E, Warseno T, Undaharta N K E., 2020. Effects of explant types and plant growth regulator (PGR) on in vitro callus induction of Begonia bimaensis Undaharta & Ardaka [J]. Buletin Kebun Raya, 23(1): 82-90.

Hirutani S, Shimomae K, Yaguchi A, et al., 2020. Efficient plant regeneration and Agrobacterium-mediated transformation of Begonia semperflorens -cultorum [J]. Plant Cell, Tissue and Organ Culture (PCTOC), 142: 435-440.

Jacobs M, Lopez-Garcia M, Phrathep O P, et al., 2016. Photonic multilayer structure of Begonia chloroplasts enhances photosynthetic efficiency [J]. Nature plants, 2(11): 1-6.

Jeong K Y, Pasian C C, McMahon M, et al., 2009. Growth of six Begonia species under shading [J]. The Open Horticulture Journal, 2(1).

Kidner C, Groover A, Thomas D C, et al., 2016. First steps in studying the origins of secondary woodiness in Begonia (Begoniaceae): combining anatomy, phylogenetics, and stem transcriptomics [J]. Biological Journal of the Linnean Society, 117(1): 121-138.

Lehmann N L, Sattler R., 1996. Staminate floral development in Begonia cucullata var. hookeri and three double-flowering begonia cultivars, examples of homeosis [J]. Canadian journal of botany, 74(11): 1729-1741.

Lim T K, 2014. Begonia cucullata var. cucullata. In Edible Medicinal and Non - Medicinal Plants. Springer, Dordrecht.

Mangat B S, Pelekis M K, Cassells A C, 1990. Changes in the starch content during organogenesis in in vitro cultured Begonia rex stem explants [J]. Physiologia Plantarum, 79(2): 267-274.

Moonlight P W, Richardson J E, Tebbitt M C, et al., 2015. Continental - scale diversification patterns in a megadiverse genus: The biogeography of Neotropical Begonia [J]. Journal of Biogeography, 42(6): 1137-1149.

Nemali K S, Van Iersel M W, 2004. Acclimation of wax begonia to light intensity: Changes in photosynthesis, respiration, and chlorophyll concentration [J]. Journal of the American Society for Horticultural Science, 129(5): 745-751.

Oginuma K, Peng C I., 2002. Karyomorphology of Taiwanese Begonia (Begoniaceae): taxonomic implications [J]. Journal of Plant Research, 115 (3): 225-235.

Rudall P J, Julier A C, Kidner C A, 2018. Ultrastructure and development of non - contiguous stomatal clusters and helicocytic patterning in Begonia [J]. Annals of botany, 122(5): 767 -776.

Sandgrind S, 2017. Breeding of Begonia tuberhybrida using modern biotechnology (Master's thesis, Norwegian University of Life Sciences).

Senakun C, Somboonwattanakul I, Appamaraka S., 2020. Leaf Anatomy of the Thirteen Rare Plants in the Northeastern, Thailand [J]. Srinakharinwirot Science Journal, 36(1): 129-144.

Thomas D C, Hughes M, Phutthai T, et al., 2011. A non-coding plastid DNA phylogeny of Asian Begonia (Begoniaceae): evidence for morphological homoplasy and sectional polyphyly [J]. Molecular Phylogenetics and Evolution, 60(3): 428-444.

Tian D K, Xiao Y, Li Y C, et al., 2020. Several new records, synonyms, and hybrid-origin of Chinese begonias [J]. PhytoKeys, 153: 13.

Tian D K, Chen B, Xiao Y, et al., 2021. Begonia shenzhenensis, a new species of Begoniaceae from Guangdong, China [J]. PhytoKeys, 178: 171.

Twyford A D, Kidner C A, Ennos R A, 2015. Maintenance of species boundaries in a Neotropical radiation of Begonia [J]. Molecular Ecology, 24: 4982-4993.

Wickramasinghe P, Adikaram N, Yakandawala D, 2020. Molecular characterization of Colletotrichum species causing Begonia anthracnose in Sri Lanka [J]. Ceylon Journal of Science, 49(5).

氮磷钾缺素对6个菊花品种现蕾
后观赏性状的影响

Effects of Deficiency of Nitrogen，Phosphorus，Potassium on the Main Ornamental Traits of 6 *Chrysanthemum* Varieties

张蒙蒙[1]　牛雅静[1]*　黄河[2]

（1. 北京市植物园管理处，北京市花卉园艺工程技术研究中心，城乡生态环境北京实验室，
北京 100093；2. 北京林业大学，北京，100083）

ZHANG Meng-meng[1] NIU Ya-jing[1]* HUANG He[2]

（1. *Beijing Botanical Garden*，*Beijing Floriculture Engineering Technology Research Centre*，
Beijing Laboratory of Urban and Rural Ecological Environment，*Beijing*，100093；
2. *Beijing Forestry University*，*Beijing*，100083）

摘要：选取6个菊花品种，建立纯蛭石无土栽培体系，设置4个处理（CK，-N，-P，-K）和3次重复，观测记录对6个菊花品种现蕾后观赏性状的影响。结果表明，现蕾后缺氮素处理时菊花株高的增长量依品种而异，冠幅的增长量降低，现蕾数量减少，花蕾直径增加，花色明度提高，舌状花中花青素和类胡萝卜素含量提高。缺磷素处理时菊花株高的增长量依品种而异，冠幅的增长量降低，现蕾数量增加，花蕾直径增加，花色明度和红度提高，花色黄度降低，舌状花中花青素和类胡萝卜素含量提高。缺钾素处理时菊花株高的增长量依品种而异，冠幅的增长量降低，现蕾数量增加，花蕾直径增加，花色明度和黄度降低，花色红度提高，舌状花中类胡萝卜素含量降低。获得了6个自育菊花新品种现蕾后的氮磷钾缺素表现，生产中可依据以上缺素表现适当减少氮磷钾肥料的使用。

关键词：菊花，氮，磷，钾，生殖生长期，观赏性状

Abstract：Pure vermiculite soilless culture experiment with 6 *chrysanthemum* varieties，four treatments（CK，-N，-P，-K）and three duplicates was conducted after budding. Plant height，crown diameter，flower bud number and diameter，color values（lightness，redness，and yellowness），anthocyanins and carotenoids in ray flowers were investigated. In the treatment of nitrogen deficiency after budding，the increase of plant height varies with variety，crown diameter decreased，flower bud number decreased，flower bud diameter increased，the color lightness increased，anthocyanins and carotenoids in ray flowers increased. In the treatment of phosphorus deficiency after budding，the increase of plant height varies with variety，crown diameter decreased，flower bud number increased，flower bud diameter increased，the color lightness and redness increased，the color yellowness decreased，anthocyanins and carotenoids in ray flowers increased. In the treatment of Potassium deficiency after budding，the increase of plant height varies with variety，crown diameter decreased，flower bud number increased，flower bud diameter increased，the color lightness and yellowness decreased，the color redness increased，anthocyanins and carotenoids in ray flowers decreased. The deficiency symptom of N，P，K of 6 new self-breeding chrysanthemum varieties was obtained，and the use of N, P and K fertilizer could be appropriately reduced in production according to the above deficiency symptom.

Keywords: *Chrysanthemum*×*morifolium*, Nitrogen, Phosphorus, Potassium, Reproductive growth stages, Ornamental traits

菊花(*Chrysanthemum* × *morifolium*)是中国传统名花之一,在世界花卉市场中也占有重要地位(Augustinová *et al.*, 2016)。目前,菊花已发展为中国重要的出口创汇花卉,种植面积逐年增加,使得中国成为菊花的生产中心之一(Teixeira *et al.*, 2013)。然而在菊花的种植过程中长期大量使用化学肥料,在提高了花卉品质的同时,对生态环境造成严重破坏。花卉的"环保质量"受到越来越多的消费者和花卉生产企业的关注。控制化学肥料的使用是国际花卉认证的核心指标(王雁和吴丹,2007)。为保证国际市场和保护生态环境,需减少菊花生产中肥料的使用。被称为"肥料三要素"的氮磷钾肥料的施用量,直接影响着菊花观赏品质。因而探讨氮磷钾缺素对菊花主要观赏性状的影响,对于指导菊花生产中国氮磷钾肥料的合理施用以及缺素诊断具有重要的意义。

不同品种以及不同生长期的菊花对肥料的需求不同,缺素时的表现也不同。近年来研究者们探究了菊花对氮、磷、钾的需肥规律(宋旭旭等,2011;刘迪,2014;李淼等,2017)以及不同的氮、磷、钾施肥水平对菊花整体生长发育状况的影响(Heidemann and Barbosa, 2017; Joshi *et al.*, 2013; Kaplan *et al.*, 2016),也探究了氮磷钾缺失对菊花生长的影响。如刘鹏等(2013)对32个切花菊品种进行了苗期耐低磷筛选和鉴定,依据生物学性状差异将供试品种的耐低磷胁迫能力分为极强、强、中等、弱、极弱5个级别。Liu 等(2011;2015)研究发现,全生育期缺氮对菊花的生长及侧枝上的头状花序发育有严重影响,但会提高头状花

序与叶片中的总黄酮及可溶性总糖的含量;缺磷降低菊花植株侧枝及侧蕾的发育,增加头状花序与叶片中黄酮和可溶性糖的含量;缺钾同样影响菊花侧枝及侧蕾的发育,但会明显降低头状花序中黄酮的含量,提高可溶性糖含量(刘伟,2010)。氮磷钾是植物生长发育所必需的矿质元素中最基本的大量元素,在植物生殖生长期同样发挥重要作用。但关于现蕾期氮磷钾缺失对菊花花蕾、花色等观赏品质影响的研究鲜见报道。

本研究以自育的6个菊花新品种为试验材料,探究现蕾后氮磷钾缺素处理时,菊花株高和冠幅、花蕾数量和直径、花色明度、红度和黄度以及舌状花中花青素和类胡萝卜素的缺素表现,以期为菊花现蕾后氮磷钾营养状况诊断提供依据,为合理施肥提供指导。

1 材料与方法

1.1 试验材料

试验材料为北京植物园自育的6个菊花品种,编号分别为 1914023,1902048,1902169,1909064,1914176,1909079。6个菊花品种的组培苗经继代扩繁后移栽,建立纯蛭石无土栽培体系,放置于人工气候室进行生长管理。

菊花现蕾后,将其舌状花发育的不同阶段划分为5级(孙卫等,2010),见图1。S1级:花蕾初放,舌状花刚露出顶部;S2级:舌状花紧紧交迭在一起;S3级:舌状花顶部都出现,外层花瓣微展开;S4级:外层舌状花展开;S5级:花朵完全开放。

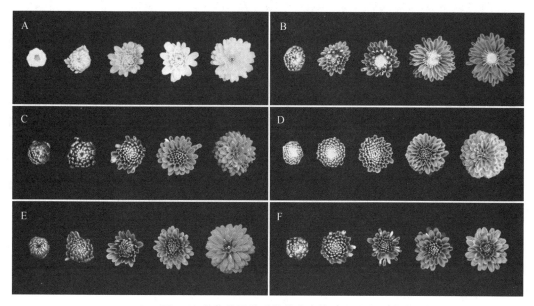

图1　6个菊花品种舌状花发育的不同阶段

A：1914023；B：1902048；C：1902169；D：1909064；E：1914176；F：1909079。

每个品种舌状花发育阶段从左到右依次为 S1 级、S2 级、S3 级、S4 级、S5 级。

1.2　试验方法

1.2.1　缺素处理试验

以 Hoagland 全营养液为对照组（用 CK 表示），配制缺氮营养液（用-N 表示）、缺磷营养液（用-P 表示）和缺钾营养液（用-K 表示）。其中缺氮营养液以 $CaCl_2$ 代替 Hoagland 全营养液中的 $Ca(NO_3)_2 \cdot 4H_2O$，以 KCl 和 $NaH_2PO_4 \cdot H_2O$ 代替 KNO_3 和 $NH_4H_2PO_4$。缺磷营养液以 $(NH_4)_2SO_4$ 代替 Hoagland 全营养液中的 $NH_4H_2PO_4$。缺钾营养液以 $NaNO_3$ 代替 Hoagland 全营养液中的 KNO_3。

选取长势良好一致的菊花组培苗无土栽培 3 个月后移入短日照（10h 光照/14h 黑暗），现蕾后开始缺素处理。将每个菊花品种分为 4 组，即缺氮素组、缺磷素组、缺钾素组和全营养素组，每组设置 3 次重复，每重复 3 株。每 7 天施加一次缺素营养液和对照营养液，观察并记录每个处理每个单株的主要观赏性状。包括株高：测量茎基部至花序最高点的距离（mm）；冠幅：从顶面测量植株开展的直径（mm）；花蕾数量：植株上所有的头状花序数（个）；花蕾直径：顶端头状花序花蕾的直径（mm）；舌状花颜色：取菊花头状花序中部舌状花，采用色差仪（型号：NF333）在光源 C/2° 条件下测量舌状花正面的 L^*、a^*、b^* 值。

1.2.2　花青素和类胡萝卜素的测定

依据菊花舌状花发育阶段分级，每个品种每个处理分别取 S3 级和 S4 级舌状花各 0.6 g，置于离心管中，液氮速冻后保存于-80℃冰箱中备用。采用紫外分光光度法测定 6 个菊花品种的舌状花中花青素和类胡萝卜素的含量（伏静和戴思兰，2016）。取样本研磨成粉末，加入提取剂盐酸：甲醇（V/V=1：99）5mL，于 4℃条件下避光浸提 24h，以提取花青素。然后过滤定容至合适浓度，用 Biomate 3s 型紫外-可见光分光光度计在 500～600nm 处扫描，记录各品种最大吸收峰处的光密度，根据总花青素的消光系数（98.2）得到总花青素含量。取样本研磨成粉末，加入提取剂丙酮：石油醚（V/V=1：4）5mL，于 4℃条件下避光浸提 24h，以提取类胡萝卜素。然后过滤定容至合适浓度,用 Biomate 3s 型紫外-可见光分光光度计在 400~500nm 处扫描,记录各品种最大吸收峰处的光密度,根据总类胡萝卜素的消光系数,得到总类胡萝卜素含量。

1.3　数据处理

所有数据均以平均数±标准差表示,采用 Excel 软件进行统计分析。

2　结果与分析

2.1　氮磷钾缺素对菊花株高和冠幅生长的影响

对 6 个菊花品种进行氮磷钾缺素处理后株高和冠幅的增长量变化进行分析,发现缺素处理对不同品种株高的影响程度不同,但从平均增长量看,缺素抑制株高的增长;缺素处理抑制多数菊花品种冠幅的增长。

由图 2 可知,氮磷钾缺素处理均促进 1914023 和 1902048 株高的增长,抑制 1909064 和 1914176 株高的增长。缺氮素处理对 1902169 的株高有促进作用,缺钾

素处理对其株高影响不明显,缺磷素处理抑制株高增长。缺氮素处理明显抑制 1909079 株高增长,缺磷和缺钾素处理对株高的影响不明显。分析平均增长量可知,现蕾后 37 天对照组株高的平均增长量最大,达 2.19cm,缺钾和缺磷素处理时平均增长量均为 2.05cm,缺氮素处理时平均增长量最小,为 1.86cm。

由图 3 可知,氮磷钾缺素处理抑制多数菊花品种冠幅的增长。1914023、1902048、1909064 和 1909079 的冠幅增长量小于对照组,缺素抑制其冠幅的增长。而 1902169 在缺磷素处理时抑制冠幅的增长,缺氮素和缺钾素处理时促进冠幅增长。缺磷素促进 1914176 冠幅的增长,缺氮素、缺钾素抑制其冠幅的增长。分析平均增长量可知,现蕾后 37 天对照组的冠幅增长量最大,达 1.96cm,其次是缺钾素处理,达 1.23cm,缺磷和缺氮素处理时冠幅增长量分别为 1.04cm 和 1.03cm。

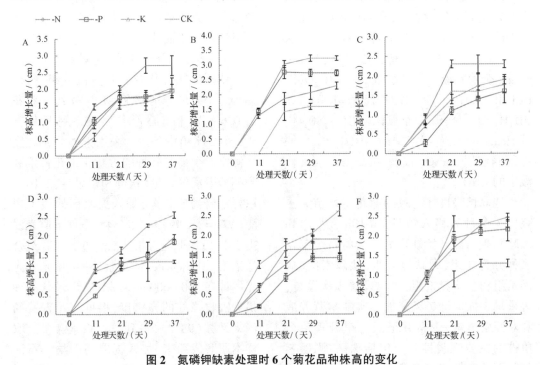

图 2　氮磷钾缺素处理时 6 个菊花品种株高的变化

A:1914023;B:1902048;C:1902169;D:1909064;E:1914176;F:1909079

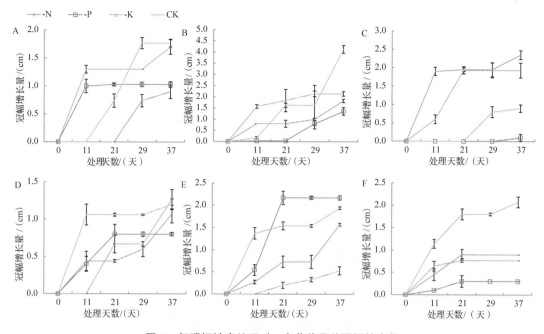

图 3　氮磷钾缺素处理时 6 个菊花品种冠幅的变化
A:1914023;B:1902048;C:1902169;D:1909064;E:1914176;F:1909079

2.2　氮磷钾缺素对菊花花蕾数量和花蕾直径的影响

对缺素处理后 6 个菊花品种花蕾数量和花蕾直径分析发现,缺氮素处理时多数菊花品种的花蕾数量减少,缺磷和缺钾素处理时多数菊花品种的花蕾数量增加(如图 4)。氮磷钾缺素处理时多数菊花品种的花蕾直径增加(如图 5)。

由图 4 可知,缺氮处理时,1914023 和 1914176 的花蕾数量增加,其余 4 个菊花品种的花蕾数量减少。缺磷处理时,1902048 和 1909064 的花蕾数量减少,其余 4 个菊花品种的花蕾数量增加。缺钾处理时,1914023、1902169、1909064、1914176 和 1909079 的花蕾数量均增加,1902048 花蕾数量减少。

由图 5 可知,氮磷钾缺素处理时,1914023、1902169、1914176 和 1909079 四个品种的花蕾直径均大于对照组。1902048 和 1909064 两个品种缺素处理组和对照组相比花蕾直径差异不大,缺氮和

缺磷处理时花蕾直径比对照组稍大,缺钾处理时花蕾直径比对照组稍小。

2.3　氮磷钾缺素对菊花花色的影响

2.3.1　缺素处理影响菊花舌状花的明度红

CIELab 颜色系统是花色测量中最常用的系统,其中 L^*,a^* 和 b^* 三个空间直角坐标系分别表示颜色的明度、红度和黄度(Gonnet,1993)。分析 6 个菊花品种在不同处理下舌状花开放程度达 S5 级时 CIELab 值的变化发现:缺氮素处理时多数品种的明度提高,红度和黄度依品种而异;缺磷素处理时多数品种明度和红度提高,黄度降低;缺钾素处理时多数品种明度和黄度降低,红度提高。

由表 1 可知,缺氮素处理时,除 1902169 的明度降低外,其余 5 个小菊品种的明度均提高;1914023、1902169 和 1909064 的红度提高,1902048、1914176 和 1909079 的红度降低;1914023、1902169 和 1909064 的黄度降低,1902048、1914176 和 1909079 的黄度提高。缺磷素处理时,1914023、

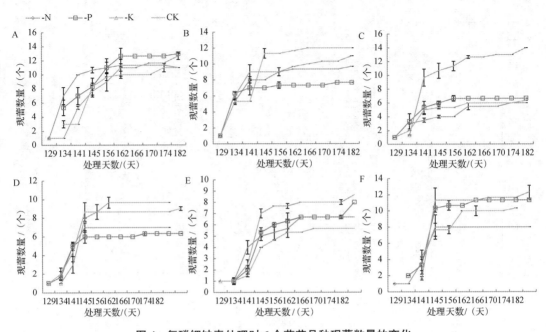

图 4　氮磷钾缺素处理时 6 个菊花品种现蕾数量的变化
A:1914023;B:1902048;C:1902169;D:1909064;E:1914176;F:1909079

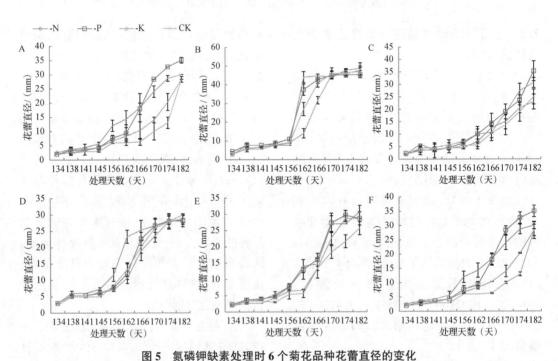

图 5　氮磷钾缺素处理时 6 个菊花品种花蕾直径的变化
A:1914023;B:1902048;C:1902169;D:1909064;E:1914176;F:1909079

1902048 和 1914176 的明度提高,1902169 和 1909064 的明度降低;1914023、1902169、1909064 和 1914176 的红度提高,1902048 和 1909079 的红度降低;6 个品种的黄度均降低。缺钾素处理时,1914023 和 1909079 的明度提高,其余 4 个品种的明度降低;

1914023 和 1909079 的红度降低,其余 4 个品种的红度提高;除 1909079 的黄度提高外,其余 5 个品种的黄度均降低。

表 1　氮磷钾缺素处理时 6 个菊花品种 L^*、a^*、b^* 值的变化

品种编号	处理	明度 L^*	红度 a^*	黄度 b^*	品种编号	处理	明度 L^*	红度 a^*	黄度 b^*
1914023	−N	85.82	−10.85	47.14	1909064	−N	41.68	23.59	18.5
	−P	89.01	−10.74	40.92		−P	41.04	26.99	15.53
	−K	87.63	−12.53	48.59		−K	37.64	26.97	16.91
	CK	81.95	−11.94	51.36		CK	44.29	21.73	19.12
1902048	−N	58.29	14.03	25.49	1914176	−N	38.17	34.32	−1.93
	−P	55.82	14.68	22.46		−P	42.28	36.77	−7.34
	−K	51.37	19.32	23.07		−K	33.19	38.64	−4.13
	CK	53.58	15.46	23.98		CK	33.96	35.09	−2.21
1902169	−N	32.08	37.36	12.43	1909079	−N	28.62	34.49	15.01
	−P	31.05	28.59	18.64		−P	27.5	36.42	12.98
	−K	28.75	34.37	16.02		−K	29.23	30.53	17.56
	CK	34.55	16.39	24.02		CK	27.54	37.35	13.68

2.3.2　缺素处理影响菊花舌状花中花青素含量

缺素处理后测量 6 个菊花品种 S3 级和 S4 级舌状花中花青素含量变化发现,多数菊花品种在缺氮和磷素处理时舌状花中花青素含量增加,缺钾素处理时舌状花中花青素含量依品种和舌状花的发展阶段而不同。

由图 6 可知,缺氮素处理时,除 1909064 和 1909079 的舌状花中花青素含量降低外,其余 4 个品种的舌状花中花青素含量均提高。缺磷素处理时,除 1909064 和 1909079 两个品种的 S3 级舌状花中花青素含量降低外,其余品种的舌状花中花青素含量均提高。缺钾素处理时,1914023 的 S3 级、S4 级舌状花中花青素含量均降低,1902048、1909064 和 1909079 三个品种的 S3 级舌状花中花青素含量降低,S4 级舌状花中花青素含量提高,1902169 和 1914176 两个品种 S3 级、S4 级舌状花中花青素含量均提高。

2.3.3　缺素处理影响菊花舌状花中类胡萝卜素含量

缺素处理后测量 6 个菊花品种 S3 级和 S4 级舌状花中类胡萝卜素含量变化发现,多数菊花品种在缺氮素和缺磷素处理时舌状花中类胡萝卜素含量提高,缺钾素处理时舌状花中类胡萝卜素含量降低。

由图 7 可知,缺氮素处理时,1914023、1909079 和 1902169 三个品种 S3 级舌状花中类胡萝卜素含量提高,S4 级舌状花中类胡萝卜素含量降低;1902048 和 1909064 两个品种舌状花中类胡萝卜素含量提高;1914176 的舌状花中类胡萝卜素含量降低。缺磷素处理时,除 1914176 的舌状花中类胡萝卜素含量降低外,其余品种的舌状花中类胡萝卜素含量均提高。缺钾素处理时,1914023、1902169、1909064、1914176 和 1909079 的舌状花中类胡萝卜素含量降低,1902048 的舌状花中类胡萝卜素含量提高。

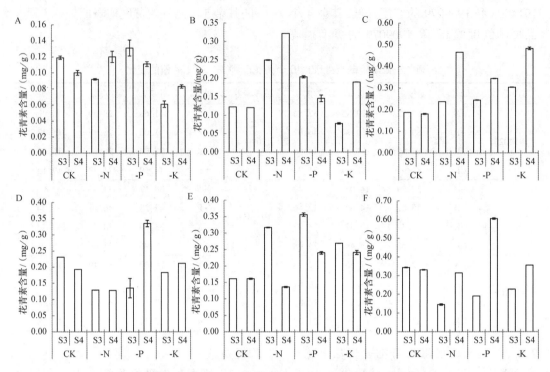

图 6　氮磷钾缺素处理时 6 个菊花品种舌状花中花青素含量的变化

A:1914023;B:1902048;C:1902169;D:1909064;E:1914176;F:1909079

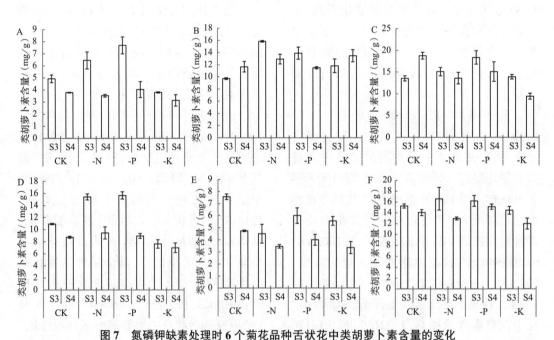

图 7　氮磷钾缺素处理时 6 个菊花品种舌状花中类胡萝卜素含量的变化

A:1914023;B:1902048;C:1902169;D:1909064;E:1914176;F:1909079

3 结论与讨论

3.1 氮磷钾缺素对菊花株高和冠幅的影响

营养生长期菊花的生长需要大量的氮磷钾肥料(方馨妍等,2020),生殖生长期缺氮会降低菊花的株高等生物学指标,低磷和低钾对菊花的株高基本无影响(刘伟,2010)。在本研究中,现蕾后氮磷钾缺素处理条件下,对不同菊花株高生长的影响均不同(见图2),说明株高可能受基因型的影响较大。而氮磷钾缺素处理对菊花冠幅生长的抑制作用较明显(见图3)。取6个菊花品种株高和冠幅增长量的平均值,氮磷钾缺素处理时株高和冠幅的平均增长量均小于全营养素处理。本研究结果与前人研究结果不一致可能与缺素的程度和菊花品种的不同有关,有待进一步验证。

3.2 氮磷钾缺素对菊花花蕾的影响

花蕾的发育程度直接关系着菊花头状花序的观赏品质。全营养期缺氮时,菊花花蕾数和花朵数减少(杨秀珍,2011)。对药用菊花的研究发现,氮肥与单株开花数达极显著正效应,钾肥也有一定效应,磷肥效应微弱(周可金等,2010)。本研究对6个菊花品种缺氮素处理时,花蕾数量也减少,但缺磷和缺钾素处理时花蕾数量增加(见图4)。对花蕾数的影响可能与处理时期和缺素程度有关。现蕾后氮磷钾缺素处理时多数菊花品种的花蕾直径增加(见图5)。

3.3 氮磷钾缺素对菊花花色的影响

花色是菊花最重要的观赏品质,是衡量菊花观赏价值的重要指标。缺素处理后不同花色菊花品种变化不同。缺氮素时深色菊花品种花色变淡(杨秀珍,2011),缺磷导致花色不鲜艳(黄建国,2004)。在本研究中,6个菊花品种中1914023为黄色、1902048和1909064为红色、1902169为深红色、1914176和1909079为两个粉色。现蕾后氮磷钾缺素处理时,深红色品种1902169的花色明度降低,其余品种的花色明度提高或稍低于对照。氮磷钾缺素处理时,花色红度的变化与花色没有明显关系。在花色黄度方面,缺氮素处理时黄色和两个红色品种的黄度降低,其余品种黄度提高;缺磷素处理时,所有品种的黄度均降低;缺钾素处理时,除1909079外,其余品种的黄度均降低(见表1)。花色与氮磷钾缺素处理间的关系需增加不同花色品种采用统一的花色描述方法进一步研究。

花青素和类胡萝卜素是决定菊花花色的主要色素(Chang et al., 2015)。关于现蕾后氮磷钾缺素处理时菊花舌状花中花青素和类胡萝卜素含量的变化,前人未见报道。植物缺氮和磷元素时会导致部分糖类合成为花色素苷,从而影响花青素的含量。本研究获得了氮磷钾缺素处理时,6个菊花品种S3和S4阶段的舌状花中花青素和类胡萝卜素含量的变化。花青素和类胡萝卜素含量的变化造成两者比例的变化以及花色的改变有待于进一步研究。

参考文献

方馨妍, 周杨, 汪燕, 等, 2020. 不同氮,磷,钾用量对菊花生长及养分吸收和分配的影响[J]. 南京农业大学学报,43(6):1015-1023.

伏静, 戴思兰, 2016. 基于高光谱成像技术的菊花花色表型和色素成分分析[J]. 北京林业大学学报,38(8):88-98.

黄建国, 2004. 植物营养学[M]. 北京:中国林业出版社.

李淼, 赵平, 姜蓉, 等, 2017. 四种主栽切花菊品种的养分吸收特征[J]. 植物营养与肥料学报,23(5):1394-1401.

刘迪, 2014. 三个独本菊品种的氮,磷,钾营养研究[J]. 北京:北京林业大学.

刘鹏, 陈素梅, 房伟民, 等, 2013. 32 个切花菊品种的耐低磷特性[J]. 生态学报,33(21):6863-6868.

刘伟, 2010. 不同生育期氮磷钾胁迫对菊花黄酮类化合物的代谢调控研究[J]. 武汉:华中农业大学.

宋旭旭, 郑成淑, 孙霞, 等, 2011. 控释肥对菊花叶片叶绿素荧光特性及观赏品质的影响[J]. 应用生态学报,22(7):1737-1742.

孙卫, 李崇晖, 王亮生, 等, 2010. 菊花不同花色品种中花青素苷代谢分析[J]. 植物学报,45(3):327-336.

王雁, 吴丹, 2007. 花卉认证对我国花卉产业发展的影响[J]. 林业科学研究,20(6):763-767.

杨秀珍, 2011. 花卉营养学[M]. 北京:中国林业出版社.

周可金, 章力干, 张俊霞, 等, 2010. 种植密度和氮磷钾肥对药用菊花的产量及光合效率的影响[J]. 土壤,42(4):579-583.

Augustinová L, Doležalová J, Matiska P, et al., 2016. Testing the winter hardiness of selected chrysanthemum cultivars of multifloratype[J]. Horticultural Science, 43(4):203-210.

Chang P, Soo C, Soo-Yun P, et al., 2015. Anthocyanin and carotenoid contents in different cultivars of chrysanthemum (Dendranthema grandiflorum Ramat.)[J]. Flower. Molecules, 20(6):11090-11102.

Gonnet J F, 1993. CIE lab measurement, a precies communication in flower colour: An example with carnation (Dianthus caryophyllus) cultivars [J]. Journal of Horticultural Science, 68(4):499-510.

Heidemann J C, Barbosa J G, 2017. Production and quality of three varieties of chrysanthemum grown in pots with different NPK rates[J]. Ornamental Horticulture, 23(4):426-431.

Joshi N S, Barad A V, Pathak DM, et al., 2013. Effect of different levels of nitrogen, phosphorus and potash on growth and flowering of chrysanthemum cultivars[J]. HortFlora Research Spectrum, 2(3):189-196.

Kaplan L, Tlustos P, Szakova J, et al., 2016. The effect of NPK fertilizer with different nitrogen solubility on growth, nutrient uptake and use by chrysanthemum[J]. Journal of Plant Nutrition, 39(7):993-1000.

Liu W, Zhu D W, Liu D H, et al., 2011. Influence of potassium deficiency on flower yield and flavonoid metabolism in leaves of Chrysanthemum morifolium Ramat[J]. Journal of plant nutrition, 34(13):1905-1918.

Liu W, Zhu D W, Liu D H, et al., 2015. Influence of P deficiency on major secondary metabolism in flavonoids synthesis pathway of Chrysanthemum morifolium Ramat[J]. Journal of Plant Nutrition, 38(6):868-885.

Teixeirada Silva J A, Shinoyama H, Aida R, et al., 2013. Chrysanthemum biotechnology: Quo vadis?[J]. Critical Reviews in Plant Sciences, 32(1):21-52.